JN140959

技術者による
実践的工学倫理

第4版

先人の知恵と戦いから学ぶ

一般社団法人 近畿化学協会 工学倫理研究会 編著

化学同人

第4版　編集委員・執筆者一覧

■編集委員長

氏名（勤務先）	担当
辻井　　薫（花王ほか）	Ⅰ部，Ⅲ部２章

■編集委員

氏名（勤務先）	担当
和田　康一（住化バイエルウレタンほか）	Ⅱ部１章*，Ⅰ部２章
岡本　秀穂（住友化学ほか）	Ⅱ部２章*
田村　敏雄（ユニチカほか）	Ⅱ部３章*
小林　基伸（日本触媒）	Ⅱ部４章*
中村　正文（住化バイエルウレタン）	Ⅱ部５章*
稲葉　伸一（ダイセルほか）	Ⅲ部１章*
上田　修史（新日本理化ほか）	Ⅲ部２章*，Ⅱ部２章

編集顧問

氏名（勤務先）	担当
中村　収三（住友化学ほか）	Ⅰ部

事務局

氏名（勤務先）	担当
上田　修史（新日本理化ほか）	Ⅲ部２章*，Ⅱ部２章
南井　正好（住友化学）	

■執筆者

氏名（勤務先）	担当
伊藤　　博（新日本理化ほか）	Ⅱ部１章，Ⅲ部２章
井上　靖彦（住友化学ほか）	Ⅱ部２章
今井　逸郎（共栄社化学）	Ⅱ部２章
入潮　晃暢（大阪ガス，大阪工業大学客員教授ほか）	Ⅱ部３章，Ⅲ部２章
内田　勝啓（科研製薬）	Ⅲ部１章
木之下正史（DIC）	Ⅱ部３章
後藤　達乎（ダイセル）	Ⅱ部３章，Ⅰ部６章
田岡　直規（大阪ガス）	Ⅱ部２章
田中　則章（住友化学ほか）	Ⅱ部２章
藤原　秀樹（大阪工業大学）	Ⅱ部１章
三井　　均（日本触媒ほか）	Ⅱ部５章
宮本　　靖（クラレほか）	Ⅱ部２章
安田　　稔（住友化学ほか）	Ⅱ部１章

左欄（五十音順）のカッコ内は（元）勤務先．右欄は執筆に参加した章．
二つの章を執筆された人の場合，前に記載した章が主たる担当．
＊は分科会代表として執筆および編集を担当したことを示す．

上記以外の初版～第３版の編集委員・執筆者： 青柳正也，飯沼芳春，石原哲男#，伊藤良一，井上靖彦#，今林幹雄，井村隆信，上野捷二，牛山敬一，岡村　昭，甲斐　學，木村　修，小林稔明#，柴谷武爾，菅原啓高#，田井和夫#，玉置健太郎，辻　孝三，渡加裕三，中内義一，中村　務，西垣昌彦#，福永昭三，古本光信，三﨑幸二#，三沢義彦，宮武範夫，森田正直#，渡辺　毅#（#は編集委員．第４版執筆者も掲載）

第4版によせて

「工学倫理」などという言葉は聞いたこともなかった．ましてや「工学倫理」の授業を受けたことなどなかった．私と「工学倫理」のかかわりから話をはじめたい．

私は，日本，カナダ，アメリカの三つの大学で理工学を学んだ後，30年余り，日本とアメリカの三つの企業で，研究者，技術者，最後には経営トップの一員として働いた．その後，1996年から，大阪大学で国際教育を担当する教職についた．思いがけず，その翌年から工学研究科の新しい専攻で，「工学倫理」の授業を担当するよう頼まれた．外部講師による特別講義の一部で，企業での経験をもとに，技術者の倫理にかかわる話をしてもらえばよいとのことだった．最初は年2回だけの授業だった．

それまで，「工学倫理」という科目があることすら知らなかったが，授業を始めてみて，初めてこれは大事な科目だと悟った．私たちが学生だったころには，日本の大学でもアメリカの大学でも，そのような授業などなかった．技術者として20年，30年と仕事をしていると，否応なしにさまざまな倫理的な葛藤を経験する．もし若いころに少しでもこのような授業を受けていたら，もっと適切な行動がとれたろうに，と悔やまれるようなできごとがいくつも思いだされた．

1999年9月には，東海村の核燃料工場で臨界事故が起き，技術者の倫理が改めて問われるようになった．この事故には，私も大きな衝撃を受け，「工学倫理」を講じる者の責任を痛感するようになった*1．授業の内容を抜本的に変え，回数も年4回に増やしてもらった．

その後，2001年に発足した，技術者教育認定制度の要請によって，多くの大学で工学倫理教育が行われるようになった．それまで，日本には工学倫理の教科書といえるものは1冊もなかったが，同年以降，さまざまな分野の専門家によって，さまざまな視点からの教科書が書かれるようになった．ほとんどが15回2単位の授業を前提にしたものだったが，その多くに違和感を覚えた．技術者の実践の場で役にたつとは思えなかった．何より，工学生に15回も倫理の授業をする必要があるとは思えなかった．

そこで，2003年春，自分でも教科書を上梓した．表題を「実践的工学倫理——みじかく，やさしく，役にたつ」とした（以下，「拙著」）．4～5回の授業で学べる内容にした．技術者には，安全や環境に関することだけでも，学ばなければならない専門的な事がらが山のようにあるが，大学で教えることができる範囲はかぎられている．もし授業時間に余裕があるのなら，それらの学習にふり向けたほうがよい，との考えにもとづいている．

私が所属する社団法人近畿化学協会（当時）に集う，おおぜいの技術者仲間たちが「実践的工学倫理」の趣旨に賛同してくれた．2003年，協会内に工学倫理研究会を設け，工学倫理教育はいかにあるべきか，議論をはじめた．そして，近畿一円の大学に，「工学倫理教育は技術者OBにお任せください」と働きかけた．多くの大学から依頼を受け，講師を推薦するようになった．

ところが，やはり15回の授業を希望する大学が多かった．2006年には，研究会の仲間たちとともに，新しい教科書を上梓した．表題を「技術者による実践的工学倫理――先人の知恵と戦いから学ぶ」とした．「拙著」に沿った総論に加え，「安全」「リスクの評価」「環境・資源問題」「法規」「知的財産権」の5項目についての各論を設けた．それぞれのテーマについて，基礎的な専門知識を身につけてもらい，その上で，先人たちがそれらの問題とどのように戦ってきたかを理解してもらえる内容にした．

その後，2009年に第2版，2013年に第3版を上梓した．私は，2014年に教職から退き，2003年以来つとめた工学倫理研究会主査も，辻井薫さんに引き継いでいただいた．研究会は新しい主査のもと議論を重ね，この度第4版が上梓されることになった．隠居の身にこれに優る喜びはない．辻井主査と研究会の皆様に厚くお礼を申し上げたい．

そして何よりも，読者の皆さんが，将来，技術者人生の中で，倫理に関わる事件に巻き込まれたりすることがないよう願っている．

2019年2月

中村　収三*2

---

*1　中村収三，「工学倫理教育のすすめ」，朝日新聞『論壇』，1999.12.30（Web版記事に採録）．

*2　京都大学工学部卒．ブリティッシュ・コロンビア大学 M.S.　シカゴ大学 Ph.D.；ベル研究所，住友化学工業（株），ジョンソン（株）勤務の後，大阪大学教授，立命館大学客員教授を歴任．その間，近畿化学協会に工学倫理研究会を設立，2014年まで主査．

はじめに

本書の第３版が出版されてから，５年余りが経過した．その間，多くの工学倫理にかかわる事件や事故が発生した．なかでも，とくに，近年発展が著しい「バイオ」と「情報」の技術にかかわるニュースがめだつ．これらの技術はまだ歴史も浅く，それゆえに法の整備や社会のルールが追いついていない面が多い．このような分野にこそ，工学倫理が重要だろう．以上のような状況に鑑み，本書第４版では，これまでの方針を転換した．初版以来，特定の技術分野に関する章は設けて来なかったが，本書で初めてⅢ部「これからの技術と工学倫理」を設け，「バイオ」と「情報」の技術を取り上げた．もちろん，他の分野における多くの事例も，古くなったと思われるものは最新のものに変更した．

※

技術者は，世界中どこでも，律儀で倫理的な職業と見られてきた．とくに日本の技術者たちは，世界に冠たる信頼性の高い技術を打ち立て，高い安全成績を達成し，人びとの信頼と尊敬を勝ちとってきた．にもかかわらず，技術者の倫理が問われるような事件や事故が絶えない．技術者に要求される倫理とは，いったいどのようなものなのだろうか？

古来，技術者は，安全や環境を守るために壮絶な戦いを続けてきた．現在の技術は，その戦果の蓄積の上になりたっている．世の中の人びとは，その技術の果実をあたりまえのように享受している．ところが，安全や環境の問題が起きるたびに，「技術者に倫理意識が不足している」とか，「技術者に社会や環境への配慮が欠けている」との批判が沸きあがる．技術者は，このような社会の反応を，どのように受け止めればよいのだろうか？

技術が進歩するにつれ，技術者には，ますます高度で専門的な知識と能力が要求される．一方，技術が高度化すればするほど，大衆にはその内容を理解することが難しくなる．技術が大衆に理解し難くなればなるほど，技術者に対する信頼がますます重要になる．では，技術者には，ますます高い倫理性が要求されるのだろうか？

技術者にかぎらず，あらゆる専門職は，大衆の信頼にもとづいて，大衆には理解することが難しい専門的な職務を行っている．当然，他の専門職にも，それぞれの職務に応じた専門職倫理が要求される．では，技術者に要求される倫理は，ほかの専門職の場合とどう違うのだろうか？

それよりも何よりも，技術者が，専門的な職務を遂行するうえで，倫理的な葛藤に遭遇した場合，どのように対処すればよいのだろうか？

これらが工学倫理の主題になる．これらの問いに答えるには，「技術者の倫理に委ねられているものとは何なのか？」「技術者の倫理が問われるのはどのような場合なのか？」を明らかにすることも必要だろう．

Ⅰ部～Ⅲ部の各章で，さまざまな角度から，考えてみることにしよう．

上に述べたとおり，技術の歴史は，安全や環境の問題との壮絶な戦いの歴史でもあった．工学生や若い技術者には，勇気をもって新たな戦いに加わってもらいたい．本書が，その一助になることを願っている．

※

本書は，一般社団法人 近畿化学協会 工学倫理研究会の編著になる．本研究会では，工学倫理にかかわる時々の事例，工学倫理教育のあり方，教育実践のより良い手法等を議論している．そして，近畿一円の大学や高専に，講師を推薦している．2017 年度には，22 人のメンバーが，17 の出講先で計 37 の講義を担当した．対象の学科は，化学系だけでなく，あらゆる工学分野を含む．

本書の初版は，2006 年に出版された．中村収三氏の著書（「実践的工学倫理——みじかく，やさしく，役にたつ」，化学同人，2003）に沿った総論に加え，「安全」「リスクの評価」「環境・資源問題」「法規」「知的財産権」の 5 項目についての各論を設けた．それぞれのテーマについて，基礎的な専門知識を身につけてもらい，そのうえで，先人たちがそれらの問題とどのように戦ってきたかを理解してもらえる内容にした．2008 年に，中村氏の上記の著書の新版が上梓されたのに伴い，翌年には本書も改訂．そして，福島第一原発事故を受けて，2013 年に第 3 版を上梓した．そして今回の第 4 版に至る．

※

Ⅰ部～Ⅲ部を通じて，多くの「事例研究」「事例ファイル」「コラム」を載せた．「事例研究」は，授業のなかで課題として取り上げることを意図した事例，「事例ファイル」は単に事件や事故などの紹介，「コラム」は事例ではないが，工学倫理に関連する話題を扱う．

Web 版補足記事欄を設けた．本書の読者にかぎりアクセスできる*1．初版～第 3 版に掲載したが今回は紙数の都合で収容できなかった事例などのほかに，一部，新しく執筆した記事や，関係資料なども収載した．

※

初版以来，化学同人の平祐幸氏，津留貴彰氏，後藤南氏にたいへんお世話になった．この場をかりて，お礼を申し上げる．

2019年2月

一般社団法人 近畿化学協会 工学倫理研究会 主査
辻井　薫

*1　化学同人ウェブサイト https://www.kagakudojin.co.jp/ の本書紹介ページ（パスワード kougaku4）.

目次

2章 リスクの評価と工学倫理 …… 106

3章 環境・資源問題と工学倫理 …… 128

web 版補足記事　目次

web 版補足記事は，化学同人ウェブサイト http://kagakudojin.co.jp/ の本書紹介ページから，パスワードを入力してアクセスできる(パスワード kougaku4)．なお，これ以外にも，必要に応じて新たな記事を追加することがある．[　]の数字は過去に掲載されていた旧版を示す．[web]は web 用に作成した記事．

事例 自動車用エアゾル製品［1・2・3］
事例 芳香族アミン類による膀胱がん労災事故［web］
資料 アメリカの工学倫理事情［1・2・3］
資料 マスコミの功罪［1・2・3］

第Ⅱ部1章「安全と工学倫理」関連

事例 関西電力・美浜原子力発電所蒸気漏れ事故［1］
事例 高圧ガス保安検査の虚偽届出事件［1］
事例 ごみ固形燃料（RDF）発電所の爆発事故［1］
事例 六本木ヒルズ自動回転ドア事故［1・2・3］
事例 小林化工 爪水虫治療薬事件

第Ⅱ部2章「リスクの評価と工学倫理」関連

事例 粘結剤の家畜飼料用途への販売中止［1］
事例 水道水の塩素消毒中止［1］
事例 新規化学品の製造［1・2］
事例 ほうれん草のダイオキシン汚染報道［1・2］
事例 コウジ酸含有医薬部外品の製造中止命令［1・2］

第Ⅱ部3章「環境・資源問題と工学倫理」関連

事例 商社マンと工学倫理［1］
事例 干拓工事による環境への影響——日米の事例［1・2］
事例 三大鉱害事件［1］
事例 水銀騒動と食塩電解技術［2・3］
資料 環境汚染物質（ダイオキシン類）［1・2］
資料 環境ホルモン（内分泌かく乱物質）［1・2］
資料 水俣条約の採択［web］
資料 原子力技術——利用と制御［web］
資料 環境・資源問題に対する技術者のチャレンジ［1・2］
資料 「都市鉱山」——レアメタル資源回収への挑戦［2・3］
資料 世界の淡水資源問題に挑戦する日本企業［2・3］
資料 バイオ燃料の世界的動向［2］
資料 ドイツにおける電力エネルギー事情［web］
資料 地球温暖化の緩和対策「京都議定書」［3］
資料 「大阪アルカリ株式会社事件」（近畿化学協会誌『きんか』2015年2月号より）［web］

第Ⅱ部4章「技術者と法規」関連

事例 チッソ石油化学五井工場事件［1］
事例 薬害エイズ訴訟・ミドリ十字裁判［1］
事例 ナショナルテレビ発火損害賠償請求事件［1］
事例 東京電力 原発トラブル隠し［1・2・3］

第Ⅱ部5章「知的財産権と工学倫理」関連

事例 発明者［1］
事例 特許ポートフォリオ（研究開発の成功と個人の心情）［1］
事例 繊維分離装置（権利の拡大主張）［1］
事例 排水処理用分離装置（先行文献調査）［1・2］
事例 キルビー特許［1］
事例 リソグラフ事件（商標の使用）［1・2・3］
事例 ソフトウエア違法コピー［2・3］
事例 ヘルプモード・アイコン関連の特許訴訟事件［2］
事例 フラワーセラピー事件（商標権行政訴訟事件）［1・2］
事例 職務発明と発明補償［1・2・3］
事例 呉青山学院中学校事件（不正競争行為差止等請求事件）［3］
事例 粒状活性炭の製法（共同研究と共同特許出願）［1・2・3］
資料 職務発明の譲渡対価に関するおもな訴訟と判決結果［1・2］

第Ⅲ部2章「情報技術と工学倫理」関連

事例 メモリースティックの紛失［2・3］

付　録

◆全米専門技術者協会 倫理規程（NSPE *Code of Ethics for Engineers*）日本語訳
◆全米専門技術者協会 エンジニアの信条（NSPE *Engineer's Creed*）原文・日本語訳
◆工学倫理 用語集

第Ⅰ部 総論

工学倫理を考える

1章 工学倫理をはじめるにあたって

工学倫理とは

あらゆる近代技術は，危険なものを安全に使いこなす知恵だといいかえてもよい．それゆえ，技術者には専門的な能力に加え，高い倫理性[*1]が要求される．ほかの専門職の場合と異なるのは，この一点につきる．「危険」には，環境などの問題もふくまれる．

*1 ここでいう「高い倫理性」とはどういうことかは，I部3章「技術者と倫理」で議論する．

「技術とは危険なものを安全に使いこなす知恵だ」というのは，近代技術にかぎらない．

危険なものの代表といえば「火」だ．これだけ技術が進歩しても，いまだに頻繁に火災が起こり，おおぜいの人が死傷する[*2]．人類は，火を使いこなす知恵を身につけることによって初めて人類になったといわれる[*3]．人はそのころから，火の使い方を誤ると，やけどをしたり，他人にやけどを負わせたり，家財や家を焼いてしまったり，山火事が起きて環境を損なってしまったりすることを知っていた．

*2 消防白書によれば，最近でも火災による死者数は年間1500人程度に達する．

*3 最新の考古学的発見によると，人類が火を使った痕跡は約100万年前まで遡るという(2012.04.04 NHK Newswebより)．

一方，人は，絶えず倫理的な判断をしながら生きている．些細で単純なことから，重要で複雑なことにまで対応している．おそらく，これも，人類がはじまって以来のことだ．人類は，火を安全に使いこなす知恵と，倫理的な判断をする能力を身につけることで人類になったといってよい．そのころから「工学倫理」が芽生えたといえる．そう考えれば，とくに新しい話でも，それほど難しい話でもない．

> 工学倫理の基本は，「危険なものを安全に使いこなす仕事」をしているという，明確な自覚をもつことにある．

半導体やコンピュータは関係ないと思われるかもしれないが，そうではない．20年ほど前に，2000年問題[*4]というものがあった．人間は忘れっぽいもので，あれだけ大騒ぎしたのに，今やだれも口に上すこともしない．たいした被害をださずに回避できたが，そのために世界中で膨大な費用と労力が使われた．2002年4月には，みずほ銀行グループの合併に際して，長期にわたってシステムトラブルが続き，その影響は

*4 → web 事例「2000年問題」

広範囲におよんだ[*5]．その後も，さまざまな機関の，さまざまなシステムトラブルが報道されている．

*5→ web 事例「みずほ銀行システムトラブル」

今や生活必需品になったパソコンのバグは，一時よりはずいぶんよくなったものの，いまだに，しばしば利用者に損害をもたらしている[*6]．インターネットがもたらす危険はより深刻で，より広範囲におよぶ．

*6　本書では，「製造物責任」も取り上げるが，ソフトウェアに関しては，製造物責任法上の責任は問えないことになっている．最近は，ネット経由で自動的にアップデートされるなど進化がみられるが，ソフトウェアであっても民法上の責任は残るし，倫理的な責任がなくなるわけでもない．

早くは，2005年6月に発覚した，アメリカのクレディット・カード情報処理会社のコンピュータへの侵入事件[*7]が，世界中に衝撃を与えた．その後，ネット利用の広がりとともにさまざまな事件が続いている．

*7→ web 事例「クレディット・カード情報窃盗事件」

インターネットは，「危険なものを安全に使いこなす知恵」が育たないうちに，あまりにも急速に普及してしまった[*8]．真に「成熟した商業技術」（I部3章「技術者と倫理」で述べる）に育つには，まだまだ知恵がいりそうだ．真に「成熟した商業技術」は，大衆が安心して使える，フールプルーフ[*9]とフェイルセイフ[*9]が保証されたものでなくてはならない．この問題については，Ⅲ部2章「情報技術と工学倫理」で改めて考える．

*8→I部2章「技術評価とは」の節(p.11)

*9→II部2章「技術的観点からのリスクの評価」の節(p.112)

なぜいま工学倫理なのか

福島第一原子力発電所の事故以前にも，1999年9月の東海村核燃料工場臨界事故[*10]が起き，周辺住民や一般市民だけでなく，科学者・技術者全般にも大きな衝撃をあたえた．その後も，雪印乳業食中毒事件[*11]，原子力発電所トラブル隠し[*12]，JR福知山線脱線事故[*13]，あいつぐ品質不正問題や自動車会社の無資格者による出荷検査問題[*14]など，技術者や企業の倫理が問われるような事件が次々と起きた．2005年11月には，建築士によるマンションやホテルの耐震強度偽装[*15]が明るみにでた．この事件は，その後，大きな社会問題，経済問題にまで発展した．

*10→事例研究II-4-1 (p.164)

*11→事例研究II-4-3 (p.166)

*12→ web 事例「東京電力原発トラブル隠し」

*13→事例ファイル15 (p.89)

*14→事例ファイル16 (p.96)

*15→事例研究II-1-1 (p.102)

世間の技術者に対する目が，非常に厳しくなっている．技術者は，技術者という特別な職業を正しく認識する必要がある．また，どのようにすれば技術者に対する信頼を守ることができるか，考えなくてはならない．

今世紀に入るまで，日本の大学では，技術者のための倫理教育といったものは，ほとんど行われてこなかった．ところが近年，工学教育についてもグローバル化がいわれ，2001年，技術者教育認定制度が導入された．認定を受けた学科の卒業生には，世界的に通用する技術者としての資格をあたえようというものだ．その認定要件の一つに工学倫理教育が取り入れられた．これら二つの要請にもとづき，多くの大学で工学倫理教育がはじまった．

あの耐震強度偽装事件*15にかかわった建築士たちが，少しでも工学倫理を学び，あとに述べる「シティコープ・ビル」の物語*16を読んでいたら，あのようなことはできなかったのではないかと思えてならない．

*16 → 事例研究 I-8-2 (p.71)

工学倫理をめぐる日米の違い

日本では，工学倫理，あるいは技術者倫理といった概念そのものが，比較的最近まで取り立てて意識されてこなかったし，議論もされてこなかった．その必要もない幸せな状態だったといってもよい．このように新しい概念なので，日米を比較することをとおして，理解を深めることにしよう．

アメリカでは全米専門技術者協会(National Society of Professional Engineers：NSPE) をはじめ，各種技術者協会が，以前から，それぞれ厳格な倫理規程を設けて，会員を規制してきた．ちなみに，“profess”には「神に誓う」という意味があるそうで，“profession”には「聖職」といったニュアンスがある．日本でも医師，弁護士などは聖職とみなされ，医師会，弁護士会などは，以前から倫理規程や倫理委員会を設けて会員を規制しているが，工学技術者は，一般に聖職とはとらえられていない．

日本の技術者の優秀性は内外ともに認めるところだが，こういった意味での職業意識は一般には希薄だ．職業を問われれば会社員とか公務員とか答え，技術者とは答えないのがふつうだ．“occupation”も“profession”も，ともに「職業」と訳され，その違いはあまり意識されていない．ただし，この日米の違いは制度・習慣の違いからくる部分が多いし，技術者にかぎったことでもなく，ただちに，技術者の専門家意識の高低に結びつくものではない．だが，無関係でもない．

全米専門技術者協会倫理規程*17は，6項目にわたる技術者の基本的義務の第一に，「公衆の安全，健康，福利*18を最優先する」ことをあげている．4番目には，「雇用主や依頼主に対する義務」もあげている．6項目は，いずれも万国共通の普遍的な義務といってよい．そのうえで，全米専門技術者協会の規程は，詳細な職務規定を設けている．内部告発を義務づける条項もくり返しでてくる (web資料の条文に網かけで示した)．

*17 → web 資料「全米専門技術者協会倫理規程」

*18 「公衆の安全，健康，福利」は工学倫理のキーワードとしてしばしば使われる．「公衆」という語の意味については，p.11 マージン欄*7参照．

日本では，普遍的な倫理規範が守られることを前提に，従来，そのような規程は設けられてこなかった．そもそも，技術者協会といったものが発達しなかった．工学倫理教育についても，アメリカには，以前から立派な教科書がととのっていたが*19，日本には今世紀に入るまで，1冊の教科書もなかった．これですべてうまくいってくれれば，それにこしたことはない．しかし，会社や役所に対する帰属意識がきわめて強い日本ではとくに，公衆に対する義務より，雇用主に対する義務が優先されやすいことは否めない．

*19→ web 資料「アメリカの工学倫理教育事情」

ただし，この問題も技術者の世界にかぎったものではない．毎日の新聞・テレビをにぎわしている，政界，官界，財界をはじめとする世の中の風潮から，技術者だけが超然としていられるはずはない．世の中の倫理レベルが低落してきたのか，以前からこんなものだったのかはわからない．ただ，あの福沢諭吉が，明治期に，すでに新聞の論説でくり返し技術者倫理を説いていたという．最近にわかにでてきた問題ではなさそうだ．

以上のようないきさつから，「工学倫理」は，グローバル化の文脈のなかで語られることが多い．また当然，安全・衛生・環境などの文脈のなかで語られることが多い．この二つの文脈のなかでの位置づけを確かめながら話を進めたい．日米比較は，以降の各章でも行う．

2章 技術者倫理と技術倫理

技術者倫理と技術倫理

ところで,「工学倫理」は,“Engineering Ethics”というアメリカ語の訳語だが,いささか紛らわしい言葉だ.“Engineering Ethics”は,単に「工学生のための倫理についての科目」といった意味の英語(“Engineering Mathematics”などと同列)だが,日本では,さまざまに解釈されるようになった.「技術者倫理」という訳語があてられることもある.授業や教科書の内容も,教える人によってさまざまだ.

ここで,本書における「工学倫理」の意味と,その守備範囲をはっきりさせておこう.そのために,「はじめに」で述べたとおり,「技術者の倫理に委ねられているものとは何なのか?」「技術者の倫理が問われるのはどのような場合か?」から考える必要がある.

左の**図1**を眺めていただきたい.ひと口に「技術者」といっても,いろいろな意味で使われる.職種と,組織のなかでの地位によって,それぞれ異なった責任を担うが,技術者個人の倫理に委ねられるものは基本的に変わらない.しかし,大小の分野ごとの「技術者群」の倫理に委ねられるものとなると話が変わってくる.

アメリカの“Engineering Ethics”はわかりやすい.技術者の言動が,全米専門技術者協会(NSPE)などの倫理規程(Code of Ethics)を犯していないかどうかの問題に帰すことができる.教科書もそれにそって書かれることが多い.つまり,技術者個人が仕事のうえで経験する倫理的な問題を扱っている.工学倫理に関する事例として,世界中で最も有名なチャレンジャー事故*1や,シティコープ・ビルの事例*2も,特定の技術者個人が直面した葛藤を扱っ

ひと口に技術者といっても(1)

研究者
開発技術者
設計技術者
製造技術者
営業・据付・維持・修理技術者

ひと口に技術者といっても(2)

技術者社長
技術担当重役
技術者上級管理職
技術者中間管理職
担当技術者

ひと口に技術者といっても(3)

	(例)
技術者個人(単数/複数)	○山◇男
個々の製品・技術にかかわる技術者	A社エレベーター技術者
特定技術にかかわる技術者群	エレベーター技術者全般
特定分野にかかわる技術者群	機械技術者全般
技術者全般	

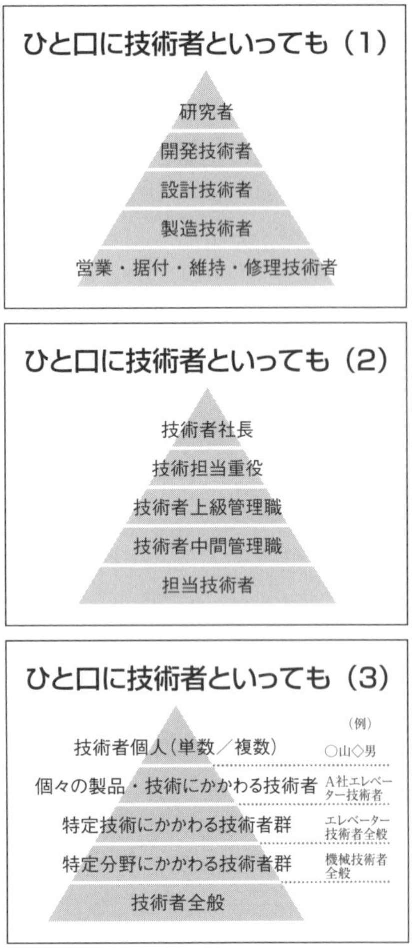

図1 ひと口に技術者といっても

*1 → 事例研究 I-8-1 (p.68)

*2 → 事例研究 I-8-2 (p.71)

ている．

もう一つ，「技術倫理」という言葉がある．英語では“Techno Ethics”にあたるが，この英語はあまり使われないようだ．「技術倫理」も紛らわしい言葉だが，本書では，特定の技術，たとえば，原子力や遺伝子組換えは是か非か*3，それらが社会にどのような影響をもたらすか，社会はそれらの技術をどのように扱うべきか，といった問題を意味することとしよう．

*3 → p.11「技術評価とは」の節，Ⅲ部1章「遺伝子組換え技術」の節（p.194）

「技術倫理」は，現代の社会にとってあまりにも重要な問題であり，技術者個人の倫理に委ねられているわけではない．技術者個人が扱うべき問題でもない．むしろ，技術者個人が判断をしてはいけない問題だ．では，「技術倫理」は誰に委ねられているのだろうか？　それは，社会と，分野ごとの「技術者群」〔**図1(3)** 参照〕とのかかわりに委ねられている．つまり，技術者群（学協会等）が社会とコミュニケーションをとり，社会全体のコンセンサスを得ながら，確立していくべき問題だ．

日本では，この「技術倫理」を「工学倫理」に取り入れたり，「工学倫理」の主題にしたりする傾向がある．とくに技術者以外の講師に多く見られる．無理もないことだとも思うが，技術者から見ると不適切に思える．技術者以外の人には理解しにくいかもしれないが，それは以下の理由による．

「技術倫理」の中心課題は，安全や環境などの問題にあるが，安全や環境を守ることは，もともと技術者の本業に属す．つまり，「危険なものを安全に使いこなす知恵」に属し，「それゆえに要求される高い倫理性」の問題ではない．技術者は当然，自分が専門とする技術が，社会や環境にどのような影響をおよぼすかについて，専門的な理解と知識をもたねばならない．そのうえで，その影響をいかにして制御するかについて，専門的な知識と技術をもたねばならない．それらを学ぶ過程で，必要な倫理についても理解してゆく．

ただし，実際に大学でどこまで学ぶかは，個別の問題になる．大学では基礎的な学問が中心になり，安全工学，衛生工学，環境工学などを専門とする場合は別にして，安全や環境について本格的な知識・技能を身につけるのは，実務についてからになることが多い．

そのような事情なので，「工学倫理」の科目で，「技術倫理」や，安全，環境などの問題を長々と教えるのは，適当でない．そのような時間があるのなら，それぞれの専門科目のなかで，安全や環境などについての基礎的な学習にあてたほうがよい．

そこで本書では,「工学倫理」の守備範囲を, アメリカの "Engineering Ethics" と同じように, 技術者個人（単数または複数. 以下同様）が仕事のうえで, 倫理にかかわる問題に出会った場合に, どのように対処するべきかに限定する. 狭い意味での「技術者倫理」といってもよい.

技術者個人の倫理を狭い意味での「技術者倫理」とすると, 広い意味での「技術者倫理」は, 技術者集合体の倫理をふくむことになる. 技術分野ごとの「技術者群」といったものの倫理（特定の事件や事故にかかわった技術者グループのことではない. それは技術者個人が複数になっただけ）は,「技術倫理」とほぼ重なる. 以上を整理すると下の**図2**のようになる.

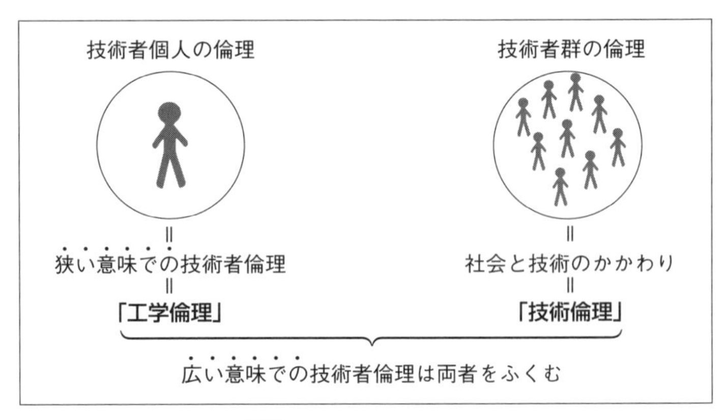

図2 工学倫理と技術倫理

技術者を表す適当な複数名詞や集合名詞がないために, いささか込み入った話になったが, 実はそれほど難しい話ではない. 技術者個人が「技術倫理」に従って行動することが難しくなったときに,「工学倫理」の問題が生じるととらえてもよい. いちいち,「狭い意味での技術者倫理」というのは厄介なので, これ以降,「工学倫理」という言葉を, その意味でも使うことにする. 言葉の定義をあいまいにすると混乱を招く. いい換えると,「工学倫理」と「技術倫理」の境界をあいまいにすると混乱を招く. 紛らわしい言葉を使わなければならないのは不幸だが, 定義をはっきりしておけば, 混乱は避けられる.

なお, 混乱を生じる恐れがない場合には, より自由に,「狭い意味での技術者倫理」の代わりに単に「技術者倫理」という言葉を使うこともある.

専門技術者と技術倫理

ところで，社会も決して，「技術倫理」の問題を技術者だけに押しつけているわけではない．社会もこの問題にさまざまな対応をしている．最も直接的で具体的な対応としては，技術や技術者を規制する各種の法規がある．社会は，多くの技術の使い方を，法規で規制している．法規は，法律家がつくるのでも，技術者がつくるのでもない．社会と技術のかかわりのなかでつくられる．

見方を変えれば，法規は，社会がその技術をどのように受け入れているかを規定している．これらについても，専門分野に応じて必要なものを別途学習しなくてはならない．法規の整備が十分に進んでいない新しい技術もある．その場合，社会がその技術をどのように受け入れるかについて，結論がでていないことになる．結論がでていない技術については，社会の議論に十分な注意を払う必要がある．技術者は，社会の結論に忠実に職務を行わなければならない．技術者の独りよがりで突っ走ることは，許されない*4．

*4　技術者と法規のかかわりについては，II部4章で改めて考える．

つまり，技術者は，専門とする技術についての知識・能力に加え，その技術が社会にもたらす影響についての科学的な理解と，その影響を制御する技術についての専門的な知識をもたねばならない(**図3**)．さらに，

技術者に求められる素養

① 専門とする技術についての知識・能力
② その技術が社会におよぼす影響と，その影響を制御する技術についての専門的な知識
③ 関連する法規についての知識
④ 社会の議論についての理解

→ これらすべてを備えた人を「専門技術者」という

◆ 必要な素養を欠く者が専門的職務を行うのは，はじめから工学倫理に反する
◆ 専門技術者は，自らが専門とする分野について，常に最新の知識・情報をもつように努力しなくてはならない

図3 技術者に求められる素養

関連する法規についても十分な知識をもたねばならない．専門によっては，社会で進行中の議論についても十分な理解をもたねばならない．これらすべてを備えた人を「専門技術者」とよぶことにしよう．そのような「専門技術者」が職務を遂行しようとするなかで出会う倫理的葛藤が，「工学倫理」の一義的な対象になる．「専門技術者」に必要な能力・理解・知識をもたない技術者が専門的職務を行うのは，はじめから「工学倫理」に反する*5．工学生は，技術者に必要な素養の修得に，最大限の努力を払わなくてはならない．

*5 → 事例ファイル 01

ただし，大学・学校で，「専門技術者」に必要なすべての知識を学べるものではない．法規にかぎっても，膨大な数の法律，命令，条例，規

エキスポランド・ジェットコースター事故　事例ファイル 01

2007 年 5 月 5 日，大阪府吹田市の遊園地「エキスポランド」で，ジェットコースターが脱線し，1 人が死亡，19 人が重軽傷を負った．

コースターは 1 両 4 人乗り 6 両編成．各車両は左右 2 組ずつの車輪ユニット（上下外計 5 輪）でレールをとらえ，車体は車軸とよばれる部品でユニット上に固定されていた．脱線した 2 両目の左前側の車軸が，ナット締めつけ部で破断，ユニットが脱落した．その側に乗っていた女性が，傾いた車体と点検用通路の手すりに挟まれて即死した．

ジェットコースターには，建築基準法が定期点検を義務づけている．エキスポランド社は毎年 1 回実施し，市に報告書を提出していたが，各項目とも「良好」などと記入されていただけで，市も事後検査などはしていなかった．

JIS に「遊戯施設の検査標準」があり，車軸について，年 1 回以上の超音波や磁粉による探傷検査を規定していた．同社によると，毎年 1 月末から 2 月にかけての定期検査の際に，探傷検査を実施していたが，この年は 3 月の新型遊具の開設にともない，目視検査だけで済まし，探傷検査は大型連休後に行う予定だったという．

新聞などは，「基準法には JIS の規定を義務づける法的拘束力がなく，検査内容は地方自治体の条例に委ねられているが，吹田市を含むほとんどの自治体は，そのような条例を定めていない」などと報道した．

事故後の記者会見で同社の担当部長は，「JIS の規定は知らなかった．探傷検査は自主的に行っていた．92 年の営業開始以来，車軸に異常が見つかったことはなく，車軸の交換は一度もしていなかった」などと話したという．

しかし JIS は，法的拘束力の有無にかかわらず，技術者が頼りにするべき基準といった性格をもっている．これを守らずに事故を起こした場合，過失を問われることになる．また，重要部品の定期的な交換は，鉄道などでは常識になっている．

事故後の調査で，ナットが何らかの理由で緩み，それが原因で疲労破壊を起こしたと推定された．探傷検査を延期していなければ，事故を防止できた可能性が高いという．

事故を受けて，国土交通省が全国のジェットコースターの点検状況を調べたところ，4 割近くが年 1 回の探傷検査を行っておらず，これまで一度も行っていない所も 4 分の 1 に上った．

エキスポランドの場合は，不運だったといえるかもしれないが，「危険」あるいは「恐怖」を売り物にする遊戯施設の技術者が，必要な素養を身につけていなかったといわれても仕方のない事件だった．同社には，20 数人の国交省認定「昇降機検査資格者」がおり，担当部長は講習会の講師まで務めたというのだが．資格制度を含め，法規，行政面の見直しも必要だろう．

同社の責任者たちは，業務上過失致死傷罪と建築基準法違反（虚偽報告）で起訴され，有罪判決を受けた．

事故後，同社は事業継続策を模索していたが，2009 年 2 月ついに断念，37 年の歴史の幕を閉じた．

（「朝日新聞」などによる）

則，基準などなどがある．大学，とくに学部課程は，基礎的な理解・知識を学ぶところだ．「専門技術者」は，職務遂行のために必要な知識を，生涯，学習し続けなくてはならない．そのことは，後にふれるたいていの倫理規程にも盛り込まれている．

読者のなかにも，「工学倫理」を「技術倫理」のことと思っていた人があったかもしれない．最近は，「科学技術と社会」(Science, Technology and Society, つづめてSTSなどともよばれている）の問題を専門とする学者も増えてきた．そのような講義を開講している大学もある．「技術倫理」の一般論を学びたい工学生は，それらの講義を受けるとよい．その場合には，人文社会系をふくむほかの学部の学生とともに受講し，議論を交わすことが望ましい．もちろん工学生は，一般論もさることながら，前述のように各論を十分に学ばねばならない．

社会も決して，「技術倫理」や，安全・衛生・環境の問題を，法規だけで済ましているわけではない．各種の法規以外にも，直接的で具体的な対応として，政府・自治体が，さまざまな施策，施設などを設けている．さまざまな公的研究機関もある．民間の機関もある．

本書では，社会がとっている，より間接的な対応のうち，「技術評価」と「製造物責任」の問題を取り上げる．技術者個人が「工学倫理」と向き合うためには，この二つについて正しい理解をもつ必要がある．

次節で，「技術評価」について簡単に述べる．「製造物責任」については，I部6章で改めてくわしく述べる．

技術評価とは

ところで，日本でどれだけの人が交通事故で亡くなるか？　最近はかなり減ってきたが，今も年間約3000人以上が亡くなる．日本人のおよそ350人に1人は交通事故で死ぬ．では，毎年何人が交通事故でケガをするか？　こちらは最近もなかなか減らず，毎年約60万人の人がケガをしているという．日本人は一生のうちに，平均少なくとも3人に1人は交通事故でケガをすることになる*6．営々と安全対策を積み重ねてきたにもかかわらず，そのような状況が続いている．交通事故のほとんどは自動車によるものだ．自動車は，はなはだ危険な技術といわざるを得ない．にもかかわらず，自動車は，社会に熱狂的に受け入れられている．これは大衆*7による「技術評価」だ．国家レベルの評価もあれば，個人レベルの評価もある．自動車マニアもいれば，自動車文化と距離を

*6　運転者は，これ以上の確率で他人を死なせたり，ケガさせたりしている．技術者もこの事実を重く受け止めねばならない．

*7　本書では「大衆」という語は，「専門家」の対立概念として用いる．専門的な知識・能力をもたない人を指す．専門家も，専門分野以外では，大衆の立場に立つ．これに対し，「公衆」という語は，専門の有無にかかわらず，社会一般の人々を指す．

保とうとする個人もいる．行政も，安全を確保するために，さまざまな規制や施策を行っている．

技術は危険なものを安全に使いこなす知恵だといってきたとおり，およそあらゆる技術は何らかの危険を内蔵する．強力な技術ほど大きな危険を内蔵しているという見方もできる．受益者は，その技術がもたらす利便性と危険性を比較して，受け入れの可否や受け入れ方を判断している．

自動車文化は，2世紀にもおよぶ長い年月をかけて発展してきた．その間に，安全技術も少しずつ進歩し，道路や信号機などのインフラストラクチャーや，交通法規，運転免許制度なども整備されてきた．自動車産業は，今も世界経済の中核を担っている*8．

*8　近年，安全技術の進歩が加速し，全自動運転の実用化も視野に入ってきた．III部2章「情報技術と工学倫理」で議論する．

「技術評価」という概念は，それほど広く意識されていないようだが，「工学倫理」や「技術倫理」を考えるには，これについての理解も欠かせない．いったん「倫理」を離れて，人や社会が技術をどのように評価してきたかを考えてみよう．具体例として，20世紀後半になって登場した，三つの強力な技術「原子力」「遺伝子組換え」「インターネット」の場合を取り上げる．いずれも強力であるとともに大きな危険を内蔵している．

核兵器から出発した原子力については，初めから，個人レベルでも国家レベルでも，危険性が強く意識された．ところが，1950年代からアメリカ政府が主唱した「原子力の平和利用」は，一部に批判はあったものの，被爆国 日本を含む多くの国に受け入れられた．米ソ冷戦の最中，核軍備競争のかたわら，原子力発電についても激しい競争があった．可能なかぎり安全な原子炉の完成を待つ余裕は，アメリカにもソ連にもなかった*9．太平洋戦争開戦の直接の原因になったのが，日本の軍事拡張を封じる目的で行われた，連合国による石油禁輸だったことなどを考えると，戦後の復興期にあった日本の政治が，エネルギー安全保障につながるとして，原子力の平和利用に舵を切ったことは納得できる．強い懸念を表明する市民や専門家もいたが，当時の国論の大勢はこれを支持した．その是非を論じるのは本節の目的を外れるが，その一つの結果として，米ソ日はそれぞれ，スリーマイル島，チョルノービリ，そしてフクシマを経験することになった*10．

*9　NHK ETV特集「原発事故への道程」(2011.09.18 放送)がこの事実を明らかにした．

*10 →事例ファイル19（p. 107），事例研究 II-2-3 (p.122)

遺伝子組換えを含むバイオテクノロジーについては，III部1章でもふれるが，生命の根幹にかかわる問題だけに，基礎的研究の段階から，大衆からも強い懸念が表明された．その結果，各国でも，国際レベルでも，厳しい規制のもとに研究開発が行われてきた．アメリカでは，遺伝子組換え農作物がすでに長年にわたって，取り立てた問題もなく流通している．伝統的に世界の覇権を狙ってきた穀物メジャーを擁するアメリカは，この技術を世界に広めようとしているが，多くの国が慎重な姿勢を保っている．多くの個人も受け入れを拒否している[*11]．

インターネット技術は，これらとは対照的な発展を遂げた．これも，もとは軍事用に開発された技術だったが，民間研究者の手に渡ると，情報発信を一部の既成権威から一般市民に開放しようとの革命的な目的意識のもとに，前代未聞の速さで世界中に広められた．1990 年代，アメリカは，当時のゴア副大統領が提唱したインフォーメーション・スーパーハイウエー構想のもとに，インターネットを世界に広める戦略を展開した．インターネットはきわめて強力な技術だが，それに伴う危険に注意が向けられるようになったころには，すでにパンドラの箱は開いてしまっていた．自動車用のスーパーハイウエーが世界に広がるには，非常に長い年月を要したが，インフォーメーション・スーパーハイウエーは，10 年もかからずに世界中に張りめぐらされた．そして，信号機も整備されていない高速回線を，運転免許ももたない老若男女が，猛スピードで駆け回っている．インターネットの開発を主導したのは，技術者的素養を備えていない，自由人たちだった．社会が有意な「技術評価」を行うこともなかった．アメリカのもくろみはみごとに的中し，マイクロソフト，アップル，グーグル，フェイスブックに代表される情報産業が，アメリカのみならず世界の経済を支えるようになった．

はからずも，アメリカの国家戦略がめだつ話ばかりになった．国家レベルの「技術評価」には，当然その時々の経済，社会，国際情勢が影響する．とくに強力な技術の場合には，国家戦略も絡んでくる．興味深いテーマだが，「工学倫理」の守備範囲を超えるので，これ以上ふれるのは控える．

「技術評価」の最後に，科学・技術の dual use（デュアル・ユース，両義性）について述べておこう．科学・技術の成果は，民生用にも軍事用にも利用され得る[*12]．この用途の両義性を「dual use」とよんでいる．このこと自体は，人類が技術をもちはじめたときから自明のことだ．鉄器の発明は，丈夫で効率的な農機具を可能にしたと同時に，強力な武器を生み出して他部族との戦いを有利にした．この太古の昔からの問題が，今また，議論になっている．

2015 年に，防衛省が「安全保障技術研究推進制度」を発足させて助

*11 → Ⅲ部 1 章「遺伝子組換え技術」の節（p.194）

*12 → 事例ファイル 02（p.14）

成金をだすようになり，大学等の研究機関がそれを利用した．この動きに対して，1950年の声明*13以来一貫して軍事研究には否定的な日本学術会議が，各研究機関において軍事研究へのガイドラインを設ける等の歯止めが必要との見解*14を発表したことがその発端だ．この見解に対し，「軍事利用の恐れがあるという理由で研究領域を狭めては日本の技術力低下は避けられない」等の議論が，各所で行われている．

軍事技術も，基本的には技術倫理の例外ではないが，違った次元の議論が必要だろう．本書が扱おうとする「倫理」の範囲を超える*15．

以上の話から，「技術評価」が，「工学倫理」や「技術倫理」に対してもつ意味を理解してもらえたと思う．

*13 「戦争を目的とする科学の研究には絶対従わない決意の表明」(日本学術会議, 1950年)．

*14 「軍事的安全保障研究について」(日本学術会議・安全保障と学術に関する検討委員会報告，2017年4月13日)．

*15 科学者，技術者と軍事技術とのかかわりは多くの著作のテーマになった．核兵器と化学兵器の開発に携わった二人の著名な人物についての物語を紹介しておく．主人公以外にも多くの著名な科学者，技術者のさまざまな姿が描かれている．
- 藤永茂著『ロバート・オッペンハイマー　愚者としての科学者』(朝日新聞社，1996)
- 宮田親平著『毒ガス開発の父ハーバー　愛国心を裏切られた科学者』(朝日新聞社，2007)

安全と安心は別物

「技術評価」の話は，もう一つ大事なことを教えてくれる．「安全と安心は別物」ということだ．技術者が安全だと思うだけでは不十分だし，大衆が安心しているだけでも不十分だ．どういうわけか，最近になって「安全」と「安心」を組み合わせた「安全・安心」という言葉が頻繁に

ホスゲンの dual use　事例ファイル02

ホスゲンは，1812年英国のJohn Davyにより合成され，化学染料の中間体の製造に幅広く利用されてきた．一方で，吸入すると肺水腫を引き起こし適切な解毒剤がないことから，化学兵器への転用が検討された結果，工業的製造方法と毒ガスとしての使用方法がフランスのGrignardにより開発された．第一次世界大戦さなかの1915年に，フランス軍により初めて化学兵器として使用された．その後，ドイツ軍も化学兵器として使用を開始し，第一次世界大戦で合計約20万トンが生産された．大戦後は，日本軍による日中戦争での使用例はあったが，ホスゲンの化学兵器としての効果は高くなく(遅効性と遅い拡散性故)，化学兵器としての主役ではなくなっていった．

第二次世界大戦後，1966年，国連で「化学兵器及び細菌兵器の使用を非難する決議」が採択された．「化学兵器禁止条約」が1993年に署名され，1997年に発効した．ホスゲンも規制物質にリストアップされた．国内では1995年に制定された「化学兵器の禁止及び特定物質の規制等に関する法律」で，ホスゲンの製造・使用には届け出が必要となった．

一方で，ホスゲンを化学合成の原料として有効に使う研究は，第一次世界大戦後も続けられた．1937年に，ドイツ・バイエル社のOtto Bayerがホスゲンを使って合成したポリイソシアネートからポリウレタン樹脂の開発に成功，更に1952年には，バイエル社のHermann Schnellがホスゲンを使ったポリカーボネート樹脂の開発に成功した．現在，ホスゲンはポリウレタン樹脂の製造に必要なポリイソシアネートや，ポリカーボネート樹脂，さらに医薬・農薬の中間体の合成に，年間1000万トンを超える量が世界中で安全に製造されている．

ホスゲンの安全な取扱い方法や最適な設備，さらに吸入時の応急処置法に関しては，ポリイソシアネートの製造会社で作るNPOの国際イソシアネート協会が研究を実施しており，研究成果の一部がアメリカ化学工業協会（ACC）や日本のウレタン原料工業会のホームページで閲覧できるようになっている．

使われるようになったが，技術者は，「安全と安心は別物」だということを意識しなくてはならない．この文言は，原子力技術者たちが古くから格言としてきたという．

本書第２版までの本節では，「安全と安心は別物」であることを示す例として，自動車と原子力発電を比較していた．「原子力発電は，いろいろ問題は起こすが，実質的にはほとんど無事故で，日本の場合，地域によって異なるが，電力供給の３割から６割を担っている．にもかかわらず，大衆の多くが強い懸念を抱いている」と書いていた．福島の事故は，大衆の懸念を現実のものにしてしまった．一方，事故後の放射能汚染に関しては，たとえ自然放射能と同程度のものであっても，大衆は決して「安心」しないことを知らされた．

「安全と安心は別物」という格言は，自動車と原子力だけでなく，遺伝子組換えにも，インターネットにも，そのほかの多くの技術にもあてはまる．読者の皆さんには，自らその意味を考え，この格言を心に留めていただきたい．

ちなみに，労働現場では以前から，「安心したときから安全でなくなる」を格言としてきた．

ところで，技術が高度化するとともに，大衆はもとより，技術者にも，自分自身が開発した技術を評価することすら容易でない場合が増えている．分野によっては「技術評価」の専門家が活躍するようになっている*16．技術者は，自分が携わる技術について，可能なかぎり客観的な「技術評価」がなされるよう，常に留意している必要がある．同時に，自分自身の洞察力を高めておくよう，努めなくてはならない*17．大衆には，専門家による「技術評価」を理解するのも容易でないが，技術者には，自分が携わる技術についての専門家による「技術評価」を，正確に理解することが求められる．

そのうえで，技術者は，社会が受け入れている既存の技術をより安全なものにするだけでなく，そのような危険を内蔵しない新しい技術を開発するよう努めなくてはならない．最後の部分は，最も高い次元の「技術者倫理」に属するが，これを省いては「工学倫理」は完結しない*18．

技術者倫理が問われる場合

技術者倫理が問われるのには，実にいろいろな場合がある．ここで一度，整理してみよう．次ページの**表１**を見てほしい．ここでいう「危害」

＊16 → 事例ファイル 21（p. 115）

＊17 先に述べたとおり，「技術評価」という概念は，それほど広く意識されてこなかった．「技術評価」という言葉もあまり使われてこなかった．「技術評価」を表題にした成書も見当たらない．本書では，工学倫理を理解する目的で，「技術評価」という言葉をかなり広い意味で使ってきた．実際には，大衆から公的機関にいたるまでが，さまざまな技術評価を行っている．各技術分野の専門家または専門家集団も，さまざまな次元の「技術評価」ととりくんでいる．ちなみに，経済産業省の公式文書「経済産業省技術評価指針」は，研究開発評価の意味で，この言葉を使っているが，いささか主旨が異なる．
本書では初版以来，以下の２冊の本を推薦してきた．
- 深海浩著『変わりゆく農薬　環境ルネサンスで開かれる扉』（化学同人，1998）
- 中西準子著『環境リスク学　不安の海の羅針盤』（日本評論社，2004）

各自，読書の幅を広げるなどして，洞察力を高める努力をしてほしい．

＊18 現実には容易に達成できることではない．
→ 事例ファイル 04（p.18），事例研究 I-8-5（p.80），web 事例「水銀騒動と食塩電解技術」「車間距離制御装置」

表1 技術者倫理・技術倫理が問われる場合

		技術者倫理・技術倫理が問われる場合	代表的な事例
技術者倫理	1.	故意に危害を加えようと技術を行使した場合	オウム真理教サリン事件
	2.	危害がおよぶのを知りながら，あえて技術を行使した場合	フォード・ピント事件，耐震強度偽装事件
	3.	危険がある事実をかくして，危害をおよぼした場合	三菱自動車欠陥車隠し
	4.	危険があるとの情報を得ながら，無視して技術を行使し，危害をおよぼした場合	サリドマイド事件，薬害エイズ事件，チャレンジャー事故
	5.	危害がおよんでいるとの指摘を受けながら対策を怠り，被害が拡大した場合	水俣病，アスベスト，カネボウ化粧品による白斑発症事件
	6.	危害がおよんでいるとの訴えを，官憲の力に頼って抑え込もうとした場合	足尾銅山鉱毒事件
	7.	十分な注意を怠ったため，危害をおよぼした場合	森永ヒ素ミルク事件，カネミ油症事件，雪印乳業食中毒事件
	8.	消費者に対し十分な警告ができていなかったため，危害をおよぼした場合	家庭用カビ取り剤
	9.	必要な安全対策をとらずに技術を行使し，危害をおよぼした場合	インド・ボパール殺虫剤工場事故，エキスポランド・ジェットコースター事故
	10.	欠陥がある恐れのある技術を行使し，危害をおよぼした場合	みずほ銀行システムトラブル
	11.	不適切な技術を行使したために危害をおよぼした場合	核燃料工場臨界事故，ブリジストン・ファイアストン事件
	12.	危害をおよぼすことはなかったが，法令違反を隠したことが明らかになった場合	原子炉トラブル隠し，協和香料化学事件，品質不正問題，自動車会社の無資格者による出荷検査事件
	13.	不適切な技術を行使したが，危害がおよぶのを未然に防いだ場合	シティコープ・ビル
	14.	社会に問うことなく，危険が予想される技術を行使して，危害をおよぼした場合	ファイル交換ソフト「ウィニー」事件
	15.	技術の行使が原因で，思いもかけない危害をおよぼした場合	インドネシア味の素事件
	16.	他人の知的財産権を侵害して技術を行使した場合	
技術倫理	17.	技術が技術者の手を離れて，社会に悪い影響を及ぼす使い方がされることがある場合	商業テレビ，ゲーム機，インターネット（座間 SNS 連続殺人事件など多数）
	18.	取り立てた危害はおよぼしていないが，科学的な根拠のない技術（？）が行使されている場合	イオン水，遠赤外線商品，磁気健康器具，一部の健康食品
	19.	安全だと信じて行使した技術が，後に，危害をおよぼすことがわかった場合	DDT，PCB，フロン，アスベスト
	20.	初期の技術が危害をおよぼしたが，その後，安全な技術に成熟した場合	ボイラー，合成洗剤，石油化学の一部
	21.	未成熟な技術が危害をおよぼしているのに，十分な対策がなされていない場合	パソコンソフト，インターネット
	22.	成熟した技術が危害をおよぼし続けているにもかかわらず，熱狂的に受け入れられている場合	自動車，旅客機
	23.	効果と危険の調和が問題になり続けている場合	医薬，農薬
	24.	大きな危害をもたらすと喧伝されたが，それほど深刻な問題ではないことが明らかになった場合	水銀法食塩電解，焼却炉ダイオキシン，内分泌かく乱物質
	25.	リスクの評価の誤りが重大な事故をもたらした場合	原子力発電
	26.	社会的な合意が不十分なまま，技術が行使されるのではないかとの危惧をもたれている場合	遺伝子操作技術，クローン技術
	27.	人類の活動が拡大しすぎたために，技術が危機をもたらしている場合	地球温暖化，資源の枯渇，森林減少，ヒートアイランド現象
	28.	非人道的軍事目的に技術が行使される場合	核兵器，生物化学兵器，対人地雷

は，安全・衛生・環境・その他，広い範囲の問題をふくむ．一つの切り口で整理を試みただけだし，あらゆる場合を網羅しようとしたわけでもない．これら以外にも，まだまだ違った場合があるだろう．各自考えてみてほしい．問題を理解する助けになる．

表1の1から16までは，技術者個人が，自らの倫理的判断にもとづいて行動することができる場合で，「工学倫理」の守備範囲に属す．17以降は，技術者個人の判断で対応するのは難しい．「技術倫理」の範疇に属す．社会の議論・評価や対策が進んでいる場合と，遅れている場合があるが，技術者にとっては，社会の議論に即して専門的な対応を考えるのが職務だ．

2の代表的事例である「フォード・ピント事件」*19は，安全をトレードオフの対象にした非倫理的な例として語り継がれている．

＊19→事例ファイル03（p.18）

アスベスト*20は，長い間，安全な物質として広く使われていたが，1970年代になって，大量に吸い込むと肺がんや肺気腫の原因になることが指摘された．ところが，日本では対策が遅れ，最近になって被害が拡大していることが明らかになった．5と19の両方にあてはまる．インターネット*21も17，21の両方にあてはまる．

＊20→事例ファイル18（p.99）

＊21→事例ファイル05（p.19）

一方，20の代表的事例である石油化学*22の一部や合成洗剤は，従来の技術が内蔵していた危険がほぼ解消された，新しい技術の開発に成功した例に属する．ボイラーについては，II部前書き「技術者の『知恵』と『戦い』」で論じる．

＊22→事例ファイル04（p.18）

軍事技術に関しては，「技術評価とは」の節*23を参照されたい．ここでは地雷探知に挑んだ技術者の物語*24を紹介するにとどめる．

＊23→ p.11

＊24→事例ファイル06（p.20）

16の知的財産権の侵害は，ほかの場合とは性格が異なる．ここでは事例は省略する*25．

＊25→ II部5章「知的財産権と工学倫理」（p.171）

表1は，「技術者倫理が問われる場合はいろいろあること」，「『工学倫理』と『技術倫理』の守備範囲は異なること」について，理解を深めてもらう目的で作成した．分類の仕方や，個々の事例の適用には，いろいろな問題が残っている．それを承知で，この目的のためにあえて示した．目的以外には使わないでほしい．

最も単純な倫理違反——嘘は泥棒のはじまり

最も単純な倫理違反は嘘をつくことだ．嘘をついてはいけないことは子どもでも知っている．ところが技術者の世界でもデータねつ造事件が

フォード・ピント事件　事例ファイル03

1960年代半ば，フォード社は，ピントという低価格・軽量乗用車を開発した．ところが，外国製小型車の圧力に押されて通常よりも開発期間を短縮したこともあり，設計に無理が生じた．安全性試験の段階で，重大な欠陥が判明した．一定の条件で後ろから衝突されると，ガソリンタンクがほかの部品の突起部に貫かれて，ガソリンが漏れ，場合によっては火災が発生することが示された．追加試験により，ガソリンタンクの内壁をゴムの袋で覆えば，ガソリン漏れが防げることも示された．それに必要な費用は，1台あたり10ドル余りだと試算された．

ところが，フォード社の技術幹部は，予想される事故件数と，事故1件あたりの補償金の予想額をもとに，総補償金支払額を試算し，これを販売予定の全台数に必要な安全対策費用の総額と比べた．そのうえで，起きる事故に補償金を払ったほうが，ガソリンタンクを補強するよりも何倍も得だと結論した．

ピントは，そのまま生産に移され，発売された．ピントは予想どおりの人気をよび，売上が伸びたが，それとともに，予想された事故も増えていった．先の技術幹部の判断が公表され，フォード社には巨額の懲罰的賠償を求める訴訟が殺到した．

公衆の安全，健康，福利を最優先する義務を犯した事例として有名だが，今や古典に属す．

石油化学はクリーン化学　事例ファイル04

1960年代，石油化学は，技術革新と高度成長の旗頭だった．「石油化学コンビナート」という，マジカルな響きをもった新語が一世を風靡した．ところが，やがて公害問題が深刻になるとともに，石油化学はその元凶のようにいわれるようになった．

石油化学とは何か？　石油を原料にさまざまな物質をつくる化学？　それだけではない．

石油化学が生まれる前から，自動車王国アメリカを中心に，石油精製という巨大産業が発達した．原油からできるだけ多くの，そしてできるだけオクタン価の高いガソリンを得るのが石油精製のおもな目的だ．そのために大規模な触媒プロセスが開発された．石油メジャーは，触媒技術の開発に膨大な資金を投入した．石油化学は，石油精製で発達した触媒技術をさらに高度なものに発展させた．「高度な触媒技術を用いて，石油や天然ガスを原料に，さまざまな物質をつくる化学」というのが，本来の石油化学だ．大量の薬品を用いる従来型の合成化学は，たとえ原料が石油であっても，石油化学の名に値しない．

初期には，外見は石油化学プラントのように見えるが中身は19世紀の化学といったものも少なくなかった．青酸，濃硫酸，アセチレン，アセトンなどの毒劇物を用いる巨大プラントが立ち並んでいた．その後，石油化学工場も徐々に進化していった．

触媒反応のなかでも最も難しい，酸化反応の例をあげておく．アクリロニトリル，アクリル酸，メタクリル酸は，いずれも高分子原料として大量に使われる重要な化合物だ．(1)の反応はアメリカの石油メジャーで見いだされた．従来の化学の常識では，考えられない反応だった．触媒も恐ろしく複雑で，魔法の触媒とよぶにふさわしいものだった．それを日本の化学会社が完成度の高い技術に育てた．(1)ができるのなら，(2)や(3)もできるのではないかということになった．触媒の開発は困難をきわめた．辛抱強く地道な努力の積み重ねが不可欠だった．日本人の独壇場になった．いずれも立派な石油化学プロセスに育った．

これらの反応には，式に示した原料と触媒以外には何の薬品も使わない．少量の触媒が長い間働き続ける．現在の石油化学には，ほかにも多くの新しい触媒反応が使われている．石油化学は本来クリーンな化学なのだ．ところが，世界のほとんどの化学会社は，経済性の理由から，いまだに19世紀の化学に固執している．

$$\underset{\text{プロピレン}}{CH_2{=}CHCH_3} + NH_3 + O_2 \longrightarrow \underset{\text{アクリロニトリル}}{CH_2{=}CHCN} + H_2O \quad (1)$$

$$CH_2{=}CHCH_3 + O_2 \longrightarrow \underset{\text{アクリル酸}}{CH_2{=}CHCOOH} + H_2O \quad (2)$$

$$\underset{\text{イソブテン}}{CH_2{=}C(CH_3)_2} + O_2 \longrightarrow \underset{\text{メタクリル酸}}{CH_2{=}CCH_3COOH} + H_2O \quad (3)$$

（この事例は筆者の実体験にもとづいて作成した）

絶えない．本書もデータねつ造が関係する事例[*26]を取り上げている．

どういうわけか，2005年ころから，さまざまな分野で偽装事件が頻発した．大衆の生活に直結する食品の原料・産地・賞味期限などの偽装が大きく報道された．とくに，不二家，赤福，船場吉兆など，老舗企業の不祥事が世間の注目を集めた[*27]．工業製品の分野でも，耐火建材，道路工事用型枠，再生紙，ステンレス鋼管，樹脂サッシなどの規格偽装が報じられた．2007年の世相を表す漢字に「偽」が選ばれるという，まことに悲しい事態になった．

*26 → 事例研究Ⅱ-1-1（p.102），事例ファイル16（p.96）

*27 → 事例ファイル17（p.98）

インターネットとファイル交換ソフト「ウィニー」　事例ファイル05

2006年12月，京都地裁は，ファイル交換ソフト「ウィニー」を開発した金子勇元東京大学助手に，著作権法違反幇助で罰金150万円をいいわたした．金子元助手は，2004年5月，京都府警に同容疑で逮捕された．その後保釈されたが，京都地検から京都地裁に起訴され，裁判が行われていた．

ウィニーは，インターネットで結ばれた個人のパソコン間で，管理されたサーバーを経ずに，大きなデータ・ファイルを自由に交換できるようにするソフトウェア．2002年5月から金子元助手のホームページ上で無料公開され，全国に広まっていた．さまざまな応用が考えられる画期的な技術と評価されていたが，これを悪用して映画やゲームソフトなどを著作権所有者に無断で交換する違法行為が広がっていた．それを知りながら，交換ソフトを提供し続けたことが著作権法違反幇助にあたるとの判決だった．

金子元助手は，「幇助の基準があいまいで，将来の技術の可能性を無視した判決だ．真正面から争う」として控訴．懲役を求刑していた検察側も控訴した．

この裁判に対する世間の反応は大きく分かれた．違法行為の氾濫を憂慮する人たちは判決を支持したが，ソフトウェアの自由な開発と公開が情報技術の進歩に貢献してきたことを重視する人たちは反発した．法権力の介入が技術者を萎縮させ，日本を開発競争から脱落させると警告する論調も見られた．法律家たちの見解も分かれた．外国でも，類似の事例に対する司法の対応は分かれているという．

ウィニーを介した情報漏えい事件も頻発していた．ウィニーを狙った「暴露ウイルス」に感染すると，パソコン内のデータがネット上に流出する．金子元助手逮捕の前々月，京都府警の警察官がウィニーを入れた私用パソコンに捜査資料を入れ，これが流出する事件があった．そういう状況での逮捕・起訴だった．

控訴審は2009年10月に原判決を破棄し無罪判決をいいわたした．その後の検察側による上告も2011年12月に棄却された．最高裁の判決理由は，適法にも違法にも利用できるソフトは価値中立とみなされるというものだった．

銃を開発した技術者が殺人幇助に問われることはないし，自動車を開発した技術者が自動車運転致死幇助に問われることはない．技術者はそういう前提で仕事をしている．それを考慮しない法権力の行使には疑問がある．だからといって，技術者個人が，危険が予想される技術を開発し，勝手に世の中に広めてよいものでもない．ネット技術なら許されるというものでもない．

表1では，この事件を，14「社会に問うことなく，危険が予想される技術を行使して，危害をおよぼした場合」と分類した．金子元助手を，「工学倫理」を犯したと決めつけるつもりはない．Ⅰ部1章の初めの節で述べたとおり，インターネットそのものが，あまりにも急速に，ほとんど社会に問われることなく広がってしまった．銃や自動車は，長い年月をかけて広まり，社会が受け入れ方を考えてきた．社会に問われ続けている原子力や生命技術の場合とも異なる．

インターネットが社会にもたらすリスクをどのように評価して，この偉大な技術をどのように使いこなすか，人類の知恵が問われている．

（「朝日新聞」などによる）

2013年7月8日の各メディアは，「ウィニー」の開発者で，東大情報基盤センター特任講師の金子勇さんが6日，急性心筋梗塞で死去したと報じた．42才の若さだった．

科学者の世界でも論文ねつ造が暴かれることが少なくない．ユタ大学の常温核融合やベル研究所の有機高温超伝導，ソウル大学のヒトクローンES細胞，日本では，理化学研究所のSTAP細胞の事件などが有名だ*28．

*28 → 事例ファイル07（p.22）

データをでっち上げないまでも，都合の悪いデータがでると測定をやり直したり，都合の悪いデータを捨てて都合のよいデータだけを採用したりしたくなる誘惑は誰もが経験する．危険なものを安全に使いこなす技術者には，非常に危険な誘惑だ．一度誘惑に負けると後戻りができなくなる．あとは地獄への道が待っている．これ以上話す必要はないだろう．

命と暮らしを守る「減災」に挑む技術者

1988年，銀座で道路陥没が多発．建設省（当時）は，的中率80％以上，走行速度30 km以上の空洞探査車の開発を公募した．これに応じて世界初の空洞探査システムを実用化したのが，創業したばかりのジオ・サーチ（株）の冨田洋だった．冨田は三井海洋開発（株）米国駐在員時代に出会ったマイクロ波技術を応用して，世界初のトンネル背面空洞調査システムを実用化したが，直後に会社が解散．自らジオ社を起業，90年に道路探査試作車を完成させた．平成即位の礼のパレード直前には，経路上に空洞を発見する成果を挙げた．国道での空洞調査を実施，共働する（財）道路保全技術センターが調査計画や補修計画の策定を行い，陥没予防を具体化させた．

一方92年，この技術に興味をもった国連の初代地雷除去責任者が来日，ジオ社に探知技術の開発を依頼した．従来の技術は，プラスチック製対人地雷の探知には不向きだという．残留地雷による悲惨な被害状況を知った冨田は，寝ても覚めても地雷探知のことを考えた．94年には，国連の会議で技術コンセプトを発表し高く評価された．自前で探知機「マイン・アイ」の試作をはじめた．

97年初めて足を踏み入れたカンボジアの地雷原では，電気・水道・道路・病院などがない凄まじい環境を体験．地雷除去には探知技術のみならず，インフラを含むトータルな支援が必要で，一企業では太刀打ちできないことを痛感する．

冨田は，事業の師であるセコム創業者の飯田氏や，京セラ創業者の稲盛氏などに協力を仰ぎ，98年NPO「人道目的の地雷除去支援の会（JAHDS）」を立ち上げた．セコム，日本IBM，オムロン，トヨタ，ホンダなど企業250社，個人1500名の支援・協力を受け，マイン・アイの改良と並行して，カンボジアの地雷除去NGOを資金・機材などで支援する活動をはじめた．数々の困難を経験するなか，「地雷除去は手段であり，目的は経済復興による貧困撲滅と紛争予防にある」「民間NPOの活動領域は治安が安定している地域にかぎる」ことを悟る．拠点をタイ側国境に設け，南アフリカの地雷除去専門家を雇い，現地農民からなる地雷除去チームを育成，1年かけてタイ側の遺跡を浄化した．

その後，タイ・カンボジア国境に位置し，かつてクメールルージュの要塞になっていたプレア・ビヘア遺跡の地雷除去に挑んだ．JAHDSの活動は，現地法人「ピースロード・オーガニゼーション（PRO）」に引き継がれ，2006年に除去が完了．2008年同遺跡は世界文化遺産に登録された．結果，観光客が集まるよう

ジオ・サーチ社の道路空洞探査車「スケルカ」と冨田社長

工学会の倫理規程

さて，日本の各工学会などでも，最近，とくに1999年9月の核燃料工場臨界事故以来，倫理規程*29を設ける動きが広がった．おもな学協会の状況を**表2**に示した．日本の工学会では，土木学会だけが，ずっと早く1938年に制定している．政界・官界との関係が問題になることの多い技術分野であることと関係しているのだろう．かつて福沢諭吉が問題にしたのも（p.5参照），この分野のようだ．それ以外では，日本技術士会をのぞけば，情報処理学会が一番早い．情報のプライバシーが問題になったことが反映されているのだろう．これらの規程は，各学協

＊29　「規程」と「規定」
本書では，「規定」は個々のさだめまたは条項，「規程」はそれらの総体の意味で用いた．英語の“code”は「規程」，“rule”や“provision”は「規定」と訳した．新聞用語では区別せずに「規定」を使うことは承知している．各学協会の「規定」または「規程」はそのままにした．

事例ファイル06

になり，経済復興が実現した．

15年にわたる地雷除去活動を卒業し，空洞調査事業に復帰した冨田を，新しい試練が襲った．共働してきた財団が空洞調査事業の独占を目論み，ジオ社が技術提供を拒否すると，天下りOB企業群を結集して，ジオ社の締め出しを図った．しかし，技術力がない彼らには，ずさんな調査しかできなかった．数百箇所の空洞や陥没寸前の危険箇所の見逃しが露呈，調査の品質を無視して人の命を危険にさらした財団は2011年に解散した．

冨田はこの間，ひたすら新技術開発を進め，道路下の空洞だけでなく，埋設物や，橋の床版内の劣化を，時速80キロで正確に発見できる「スケルカ」技術を開発，実用化に成功した．交通を妨げることなく高速走行しながら，車載のアンテナを使って路面下の状態をマイクロ波で走査し，三次元画像化する．空洞探査コストも大幅に削減，世界一の技術になった．

マイクロ波を照射して異常箇所を発見

2011年の東日本大震災では陥没が多発した．ジオ社は直後から被災地での緊急調査を実施，年間3千箇所以上の空洞を発見．東大との共同研究で，空洞発生のメカニズムの解明や，最適な補修工法の考案などを行った．この成果により2015年国土強靭化大臣賞を受賞した．

件のOB企業群は，被災地でも品質を無視した空洞調査を続け，2016年の熊本地震時には，国道でのずさんな調査が発覚した．これを契機に国交省も2018年から，福岡・大阪市などで採用済みの，調査の品質確保のための技術コンペ方式を採用するようになった．

ジオ社は2018年時点で，スケルカ30台を保有，国内12箇所に拠点を展開．災害時には12時間で緊急調査を実施できる体制を整えた．

自然災害を防ぐことはできないが，被害を減少させる「減災」は可能だ．冨田は，母校・慶応大学理工学部に2015年から3年間，慶応高校にも2018年から3年間，寄附講座「減災学」を開設，技術者倫理も併せて教えている．そして，災害大国日本こそが，減災（GENSAI）技術で世界に貢献できると信じ，グローバルな「陥没病」に対応すべく，海外でも減災活動をはじめている．

〔冨田洋氏自身による書下ろし原稿に若干の調整を加えた．初版から第3版まで掲載した「地雷探知に挑んだ技術者」は web 事例に残した．写真はジオ社提供〕

論文ねつ造事件　事例ファイル07

●常温核融合

1989年3月, ユタ大学が記者会見を行い, ポンズ, フライシュマン両教授が常温で核融合を観察したと発表した. 重水中においたパラジウム電極と白金電極の間に電流を流すと, 電気分解だけでは説明できない過剰の熱が発生した. これは核融合によるものと考えられるという内容だった. 超高温でしか起きない核融合が常温で起きるという途方もない話だったが, いわゆる高温超伝導が見つかって間もないころだったこともあって, 大騒ぎになった. 世界中の学者たちが競って研究に参入した. 各国政府も多額の研究予算をつぎ込んだ. ところが, だれも核融合を確認できなかった. アメリカで真相究明が行われた. 未確認の実験結果を, 他人に出し抜かれないうちにと急いで発表してしまい, 引っ込みがつかなくなった茶番劇, と結論された. そもそも, プレス・リリースだけで, 1報の論文すら発表されていなかった. 正確には, 嘘をついたわけでも, 論文をねつ造したわけでもなかったかもしれないが, 影響は甚大だった.

〔ガリー・トーブス 著, 渡辺正 訳『常温核融合スキャンダル　迷走科学の顛末』(朝日新聞社, 1993)などによる〕

●有機高温超伝導

2002年9月, ベル研究所は, ドイツ人研究員シェーン博士の論文16報を撤回すると発表した. シェーンは, 有機超伝導をふくむ固体物理学のいくつもの分野で, 次から次に革命的な新発見をものにし, 4年間に90報もの論文を発表していた. *Nature*誌や*Science*誌も計10報余りを掲載し, 競ってカバー・ストーリーにまで取り上げた. 若き天才物理学者ともてはやされたシェーンだったが, やがてほかの研究者から, 実験を再現できないとの疑問が寄せられるようになった. まもなく, まったく別の実験結果に同一のデータが使われていることが指摘された. ベル研究所が独立の委員会に委託して調査を行った結果, 論文のねつ造が確認された. 共同執筆者の研究所上司や, 論文誌の編集者にも批判が集まった. シェーンの嘘は世界の科学界の権威を大きく傷つけた.

〔NHK BS1-TV『史上空前の論文ねつ造』(2004年10月9日放送)などによる〕

●ヒトクローンES細胞

2004年3月, ソウル大学のファン教授は, *Science*誌に, ヒトクローンES細胞を世界に先駆けて作製したと発表した. ES細胞は, さまざまな組織に分化させることが可能で, 難病治療への応用が期待されている. クローン技術により, 患者自身の遺伝子をもつ細胞をつくるという, 画期的な研究だった. ところが, 2005年末になって, ES細胞作製に必要な卵子の入手方法に問題があったことが露見し, その後論文の信憑性が疑問視される事態となった. ソウル大学は調査委員会を設けて真相究明に乗りだした. 2006年1月の調査委員会最終報告は, 論文をまったくのねつ造だったと断定した. 科学立国を希求し, ファン教授を国民的英雄として熱狂的に支持していた国民と政府の期待を踏みにじるとともに, 難病に苦しむ世界の人びとの期待を裏切る結末となった. *Science*誌は, 論文を削除すると発表した.

(「朝日新聞」などによる)

●STAP細胞事件

2014年1月, 理化学研究所の小保方研究員らが, *Nature*誌に驚くべき論文を発表した. マウスの体細胞を弱酸性の液体で刺激するだけで, あらゆる組織に分化可能な万能細胞に変化させることができる(STAP現象)というものだった. 派手なテレビ会見が催されたこともあって, 大騒ぎになった. ところが, 間もなく, 論文の内容が再現できないとの疑問が寄せられ, 理研は調査委員会を設置して真相究明にあたった. 小保方氏を含む理研研究員による再現実験も行われたが, すべて不成功に終わった. その間, *Nature*誌は論文を削除, 共著者の1人が自死するに至った. 同年末に発表された調査委員会の最終報告書は, STAP細胞とされたすべてのサンプルに, 別の研究で作られたES細胞の混入が認められたが, 誰が混入させたかは特定できなかった, とした. 小保方氏は, 再現実験終了とともに退職. 翌年2月, 理研は, 小保方氏を懲戒解雇相当, 主な共著者も出勤停止などとする処分を発表した. ちなみに, 上記3件のねつ造事件をこき混ぜると, この事件のようになる.

(「朝日新聞」などによる)

表2　おもな理工学協会の倫理規程（2018年4月現在）

土木学会	倫理規定	1938.3 制定 /1999.5 改訂 /2014.5 改訂
日本技術士会	倫理要綱	1961.3 制定 /2011.3 改訂
情報処理学会	倫理綱領	1996.5 制定
電気学会	倫理綱領・行動規範	1998.5 制定 /2007.4 改正 規範制定
電子情報通信学会	倫理綱領・行動指針	1998.7 制定 /2011.2 改訂 指針制定
日本建築学会	倫理綱領・行動規範	1999.6 制定
日本機械学会	倫理規定	1999 .12 制定 /2007.12 改訂 /2013.1 改訂
日本化学会	行動規範・行動の指針	2000.1 制定 /2005.1 指針制定 /2008.2 ともに改訂
日本原子力学会	倫理憲章・行動の手引	2001.6 制定 /2014.5 五訂
応用物理学会	倫理綱領	2002.3 制定 /2010.2 改訂
化学工学会	倫理規程・行動の手引き	2002.3 制定 /2002.10 手引き制定
人工知能学会	倫理指針	2017.2 制定

会のウェブサイトでご覧いただきたい．多くは，具体的な規定というより，基本的な規範を示すにとどめている．個人会員だけでなく，企業会員の意向も反映されているという．このあたりも日本的だ．

日本原子力学会は，以前から議論を行っていたとのことだが，臨界事故があったのと同じ 1999 年 9 月に倫理規定制定委員会を設置し，2001 年初めに原案を公開した．学会内外から意見を求めていたが，2001 年 6 月最終案をまとめ，9 月に制定した．かなり厳格で具体的な「行動指針」が盛り込まれている．内部告発を義務づけるような項目もある．社会的な関心の深さに加え，原子力基本法をはじめとする特別な法律があり，ほかの技術分野とは違った対応が必要だという．その後，くり返し改訂されている．

化学工学会は，2002 年 10 月になって，同年 3 月に制定した倫理規程に加え，「行動の手引き」を発表した．アメリカの技術者協会の行動指針ほど大部なものではないが，似かよった内容になっている．内部告発を義務づけていると解釈することもできる条項も盛られている．ほかにも，「失敗の教訓」という項目や，国際工学倫理に関する項目もあり，先進的な手引きと評価できる．その前後から，日本建築学会，日本化学会，電子情報通信学会などにも，かなりくわしい指針などを設ける動きが広がった．

なお，日本物理学会，高分子学会なども，行動規範や行動の指針を設けている．頻発する，論文ねつ造事件や，研究費の不適切使用事件を受けたものと思われる．研究者倫理*30 を中心に書かれている．人工知能学会も，最近になって倫理指針を制定した．そのなかで，人工知能その

*30→「研究（者）倫理」の節（p. 35）

ものの倫理遵守を謳っている．

全米専門技術者協会（NSPE）の規程を，中村収三氏ができるだけ読みやすいように翻訳したものを，web 資料に掲載した[*31]．ぜひ，日本の規程と読み比べてもらいたい．日本の規程は，自分の専門分野に関係の深い学協会のものを選んで読んでもらえばよい．アメリカの規程には，なるほどと思うような項目もあるが，日本の技術者にはあてはめにくいと思うような項目もある．そういう違いもわかってもらえると思う．アメリカの規程を守れというのではない．あくまで比較研究の目的で読んでほしい．

*31 → web 資料「全米専門技術者協会倫理規程」．原文は NSPE のウェブサイトを参照．

NSPE では，会員の言動に疑問が生じた場合，それが倫理規程にふれていないかどうかの裁定をくだす審査委員会まで設けている．この審査委員会の判例集の日本語訳[*32]も出版されている．常識的な判断では黒白がつけにくい場合ばかりなので，なかなかおもしろい．審査委員会の判定は，裁判などでも有効とされるという．そのため，規程は詳細な見直しが行われ，頻繁に改訂される．

*32 米国 NSPE 倫理審査委員会編，(社)日本技術士会訳編『科学技術者倫理の事例と考察』（丸善，1999）；同『続科学技術者倫理の事例と考察』（丸善，2004）

NSPE は，「倫理規程」（Code of Ethics）のほかに，「エンジニアの信条」（Engineer's Creed）なるものも定めている．その原文と日本語訳も web 資料に加えておいた．こちらは，座右に掲げたり，集会などで会員たちが唱和したりする．日本の一部の企業で，社訓を唱和したりするのと，不思議なところで似かよっている．

アメリカには，膨大な工学倫理の事例を集めたウェブサイトもある[*33]．一度のぞいてみてほしい．このあたりも，まことにアメリカ的だ．

*33 https://www.onlineethics.org/

日本の学協会では，倫理規程は，これまで，もっぱら会員の啓蒙目的に使われてきたが，最近になって，審査委員会を設けて会員の倫理違反を裁く動きも見られるようになった．これも，大学で研究者の非倫理的な行動が頻発していることに関係している．その背景には，国際競争力復活を目的とする科学振興政策によって，特定の研究者に巨額の研究費が集中するようになったことがある．

コラム 01　福島第一原子力発電所事故をどう捉えるか？

―実践的工学倫理の視点から―

2011年3月11日の東北地方太平洋沖地震に伴う津波の後，東京電力福島第一原子力発電所で起きた事故は，周辺地域の住民はもちろん，日本国民すべてに，計り知れない影響を与えた．それだけではなく，高濃度の放射能汚染が首都圏全域におよぶような，壊滅的な災害に発展する可能性があった．

そこまで深刻な事態は何とか回避されたものの，運に救われた面もあったようだ．技術史上最悪の事故といってよい．「技術」は，とんでもない失敗を犯した．この事実をどのようにとらえたらよいか，「実践的工学倫理」の視点から考えてみよう．

ここまで，さまざまな角度から工学倫理について学んできたが，「実践的工学倫理」のもとになっている視点は，

▶ あらゆる近代技術は，危険なものを安全に使いこなす知恵だといいかえてもよい．それゆえ，技術者には専門的な能力に加え，高い倫理性が要求される．（I部1章冒頭）

▶ 技術が進歩するにつれ，技術者には，ますます高度な，専門的な知識と能力が要求される．一方，技術が高度化すればするほど，大衆にはその内容を理解することが難しくなる．技術が大衆に理解し難くなればなるほど，技術者に対する信頼がますます重要になる．(p.iii「はじめに」)．

というものだった．原子力技術はまさにその極限に位置している．

「実践的工学倫理」はまた，

▶ あらゆる技術は手痛い失敗を重ねながら安全な技術に成長してきた．技術者たちの壮絶な戦いがあった．（II部前書き「技術者の知恵と戦い」）

ことを述べている．ところが，原子力技術は，その極限的な危険性の故に，失敗を重ねることが許されない特異な技術でもあった*1．

さらに「実践的工学倫理」の基本的な問いの一つ，

▶「技術者倫理」に委ねられているものとは？（1部2章冒頭）

に対しても，今回の事故は，一つの極限的な答えを示した．壊滅的危機への対応を迫られた首相官邸が，東京電力本店とのやりとりで混乱を続けるなか，福島第一原発の現場では，技術者たちが最悪の事態を回避しようと，まさに決死の努力を続けていた．冷却系だけでなく，計測系や制御系の電源も，通常の連絡手段も，弁などを動かす圧縮空気も失われ，いわば目なし・耳なし・口なし・手なしの絶望的な状況のもと，吉田昌郎所長以下が現場に留まり，4基ものとてつもない発熱体を，まがりなりにも冷温停止状態にもち込んだ*2．メディアもやがて吉田所長たちを讃えるようになった（web 事例「東京電力福島第一原子力発電所事故」参照）．

もとより，原子力発電所にかぎらず，大量の危険物・毒劇物などを扱う工場の技術者たちも，常に同じような覚悟で責任を担っている．

吉田所長以下，現場技術者たちの献身的な努力は評価するが，技術者一般の通念から見て，いくつかの疑問が残る．

- 現場技術者が，緊急時の原子炉運転について，十分な知識と理解をもっていなかったのか？
- 運転員に緊急時の運転に必要な教育・訓練を行っていなかったのか？*3
- 設計上の「想定」や「安全指針」を超える万一の

事態に備え，技術的対応を用意していなかったのか？

政府事故調査委員会の報告書によると，その吉田所長も，東京電力の原子力管理部門の中枢にいた3年前，福島原発を15.7メートルの津波が襲う可能性を示す試算が示された際に，これは仮の試算で，実際に来るわけではないなどとして，数百億円の巨費と4年もの工期を要する防潮堤の建設を，必要ないと判断していた．事例研究I-8-1「チャレンジャー事故」(p.68)で，「技術者の帽子」と「経営者の帽子」をかぶり分けていた，モートン・サイオコール社の技術担当副社長を思い起こさせる．

そして何よりも，全米専門技術者協会(NSPE)をはじめ，世界中の多くの技術者協会・理工学会の倫理規程にうたわれているように，

▶ 技術者は公衆の安全・健康・福利を最優先しなくてはならない．

極度に危険なものを扱っているという責任感と，公衆の安全・健康・福利を最優先しなくてはならないという倫理意識が，経営者と技術者にトップダウンとボトムアップで行き渡っていれば，このような事故にいたる前に，適切な対応がとれたはずだと思えてならない[*4]．

▶技術者倫理と技術倫理

「実践的工学倫理」のもう一つの骨組みは，I部2章「技術者倫理と技術倫理」に示したように，「技術者倫理」に属するものと「技術倫理」に属するものを区別して考えることにある．原子力は，その究極的危険性のゆえに，国家と地方自治体によって何重にも規制されていた．「技術倫理」に委ねられた技術の代表格だった．

これが破綻した．国家が「リスクの評価」[*5]に失敗した．決定的な失敗は，原子力安全委員会が定めた「発電用軽水型原子炉安全審査指針」に明記された，「長期間の外部電源喪失は想定しなくてよい」の規定に見いだすことができる．

本書第2版までは，I部2章**表1**「技術者倫理・技術倫理が問われる場合」の25項目で，原子力発電を，「技術の展開が進んでいるのに，社会の合意が不十分な場合」としていたのを，第3版では，「リスクの評価の誤りが重大な事故をもたらした場合」に変更した．

「技術倫理」は社会と「技術者群」に委ねられるものだったが，実情は産官学からなる「原子力村」が牛耳っていた．そして危機においては，首相官邸に助言を与えるべき立場にあった学識経験者たちが，国民の信頼をみごとなまでに裏切った．

技術者は，原子力にかぎらずどの技術分野でも，同様の構図になりかねないことを意識しておく必要がある．

▶ 工学倫理の基本は，「危険なものを安全に使いこなす仕事」をしているという，明確な自覚をもつことにある．（I部1章p.2）

▶ 技術者は，社会が受け入れている既存の技術をより安全なものにするだけでなく，危険を内蔵しない新しい技術を開発するよう努めなくてはならない．（I部2章p.15）

原子炉についても，より安全で，より効率の高い技術をめざして，たゆまない努力が続けられてきた．今回の一連の事故の引き金になった1号機は，人類が核分裂臨界実験に初めて成功（1942年，マンハッタン計画のフェルミ炉）してから，四半世紀もたたない時期に設計されたものだった（I部2章「技術評価とは」の節参照）．最近の原子炉は，外部電源喪失時にも，長時間自然循環で冷却することが可能な設計が主流になっている． アメリカ連邦政府は，1979年のスリーマイル島の事故以来，原子力発電所の新設を凍結していたが，フクシマから1年もたたない2012年2月，ジョージア州に

ある原子力発電所に，東芝の子会社ウェスチングハウスが開発した新型炉AP1000の建設を認可した．全電源を失っても，72時間は原子炉の冷却が可能な設計になっているという．

日本では以前から，原発の老朽化が問題視されるなか，規制官庁が運転期間の延長を認めてきた．原発でなくても，30年，40年もたてば技術は陳腐化する．老朽化対策よりも新型炉への更新または改造を選ぶことが，なぜできなかったのか？

もっとも，分野を問わず，安全な技術ができても，それを受け入れてもらうのは容易でないのだが（事例ファイル04，事例研究I-8-5，web 事例「水銀騒動と食塩電解技術」参照）．

▶ よほど危険なものでも，それが安全に使いこなされているうちは，大衆は安心して技術者を信頼している．ところが，理由が何であれ，技術が原因で公衆の安全，健康，福利に害がおよぶ事態が起きると，たちまち信頼を失う．いったん，大衆の信頼を失ってしまうと，その職務を遂行することができなくなる．そして，大衆の信頼を回復するには，たいへんな時間や労力，資金が必要になる．ときには信頼回復が不可能になる．（I部4章p.39，18行目）

今回の原発事故は，あまりにも如実に，このことを私たちに突きつけた．技術者もさることながら，原子力行政は，公衆の信頼を回復することができるのだろうか？

▶安全と安心は別物（I部2章p.14）

技術者を含む社会は，今回の事故後の経験から，大衆の多くは，事故がもたらした放射線量が，たとえ自然放射線量以下であっても，それ以外のリスクに比べて無視できる程度のものであっても，決して「安心」しないことをまざまざと実感した．

日本国民は，「原子の火」を永久に手放すことを選択するようになるのかもしれない．「技術倫理」は社会の判断に委ねられている．

2013年7月9日の各メディアは，福島第一原発の吉田昌郎元所長が同日，食道がんで死去したと報じた．吉田氏は，2011年11月に食道がんで入院し，所長を退任．さらに2012年7月に脳出血で緊急手術を受け，その後は自宅で療養していた．58歳だった．私たちは，この事故に関する最も重要な証人の一人を失った．

※

*1　それでも，過去の失敗から学んだこともあった．
①スリーマイル島原発事故の後，外部高圧水注入孔や格納容器ベント装置が設置された．これがなかったら何もできなかった．
②東海村核燃料工場臨界事故の後，オフサイトセンターが設置されたが，現場に近すぎて役に立たなかった．
③新潟県中越沖地震による柏崎刈羽原発事故の後，免震重要棟が設置された．これがなかったら技術者も運転員も現場に踏みとどまれなかった．
①と③がなかったら，今回の事故は，壊滅的な事態に発展していた可能性が高い．

*2　門田隆将著『死の淵を見た男　吉田昌郎と福島第一原発の五〇〇日』（PHP出版，2012）は，暴走する原子炉と戦う技術者たちの姿を感動的に描いている．どのような人物が，どのように考え，どのように行動したかを明らかにした珍しい例．

*3　政府事故調査委員会報告書によると，福島第一原発においても，電源喪失などの過酷事故に対する手順書が整備され，訓練も行われていたが，ここまでの事態を想定したものではなかった．一方，福島第二原発では，より突っ込んだ教育・訓練が行われていたので，被災後の対応がより的確に行われた．ただし，両原発では初期の被害状況や機械設備の諸条件が異なるので，報告書は，これを決定的な事故原因とはしていない．

*4　JR西日本福知山線脱線事故〔事例ファイル15（p.89）参照〕との相似性を考えてみよう．

*5　「リスクの評価」の定義は，II部2章を参照．

3章 技術者と倫理

本章では，技術者に求められる高い倫理性とはどういうことか，改めて考える．

もう一度，比較論からはじめよう．まず，日本の技術と日本の技術者の位置づけを見ておこう．

日本の技術

20世紀後半の日本は，おもにアメリカで発明された新しい技術を「成熟した商業技術」に育てるのに，絶大な貢献をしてきた．「成熟した商業技術」とは，われわれの家庭やオフィスに入り込み，これがなくては生活が成り立たなくなったような技術をいう．どのような大発明も，用途が，軍事・航空宇宙用や工業用などにかぎられているうちは，たいしたことはない．「成熟した商業技術」に育って，初めて人類に計りしれない利便をもたらし，膨大な富を生むようになる．

「成熟した商業技術」は技術だけで育つものではない．文化や社会が重要な役割を果たす．

占領軍総司令官ダグラス・マッカーサー元帥は，敗戦国日本に平和憲法を示して，「東洋のスイス」たれと諭したが，日本国民は，スイスの精密機械工業をお手本に，平和産業による経済復興をめざした．時計やカメラ工業を育てる一方，アメリカで生まれたばかりのトランジスターを，ポータブル・ラジオをはじめとする民需用製品にしあげ，世界中に普及させた．

そろばん文化の国，日本に，起こるべくして起こった「電卓戦争」は，集積回路や液晶技術の発展をうながしただけでなく，世界の工業技術全体の発展に計りしれない貢献をした．

「世紀の大発明」といわれながら，長らくたいした用途が開けず，「役たたずの大発明」と陰口されたレーザーを，日本の「カラオケ」文化が一挙に「成熟した商業技術」に育てあげた．

新しい技術を育てるには，膨大な資金が必要になる．この資金がどこからでるかが，日本とアメリカではまるきり異なっている．アメリカでは，連邦政府が，軍事・航空宇宙用に，税金を惜しみなくつぎ込んだ．日本では，一般市民が「大衆人気商品」に惜しみなくつぎ込んだ小遣いが，「成熟した商業技術」の開発資金になった．「大衆人気商品」は，「通俗人気商品」あるいは，単に「おもちゃ」といいかえてもよい．ゲームウォッチ，ファミコン，たまごっち，ニンテンドーDS，ポケベル，ケータイ，iモード，スマホまで，そのたぐいだ．税金を払うのはいやでも，こんなものなら争って買い求める．ケータイやスマホまでくると「成熟した商業技術」と区別がつかない．日本のゲーム機も世界を席巻している．パチンコの売上は，約20兆円におよぶという．自動車産業，電器産業をしのぐ，日本独特の巨大産業だ．パチンコが果たした役割も見逃せない．

ある時期，一台何百万円もした「絵のでるカラオケ」装置（レーザーカラオケ）が，あっという間に，日本中のスナックや呑み屋に普及した．レーザーを「成熟した商業技術」に育てたのは，日本のスナックや呑み屋のママさんだった？　冗談のように聞こえるかもしれないが，これは本当の話だ．電器産業にかぎらず，このような例は，ほかにいくつもある．

さらに，日本の技術者たちは，商業技術の洗練度を極限にまで高めた．これが世界中にゆきわたった．かつて，自動車や電器製品は，故障するのがあたりまえだった．それがいつの間にか，故障しないのがあたりまえになった．信頼性と安全性は「成熟した商業技術」の必要条件だ．電器，自動車以外でも，日本の技術者たちは，あらゆる技術をとことん磨きあげた．最もわかりやすい例は新幹線だ．あの驚異的な信頼性と安全性は世界の技術の金字塔だ．技術者たちのたゆまない努力の結晶だ．欠陥コンクリートの崩落事故，新潟県中越地震による脱線事故，最近の台車亀裂事故などが世間を騒がせたが，その後も安全記録を積み重ねている*1．

*1 → 事例ファイル 08 (p.30)

日本の技術を語るとき，「製造技術」や「ものづくり」だけが強調されたり，「基礎技術ただ乗り」がいわれたりするが，それは焦点がずれた議論だ．日本の商業技術と，アメリカの軍事技術は，車の両輪となって「成熟した商業技術」を育て，人類に計りしれない利便をもたらし，膨大な富を生んできた．

日本とアメリカにおける技術者の位置づけ

✿ 技術者の位置づけの違い

車の両輪を担ってきた両国の技術者の社会は，それぞれ，どのようになっているか見てみよう．アメリカの技術開発を担ってきたのはProfessional Engineers (PE) と Ph.D. (博士) が中心だ．これに対し，日本の技術開発の中核を担ってきたのは，理学修士・工学修士(M.Sc.・M.Eng.) だといってよい．PE は専門技術者協会に所属する．アメリカの技術者協会は，中世のギルドの流れをくむ，“qualified engineers” の集団だ．もともと技術者自身の利益を守るための閉鎖的集団として発達した．

新幹線事故と安全性

1999 年 6 月 27 日，山陽新幹線のトンネル内を走行中のひかり号が，トンネル側壁からはがれ落ちたコンクリート塊の直撃を受け，車両の屋根を損傷する事故が起きた．その後も山陽新幹線を中心に，鉄道や道路のトンネル内壁や高架橋などからコンクリート塊が崩落する事故が続いた*1．山陽新幹線では，生コンクリートの注入作業を容易にするため，作業員が規格を超えて水を加えたことがおもな原因とされた．

メディアは，新幹線の安全神話の崩壊などと報じた．JR はトンネル内壁の人手による総点検を行うとともに，新しい高速欠陥走査装置を開発することで対処した．

2004 年 10 月 23 日に発生した新潟県中越地震では，走行中の上越新幹線が脱線した．時速 200 km を超える高速運転中だったにもかかわらず，列車は高架橋の上にとどまり，衝突や転覆を免れ，さいわい死傷者はでなかった*2．しかし，営業運転中の脱線事故は新幹線はじまって以来のことで，ふたたび安全神話に疑問が投げかけられた．震源地が近かったので，早期地震検知警報システム(ユレダス)も役に立たなかった．復旧工事が急ピッチで進められ，2 ヵ月余り後の 12 月 28 日には運転を再開した．その後，各新幹線で，脱線しても線路から大きく逸脱させない対策が採用された．

脱線した上越新幹線「とき 325 号」．提供：毎日新聞社

2011 年 3 月 11 日の東北地方太平洋沖地震では，最新のユレダスが効果を発揮した．太平洋沿岸に設置された地震計が先行波を検知し，新幹線の沿線に最初の揺れが到達する約 10 秒前，最も強い揺れの約 70 秒前に，変電所から列車への送電が自動的に遮断された．当時，福島・岩手両県内で 5 本の電車が時速 270 km 前後で走行していたが，すべて非常ブレーキが作動し，無事に減速・停止した．岩手県から埼玉県の広範囲 (530 km) で高架橋や架線，電柱など計 1200 ヵ所に被害が出たが，4 月 29 日に一部徐行区間を残して運転再開，9 月 23 日に全面復旧した*2．

2017 年 12 月 11 日には，博多発東京行きの新幹線「のぞみ 34 号」で，台車に亀裂の入るトラブルが発生した．亀裂は破断寸前まで広がっており，国の運輸安全委員会は重大事故につながりかねなかったとして，新幹線では初めての重大インシデントに認定した*3．このトラブルを教訓にして，その後，目視では見つけることが難しい亀裂の発見に，超音波による検査手法が導入された．

新幹線は，その後も人身事故ゼロの記録を更新し続けている．世界の鉄道技術の最先端をゆく日本の新幹線は，1964 年の創業以来，さまざまな技術的困難を乗り越えながら，安全記録を伸ばすとともに，高速化，省エネルギー化，低騒音・低振動化を進め，世界に比類のない定時運行*4 と高速大量輸送を達成してきた．そして何よりも，日本の社会の発展に，計りしれない日本には，多くの理工学会があるが，技術者協会はほとんどない[*2]．日本の学会は有資格者の会ではない．日本の技術者には，企業への帰属意識はあっても，学協会への帰属意識は希薄だ．日本には，企業内労働組合はあっても職能別組合はないのと同列だ．アメリカの技術者協会は，厳格な倫理規定で会員を規制している．内部告発も義務づけている．日本の学会は，啓蒙目的で一般的な倫理規範は示しても，会員を規制することはない．もちろん内部告発を義務づけることもない（Ⅰ部2章参照）．

＊2　狭い技術分野の技術者協会はある．たとえば，建築の設計監理を行う建築家の組織である日本建築家協会，測量士の組織である日本測量協会など．

事例ファイル 08

貢献をしてきた．NHKのテレビ番組『プロジェクトX』などで，具体的な技術者たちの姿が生き生きと描かれた．

新幹線技術は，台湾に最初に輸出され，台北―高雄間に専用軌道が建設された．車両も日本から輸出された．欧州の列車制御技術が併用されたことが原因で，開業が予定より大幅に遅れたが，2007年2月に営業運転が開始された．当初は，安全面が不安視されたが，大きなトラブルもなく営業を続けている．乗客数も順調に伸びて，台湾の社会，経済に大きなインパクトをあたえ，「台湾を変えた」と評されているという．

一方，中国は，1997年から鉄道高速化計画に着手し，2004年以降，時速200 km超の鉄道網を驚異的な速さで展開した．日本の新幹線車輌も輸出されたが，独自技術によるとする350 km/h走行の車両が開発され，長距離専用軌道も建設された．ところが2011年7月23日，浙江省温州市で追突事故が起き，4両が高架橋から転落，40人以上が死亡，200人以上が負傷した．十分な調査も行わないまま，事故車両を重機で押しつぶし，穴を掘って埋めるという乱暴な証拠隠しが，外国報道陣の目の前で行われ，国際的な非難を浴びた．その後，中国国務院は，「安全軽視の人災」とする調査報告書を発表し，前鉄道相を含む54人を免職や降格を含む処分に付した．前鉄道相は巨額の汚職で，事故以前に更迭されていたという．この事故によって，中国技術への信頼は地に墜ち，国の威信も傷ついた．信頼性の高い技術は，地道な積み重ねによってのみ達成できるという，基礎的な理解が根づいていなかった．

2013年7月24日（現地時間）には，スペインの高速鉄道でも脱線転覆事故が起き，多くの死傷者がでた．この事故でも，高速鉄道網の拡張を急ぎすぎたことによる影響が指摘された．

中国の高速鉄道網は，浙江省での事故の後も拡大を続け，2018年時点で総延長2万5千キロにおよぶ．世界の高速鉄道の3分の2を占め，日本の新幹線が50年余りをかけて築いた路線網の8倍の長さだ．習近平政権の政治スローガンを掲げた「復興号」が世界最速の時速350 kmで走る．

新幹線技術の輸出は，最近，ますます盛んになっている．2015年には，米国テキサス州のダラス―ヒューストン間，およびインドのムンバイ―アーメダバード間での導入が決まった．2016年には，タイの首都バンコクと北部都市チェンマイを結ぶ高速鉄道への採用が発表された．いずれも，新幹線の成熟した技術，安全性，信頼性が評価された結果だが，背景には，各国の国情と，熾烈な国際政治がからんでいる．

（「朝日新聞」などによる）

＊1　中央自動車道の笹子トンネル天井板崩落事故については事例研究Ⅱ-1-3（p.104）参照．

＊2　高架橋の損傷については事例研究Ⅱ-2-4（p.125）参照．

＊3　JR西日本の車掌らは，博多駅発車直後から異音，小倉駅付近からは異臭にも気づいていた．車掌長は，東京の新幹線総合指令所に報告し，運行司令員は，岡山駅から保守担当者3人を乗車させた．保守担当者も異音を確認，次の新大阪駅で停車して点検することを提案したが，司令員は運行に支障はないと判断した．その結果，列車を止めて点検することなく，JR東海に運行を引き継いだ後の名古屋駅まで約3時間にわたって運行が続けられた．福知山線脱線事故後に，JR西日本が定めた安全憲章には「判断に迷ったときは，最も安全と認められる行動をとらなければならない」とあるが，その教訓が活かされていなかった．

＊4　開業47年目にあたる2011年の東海道新幹線は，地震，風水害などの自然災害による遅れを含む平均遅延率が，わずか36秒という驚異的な成績を達成した．

包括的な技術者協会としては，戦後，法律にもとづいてつくられた日本技術士会がある．しかし，「技術士」は従来，事実上，おもに技術コンサルタントのための資格だった．一般の技術者は，あまり技術士会には関係してこなかった．2001年，技術士法が大幅に改正され，広範囲の技術者に技術士の資格をもたせる動きがはじまっている．技術者教育認定制度と連動した，グローバル化の動きの一環だが，新しい技術士制度が，どのように発展してゆくかは未知数だ（I部4章で改めて述べる）．

アメリカはあらゆることに，詳細な規則や手順書（マニュアル）を必要とする社会だ．日本では，規則や手順書にはあまり重きをおかない．アメリカの工場の工程管理や品質管理は，膨大なマニュアルにもとづいて行われる．日本の手順書の何倍もあるのには驚かされる．ちょっとした工場でも，工程管理，品質管理それぞれに，厚さ10 cm以上もあるようなバインダーが，何十冊も並んでいたりする．

もちろん，日本の工場にも手順書はあるが，数冊までがふつうだろう．日本では手順書よりも，日常の，「集団活動」，「改善活動」に重きがおかれる．結果は，よく知られているように日本のほうがはるかにうまくやってきた[*3]．海外でも注目され，KAIZENが今や国際語になっている．安全管理も同じで，「集団安全活動」が優れた成果をあげ，世界に冠たる安全成績を上げてきた．日本は世界に立派な手本を示した．

*3 あの東海村の核燃料工場の臨界事故（事例研究II-4-1, p.164）では，現場の「改善？」にそった闇手順書がつくられていたという．だからといって，改善活動一般を批判するにはあたらない．改善活動に専門技術者の適切な関与が必要なことは，早くから十分いわれてきた．あの事故ではこの基本が無残に踏みにじられた．

工学倫理も同様だ．詳細な倫理規程を設けたり，立派な教科書で勉強したりしたからといって，倫理が守られるというものではない．

法制面でも，日本とアメリカはおおいに異なる．技術者が関係する事件でも，日本では，業務上過失による刑事訴追が優先され，技術的真相解明と公開は二の次にされることが多い．アメリカでは刑事免責を許してでも原因究明が優先され，公開される．他方，民事による懲罰的賠償が強力な武器になる．このことは，I部6章の「製造物責任」のところで改めて述べる．日本は刑事優先，アメリカは民事優先だといえる．

大学院での技術者教育

大学院教育を比べてみよう．アメリカの大学院はPh.D.教育が中心だ．Ph.D.教育の目的は，「独立した研究者」の育成にある．

日本の理工系大学院教育は，少なくともこれまでは，修士教育が中心だった．日本の博士教育は，学者の育成に重点があった．最近，大学院重点化とかで，博士前期課程とか後期課程とか，難しいことをいっている．大学教授が，いつの間にか大学院教授になった．一般の人びとにはわけがわからない．

アメリカの大学院で修士号をとるのは，ふつう，高校の理科教師をめざす人か，何らかの理由で大学院教育を中断する人だけだ．日本の大学では，多くの若者たちが修士課程に進んだ．アメリカでならPh.D.をめざしたであろう秀才たちも，修士課程までで日本の企業に就職した．彼らが中核となって，「成熟した商業技術」を育て，技術の洗練度を極限にまで高めてきた．日本の修士教育は,「独立した研究者」よりも「優秀な企業技術者」を育てた．そして，世界の技術の発展に絶大な貢献を果たした．日本の修士号には，グローバルな評価があたえられてよい．誤解がないようにつけ加えておくが，学部卒，高専卒，その他の技術者の貢献を軽視するわけではない．大学院卒をしのぐ働きをした人もおおぜいいる．比較論を述べているにすぎない．

本題から外れるが，留学生教育や，アジア諸国の将来のためにも，考えるべき問題だ．アジアが本当に必要としているのはPh.D.よりも，日本型のM.Sc.やM.Eng.ではないだろうか？

このように，日本とアメリカでは，技術者がおかれている環境や風土が大きく異なる．工学倫理に対するとりくみ方も違ってしかるべきだ．

技術者に対する尊敬と信頼

ところで，技術者は元来，世の中から，律儀で倫理的な職業と見られてきた．これは日本でもアメリカでも，ほかの地域でも同じだ．とくに日本の技術者たちは，先にも述べたとおり，世界に冠たる信頼性の高い技術を打ち立て，高い安全成績を達成し，人びとの尊敬と信頼を得てきた．NHKが『電子立国日本の自叙伝』,『プロジェクトX』や『プロフェッショナル 仕事の流儀』などのドキュメンタリー番組[*4]で全国に紹介した数多くの感動的な技術開発物語も，日本の技術者に対する尊敬を高めた．

ただし，だから日本のほうが進んでいるなどと考える必要はない．逆に，倫理規定が整っているから，工学倫理教育が充実しているから，有名な事例が公開されているから，アメリカのほうが進んでいて，日本のほうが遅れていると考えるのも間違っている．日本は日本のやり方でやってきた．そして，比類のない信頼性と安全性という結果を世界に示してきた．これは，倫理レベルが低くては，とうてい達成できないことだ．技術者や技能者が，全体としてきわめて高い倫理性を保ってきたことの証だ．

*4　テレビ番組の内容を本にしたものが出版されている．テレビ番組よりもくわしく書かれているものもある．

- 相田洋著『電子立国日本の自叙伝』全4巻（NHK出版，1991～1992）；同『電子立国日本の自叙伝』全7巻，NHKライブラリー文庫版（NHK出版，1995～1996）
- 相田洋・大墻敦著『新電子立国』全6巻（NHK出版，1996～1997）
- NHKプロジェクトX製作班編『プロジェクトX挑戦者たち』全30巻（NHK出版，2000～2006）

『電子立国日本の自叙伝』と『プロジェクトX』の一部については，コミック版まで出版されている．『電子立国日本の自叙伝』と『プロジェクトX』はDVDも発売されている．技術者の心構えを学ぶのには，「工学倫理」の教科書などを読むよりも，これらの本を読むほうが役にたつかもしれない．

また，島津製作所の技術者・田中耕一氏の2002年ノーベル化学賞受賞は，日本の技術者の評価を一段と高めた．マスコミによって報道された律義な技術者らしい田中氏の人柄は，全国民の心を打った．

このようにして培われた尊敬と信頼を傷つけるようなできごとが続くのは，技術者にとっても一般大衆にとっても，たいへん不幸なことだ*5．

*5 『プロジェクトX』は国民的人気番組になり，大ヒットしたテーマソングが2002年暮れにはNHK紅白歌合戦にまで選ばれた．無名の技術者たちが「地上の星」と歌われた．6年にわたって放送された番組は，2005年暮れに終結した．海外でも放送され，世界中の人びとの感動をよんでいるという．「地上の星」を汚してはならない．

何とかしたい．これが技術者OBの立場だ．

技術者に求められる倫理とは？

さて，技術者も，技術者である前に人間だ．日常生活のなかで絶えず倫理的な判断をしながら生きている．些細で単純なことから，重要で複雑なことにまで対応している．倫理レベルの高い人もいれば，低い人もいる．ふだんは倫理的な人も，常に倫理的に行動するとはかぎらない．その逆もいえる．

工学倫理教育の目的は，工学生や技術者をより倫理的な人間に改造することでも，改めて倫理学的手法を学ばせることでもない．工学倫理の演習問題で訓練を行うことでもない．技術者として倫理的な判断をする場合には，格別に高い倫理レベルで行わねばならないことを認識し，できれば，そのために必要な知恵を身につけてもらうことにある．技術者としての責任を自覚することで，日常の倫理レベルが上がるようであれば，それは「おまけ」だ．「倫理」を勉強するだけで，高い倫理性をそなえた技術者になれるというものではない．ただ，技術者という職業は，特別な責任を負った専門職だという意識だけは身につけたい．

角度を変えて見てみよう．特別な責任を負った専門職だから，倫理的にものを考えなさいというのではない．損得を考えた結果が，倫理的な判断につながったのでもいっこうにかまわない．自分や雇用主にとっての目先の損得と将来の損得を比べた結果であっても，公衆の安全，健康，福利を優先する判断ができたらそれでよい．最近，毎日のように報道される不祥事も，そのような判断の助けになる．世の中の不祥事の報道は間違いなく工学倫理教育になっている．強力な反面教師といえる．あるいは，公衆の安全，健康，福利に背いた場合の結果が怖いからとか，耐えられないからという理由で判断してもかまわない．

清く・正しく・美しい技術者になれといっているわけではない．技術者だけに，世間の風潮から超然とした倫理的な行動をとることを求めているわけでもない．ただ，「危険なものを安全に使いこなす知恵」を正しく使わないと，恐ろしい結果が待っていることだけは忘れないようにしたい．危険はどんな姿でやってくるかわからない．

「技術者には，専門的な能力に加え，高い倫理性が要求される」という場合の，高い倫理性とは，そういうことを指す．それ以上でもそれ以下でもない．

それを実現するための若干の知恵については，Ⅰ部5章と7章で述べる．

研究(者)倫理

技術者倫理とは多少異なるが，最近，大学や公共研究機関の研究者が発表した論文の不正が，よく話題になる．事例ファイル07[*6]がその典型例だ．公的研究費の不正使用も，新聞に報じられることが多い．このような研究者の不正は，これまで述べてきた工学倫理（狭い意味での技術者倫理）とやや趣を異にするので，ここでふれておこう．

*6 → Ⅰ部2章(p.22)

研究論文における不正には，ねつ造，改ざん，盗用（FFP；fabrication, falsification, plagiarism）の三つがある．自分の主張に都合のよいデータを勝手につくったり，都合の悪いデータを省いたりすることが，科学・技術の体系構築と信頼に対する裏切りであることは，誰にでもわかる．いわんや，他人の研究成果を盗用するなどは，論外だ．しかし，この研究不正を事前に防止することは，意外に難しい．ねつ造，改ざん，盗用が確信犯的に行われた論文を，雑誌の審査員が見つけることは，まず不可能だろう．たいていの場合，内部告発か，他研究者の追試が成功しないことで発覚する．

研究費の目的外流用，特に研究者個人の消費生活のために使われた場合は，これはもう詐欺で，倫理の枠を超えている．

企業の技術者が最もよくでくわす倫理問題は，自社の利益と公衆の安全，健康，福利との乖離に対する葛藤だ．それと比べると，上記の研究(者)倫理は単に自分の利益のための不正で，かなり異質だ．研究の不正が発覚したら，その時点で，研究者としての人生は終わることを肝に銘ずるべきだ．

研究不正を防止するための対策も講じられており，成書[*7]も出版されている．

*7　たとえば，日本学術振興会編『科学の健全な発展のために　誠実な科学者の心得』（丸善，2015）

※

最後に，経営者や技術者・技能者の戦いを表す二つの事例を紹介しておこう．

老舗企業，川島織物の職人と経営者は，製品の品質と企業の信用を守ることに，運命をゆだねた[8]．

*8 → 事例ファイル 09

クラフツマンシップ 老舗の誇り——川島織物　事例ファイル 09

京都に，川島織物[*1] という，天保 14 年（1843 年）創業の老舗企業がある．当主は代々，川島甚兵衛を名乗り，創業以来，高度な技術による呉服・美術工芸織物で高い評価を得ていた．近年は，新技術，新製品の開発にも成功し，事業は，インテリア・室内装飾，自動車・列車・航空機の内装材にまで広がっている．

同社には，経営者や技術者を戒める一つの逸話が伝えられている．明治 24 年（1891 年）来，宮内省御用達を命じられていた同社は，大正 5 年（1916 年），同省から，宮殿に飾る一対の綴錦の壁掛け，「春郊鷹狩」「秋庭観楓」の制作下命を受けた．着想から 4 年，大正 9 年（1920 年）に製織をはじめた．ところが翌年，3 分の 1 ほど織り進んだところで，染料の堅牢性に問題があることに気づいた．信頼性が高いとされていたドイツ製の染料を使っていたが，第一次世界大戦（1914 ～ 18 年）後の混乱もあって，品質に問題のある染料が紛れ込んでいたのだ．職人の厳しい目は，素人には到底わからない程度の，かすかな色の違いを見逃さなかった．大正 7 年（1918 年）に亡くなった 3 代目甚兵衛の跡を継いで当主となっていた絹子夫人は，たいへんな危機を背負い込んだ．自ら苦渋の決断をした夫人は，ある日，従業員がいなくなった深夜，独り工房に入り，作品の経糸を断ち切ってしまった．

すぐさま，宮内省に納入の延期と，優良染料が入手可能になりしだい，制作を再開させてもらうよう懇請し，同時に京都帝国大学から専門技術者を招聘して染色実験室を開設した．当時，宮内省といえば絶対権力だった．激しく叱責されるものと覚悟していたが，納入延期を許され，逆に信頼を得ることになった．大正 12 ～ 13 年（1923 ～ 24 年）にかけて，ようやく自信をもてる作品が完成し，宮内省に納入された．

現在も皇室御用達である川島織物は，夫人の遺品ともいえる，切断された未完の「春郊鷹狩」を同社の「織物文化館」に展示して，社員一同の宝にしている．

〔この事例は，『株式会社川島織物社史』と大西辰彦「断機の教え」『経営＆技術』No.46，p.6 (2008.1)をもとに作成した〕

*1　同社は 2006 年，合併により（株）川島織物セルコンとなった．その後も経営形態や資本関係の変遷があり，2011 年に（株）住生活グループ（現 LIXIL グループ）の完全子会社となった．2017 年 3 月期売上高 293 億円，従業員数 961 人(2017 年 3 月末)．

本田宗一郎の経営姿勢「おやじに会えてよかった」　事例ファイル 10

本田技研工業（株）元会長 杉浦英男氏の思い出ばなし

おとっつぁんにひっぱたかれたこともある．まずいものができたということに，怒り心頭に発しているわけですよ．目に涙をためてね．一生懸命さに，私は惚れていたんですよ．そうでなければ，あんなわからず屋ついていけるわけがない．「まだコンベアーが流れてるんだろう．なにやってるんだ！　コンベアー止めろ，すぐ．現に不良品が流れてるじゃないか．流れている分だけお客さんにいくんだ．いった分だけ，お客さんのけがをする可能性が増えているんだ．お客さんに食わしてもらってるんだろう，おまえらは！」と何度もいわれた．それで，「やめちまえ！　おまえなんか」と，こうくるわけですよ．私なんか，いくつ首がなくなったことか．

「お客の安全が一番大事」．これが本田さんの経営判断の源．お客の「安全」を守る，それが俺たち技術屋の仕事なんだと．

自分の人生経験が増えれば増えるほど，おやじに会えてよかったという思いが強くなりますね．

〔板谷敏弘，益田茂 編著『本田宗一郎と井深大 ホンダとソニー，夢と創造の原点』（朝日新聞社，2002）p.89 に掲載されたインタビュー記事から引用〕

一技術者から出発して，世界的大企業の経営者になった，本田技研工業の創業者，本田宗一郎は，顧客の安全を守ることが，技術者として最も大切であることを，部下たちに本気でわからせようとしていた*9.

*9 → 事例ファイル 10 (p.36)

4章 専門職と組織人の倫理

専門職であるということ

「あらゆる近代技術は，危険なものを安全に使いこなす知恵だといいかえてもよい．それゆえ，技術者には専門的な能力に加え，高い倫理性が要求される．ほかの専門職の場合と異なるのは，この一点につきる」とくり返し述べてきた．技術者にかぎらず，あらゆる専門職は，大衆がもたない専門的な知識・能力をもち，大衆の信頼のもとに職務を行っている．

医師，歯科医師，看護師，薬剤師，弁護士，弁理士，公認会計士などは，国家試験により必要な専門的能力を備えていることが認められた，いわば公認専門職だ．技術者の仲間でも，技術士，建築士などはそれに該当するが，ほとんどの技術者は，そういった意味での専門職ではなかった．多くは，大学の理・工学部，工業高等専門学校，工業高校などで基礎的な知識を習得したあと，実務で能力を磨いて，一人前の「専門技術者」とみなされるようになってきた．

これに対し，アメリカでは，各種の専門技術者協会が，資格審査に合格した者だけを“Professional Engineer (PE)”と認定し，PEだけに専門業務を行うことを許してきた．そのための法律も整備されている．

すでにI部3章でふれたように，日本でも最近になって，グローバル化の波に応じて，技術者教育認定制度が発足し，技術士法が改正され，広い範囲の専門技術者に「技術士」の資格をとらせる動きがはじまった．日本技術者教育認定機構（JABEE）の認定を受けた大学の学部や，工業高等専門学校の専攻科の卒業生は，技術士の一次試験を免除される．さらに，この新しい技術士が国際的に通用するように，国際協定[*1]の認定を受けるというものだ．

ただし，アメリカでも，すべての技術者がPEの資格をもっているわけではない．日本と同じように，組織のなかで仕事をしているかぎり，そのような資格は必要でない場合が多い．だが，アメリカには，独立した技術者として専門業務を行う技術者もおおぜいいる．日本にも，建築

*1　ワシントン協定とよばれる．学士レベルの技術者教育の質的同等性を，国境を越えて相互に認め合う取り決め．国または地域の，民間NGO技術者教育認定団体が加盟できる．加盟には，厳格な審査が行われる．1989年の発足から2017年までに，アメリカ，カナダ，イギリス，アイルランド，オーストラリア，ニュージーランド，ホンコン，南アフリカ，日本，シンガポール，韓国，台湾，マレーシア，トルコ，ロシア，インド，スリランカ，中国，パキスタンの19ヵ国の機構が加盟している．

士事務所やコンサルタント事務所などを営む，独立した専門技術者がいるが，分野や業務内容がかぎられている．アメリカでは，さまざまな分野のPEが，企業から専門的な業務を請け負うことが珍しくない．雇用契約でなく，業務契約によって，企業の施設で働くPEも少なくない．また，企業で働く技術者も，いわゆるキャリア・アップのために，企業間を渡り歩くことが少なくない．その場合にも，PEの資格があれば有利になる．ここでも，誤解がないようにつけ加えておくが，アメリカでも，一生を同じ企業で過ごす研究者・技術者は少なくない．しかも，それを奨励する制度をもっている企業も少なくない．

大切なことは，専門技術者としての資格をもっている，もっていないにかかわらず，また，独立した技術者であれ，企業内技術者であれ，技術者は，大衆の信頼を受けて専門的な職務を行っているということだ．企業に対する信用を通じて信頼されている場合も多い．いずれにせよ，大衆にはできない専門的業務を任されている．公式ではなくとも，大衆から信託を受けているといってよい．

それゆえ，技術者は，本人が意識する，しないにかかわらず，常に大衆に対して，専門職としての責任を負っている．

よほど危険なものでも，それが安全に使いこなされているうちは，大衆は安心して技術者を信頼している．ところが，理由が何であれ，技術が原因で公衆の安全，健康，福利に害がおよぶ事態が起きると，たちまち信頼を失う．いったん大衆の信頼を失ってしまうと，その職務を遂行することができなくなる．そして，大衆の信頼を回復するには，たいへんな時間や労力，資金が必要になる．ときには信頼回復が不可能になる．

技術者が，専門的な知識・能力を欠いたり，公衆の安全，健康，福利に対する配慮を欠いたりしては，専門職として機能できない．技術者は，「大衆の信頼」というものを，重く，重く受け止めなくてはならない．

残念ながら，現在の世の中は，高度な技術の恩恵を享受する一方で，強い技術不信におちいっている．はげしい技術たたき，技術者たたきが日常化したかにも見える．相次ぐ事件や事故なども，この技術不信をいちじるしく助長することになった．大衆やマスコミの反応が理不尽に思えたりすることすらある．これも，「大衆には理解できない職務」を任されている，専門職の宿命と受け止めなくてはならない．

しかし，日本の技術者が，比類のない信頼性の高い技術を築き，世界に冠たる安全成績を達成していることを，社会全体が正当に評価し，冷静に対応するよう仕向けないといけない．これも専門職としての務めだ．

21世紀においても，技術の重要性は高まりこそすれ，下がることはない．若い読者たちには，誇りをもって技術者をめざしてもらいたい．技術礼賛をするつもりはないが，技術の負の面を克服するためにも，優秀な若者が必要だ．本書の読者にいっても仕方がないが，技術たたきをする人たちにも，このことには責任を感じてもらう必要がある．技術者を尊敬し，大切にする社会にしなくてはならない．技術者は聖職とまでよばれなくてもよいが，社会から尊敬されるようにならなくてはいけない．これもまた専門職としての務めだ．

技術が高度化し，大衆に理解しにくくなるほど，ますます技術者に対する信頼が重要になる．少なくとも，上級技術者をめざす理工系の大学生や，工業高等専門学校の専攻科の学生には，専門職としての十分な自覚をもってもらいたい．

何よりも，「技術者は社会に対し特別の責任を負う専門職」という意識をもってほしい．くり返しになるが，「特別の責任」とは，「技術が危険なものを安全に使いこなす知恵だ」ということと，「技術が高度化すればするほど，大衆には理解しにくくなる」ことからくる責任だ．高度化した技術が，社会に対して巨大な力，今や支配的ともいえる力をもつようになった一方で，技術がますます大衆の理解を超えたものになってしまった．このことが「工学倫理」が必要といわれる原因になっている．

最後にもう一つ，「技術全般への信頼を守り育てる責任」も意識してもらいたい．一つの技術の過誤が，技術全般への不信につながりやすいことを，いやというほど見てきた．現代社会は，技術と技術者への信頼の上に成り立っている．信頼を裏切れば責められるのが当然だ．

組織人であるということ

技術者のほとんどは，組織の一員として職務を行うが，組織の利益を守るために，公衆の安全，健康，福利を侵すことがあってはならない．組織の利益と公衆の利益の相反は，しばしば工学倫理のテーマになる．そのようなときの技術者の責務は，公衆の利益を侵さない技術的解決策を見いだすことにある．それができない場合には，公衆の安全，健康，福利を優先しなくてはならない．しかし，言うは易く行うは難い．単純な答えはない．I部5章「倫理問題への対応」やI部7章「実践的技術者倫理のすすめ」で考えよう．組織の利益と上司の利益が相反することもある．組織の利益と自分の利益が相反することもある．技術者は雇用主に対して誠実に行動しなくてはならない．

学生生活では，組織人としての行動といった問題は，あまり考えることがないだろう．工学倫理を考えるうえで必要な範囲で，ごく簡単にふれておく．

まず，あたりまえのことだが，技術者，研究者といえども，業務上のすべての行為は，組織の業務の一部だ．給料の一部といってもよい．すべての行為について報告義務がある．部課内で，任された範囲で行う専門的業務の報告は，異常がないかぎり適当な頻度で行えばよいが，あらゆる対外的行為は，速やかに，もらさず報告するのが賢明だ．あらゆる業務に責任を負っているのは，所属部課の上級管理職（ふつうは課長以上）だけだし，部課を代表できるのも，組織内の他部門に向かっても，組織外に向かっても，上級管理職だけだ．この上級管理職に正しい判断を下してもらうためにも，あらゆる事柄について，報告，連絡，相談するのが鉄則だ．「ほうれんそう」(報連相）と覚えておくとよい．

組織や上司と，しっくりいかないことはしばしばある．何につけても，組織としての対応が不十分なことも少なくないだろう．世の常だ．だが，自分の判断で行った行為には，自分で責任をとらねばならない．組織に対して甘えた気持ちをもってはいけない．

組織人であるということ

- すべての行為は 組織の業務（給料）の一部．
- なんでも 報告・連絡・相談 する．

“ほうれんそう” を忘れるな．

- 業務に責任を負っているのは，所属部門の上級管理職だけ．
- 組織に甘えた気持ちをもつな．

5章 倫理問題への対応

日本企業のとりくみ

企業・組織の姿勢

工学倫理は，比較的最近まで取り立てて意識も議論もされてこなかった分野なので，組織におけるとりくみ方から考える必要がある．大学や学校での授業でも，ここから議論しておくのがよい．

日本で，工学倫理の話になると必ずでてくるのが，一つは「技術者に内部告発をすすめるのか？」という批判や反発だ．すでに見たとおり，全米専門技術者協会や，日本でも原子力学会の規定は，内部告発を義務づけている．日本でも，やむをえない場面に直面することがあるかもしれない．しかし，「実践的工学倫理」のめざすところは，一義的には，技術者に広く工学倫理の問題を認識してもらい，組織内での議論を行いやすくすることにある．内部告発をすすめることではない．むしろ，内部告発などしなくて済むようにすることにある．

もう一つは，「問われるべきは技術者の倫理ではなく，企業の倫理ではないのか？」といったものだ．日本的風土のなかではもっともなことだが，これに対しても，答えは同じだ．技術者個人は，組織内での自分の立場や自分の将来を考えて，いうべきこと，主張すべきことを控えたりしてしまう．やはり，組織内での議論を行いやすくすることが大切だ．改善活動や安全活動と同様に，倫理に関係しそうな課題も，常にグループで議論する場を設けるのがよい．安全問題や環境問題では，すでにほとんどの企業がそのような工夫をしている．

製品やプロセスの新規導入や改良・合理化に際し，各部署の技術者が集まって安全や環境問題について検討する．詳細なチェックリストを使う手法が定着している．ここまではアメリカの企業も行っている．その際，倫理的な問題がないかも検討すればよい．業種によっては，技術者だけでなく，日常の各職場での改善ミーティングに取り入れてもよい．

最近では，コンプライアンス活動[*1]に倫理問題も含め，専門部署や担当役員をおく企業が多くなっている．コンプライアンス・マニュアル

*1 → II部4章「コンプライアンス」の節（p.157）

を作成し，従業員への教育訓練を行う．従業員からの相談や通報も受け付けている．ふだんから倫理問題をオープンに話し合え，社内に相談できる部署があれば，ずいぶん違ってくる．内部告発を迫られるような場面も少なくなるだろう．

最近の世相を見ていると，どの企業や組織でも，そうとでもしなければ，いつ企業や組織の存続が危ぶまれるような事態が起きるかわからない．

公益通報者保護法と技術者

2004年6月18日，「公益通報者保護法」とよばれる法律が公布され，2006年4月1日から施行された．正当な内部告発を行った者が，企業・組織内で不当な扱いを受けるのを防ぐことを目的とした法律だ．企業・組織の不祥事が続発するのを受けて，組織内での不正の告発や，組織外の機関への通報を行いやすくし，危害の発生を未然に防ぐことを意図している．しかし，この法律も，決して内部告発を奨励しているわけではない．やむにやまれず内部告発に訴えた善意の通報者に不利益がおよばないよう，企業・組織を規制するものだ．緊急を要する場合だけが対象になる．法は，通報先に応じて緊急度の要件を定めている（図1）*2．

技術者も，公益通報に訴える以外にない立場に立たされる事態に遭遇するかもしれない．しかし，技術者にとっても，企業・組織にとっても，

*2 通報対象となる法令のリストも別途定められている．万が一，内部告発を迫られるような事態に遭遇した場合には，公益通報者保護制度についても十分な理解をもったうえで対応を考えることをすすめる（最近の法改正の動きについてはp.64マージン*2を参照）．

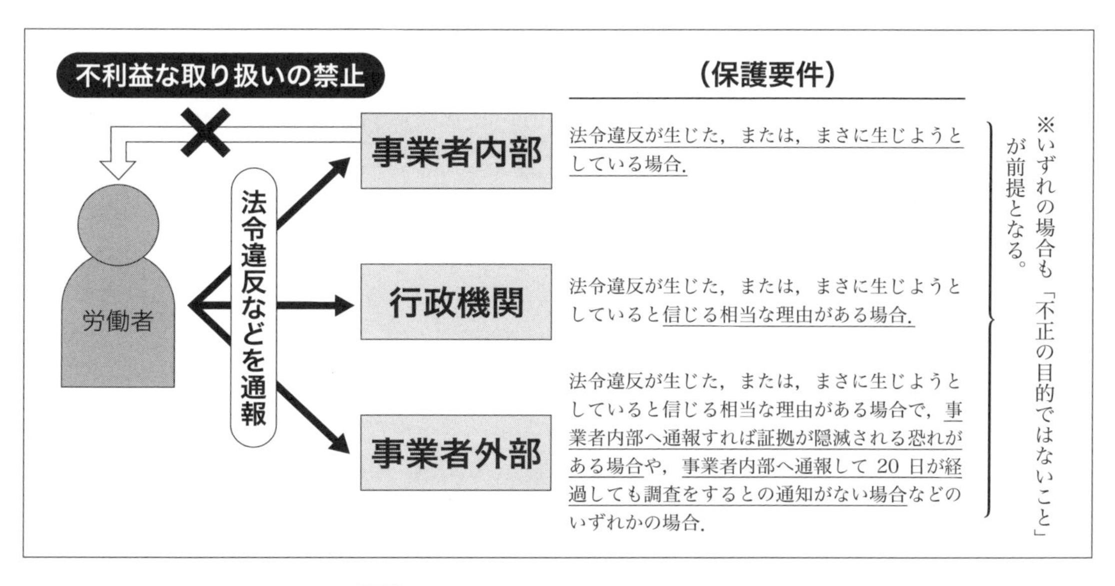

図1 公益通報者保護法のしくみと保護要件

そのような事態が起こらないようにする努力こそが大切だ．それには，問題が起こってから対応したのでは遅い．そのような問題が起こらないように，日ごろから対応をとっていなければならない．内部告発は工学倫理にとって，最後の砦だ．法律の制定を受けて，多くの企業・組織で，通報の受付窓口を設ける動きが広がっている．前段で述べた倫理問題担当部署とは，目的や性格が少し異なる．

✿日常的な活動

最近の不祥事は，確かに内部告発によって表沙汰になるケースが多かった．しかし，肝心なのは，技術者が内部告発を迫られるような異常な事態をつくらないように，つまり，内部告発の対象になるような非倫理的な企業行為の種をつくらないように，日ごろから組織内で話し合うことだ．内輪で話し合ったのでは，なあなあになるのではないかと懸念する向きもあるかもしれない．しかし心配するにはあたらない．集団安全活動という立派な手本がある．

あらゆる職場に安全管理者と安全会議をおく．全員がもち回りで安全推進員や職場安全委員を務める．日ごろからあらゆる機会に，グループ内だけでなく，部署間でも互いの安全を点検し合う．不安全な行動を指摘し合う．頻繁にグループ内外の安全パトロールを行う．細かいことでも改善提案書を提出する．職場の事故や失敗などは知られたくないものだが，徹底して報告し，公開する．「危険予知」「ヒヤリハット」などの手法で，日常的にみんなで知恵をだし合う．

「危険予知」というのは，自動車の安全講習会などでおなじみの手法だ．ある状況のもとで，どのような事態が予想されるか，どのような危険が予想されるかを徹底的に考える．

「ヒヤリハット」というのは，事故にはならなかったが，ヒヤリとしたこと，ハッとしたことなどを，どんなに細かいことでも報告し合う手法だ．「ヒヤリハット」を減らすことで，かすり傷を減らす．かすり傷を減らすことで，不休業災害を減らす．不休業災害を減らすことで，休業災害を減らす．休業災害を減らすことで，死亡事故をなくす．とことん地道な活動だ．安全対策にも，できるだけ資金を使いたくないものだが，コストをぎりぎりまで節約しながら，とことんこまめに対応する．その結果，収益改善までできたケースも少なくない．日本はそのようにして世界に冠たる安全成績を達成してきた．

不休業災害とは，治療を受けたが仕事を休まずに済んだ場合．1日以上仕事を休まないといけなかった場合は，休業災害と分類される．これらに関連して，次ページで紹介するハインリッヒの法則[*3]というものが知られている．

*3 → コラム 02（p.46）
H. W. Heinrich, Industrial Accident Prevention — A Scientific Approach, 4 th ed.,1959 , McGraw-Hill（1 st ed.,1931）.

工学倫理にも集団活動を！

工学倫理についても，同じような手法で，同じような成果が期待できる．「流しに実験廃液を少しこぼしてしまった．どうしよう？[*4]」「出入り業者が販促品のゴルフボールを置いていった．どうしよう？[*5]」などからはじめるとよい．新たな集団活動の場を設ける必要はない．日ごろの活動の対象を広げるだけでよい．危険なものを安全に使いこなす仕事では，ほんの些細なことが，たいへんなことにつながる恐れがある．直接は技術に関係ないことも対象にするとよい．どのような事態，どのような不祥事が予想されるかを常に考えよう．そして，みんなで話し合おう．

*4 → 事例研究 I-8-3（p.75）

*5 → 事例研究 I-8-4（p.77）

倫理は心の問題だ．安全や環境と同じようにはゆかないだろうし，同じようにする必要もない．しかし，倫理にかかわる問題こそ，一人で考えるとろくなことはない．話し合える場があることが大切だ．ともかく一人で考えないで，周りの人たちと話し合おう．技術者倫理についても世界の手本になれるはずだ．

いたずらに，個人で責任を負うことを避け，集団であたろうというのではない．アメリカ式のグループ討議[*6]も，個人ではなくみんなで考えることの有用性を教えている．各企業，組織が実際にどのように対応するかはともかく，技術者としては，周りの人たちと話し合うことが第一だ．

*6 I 部 8 章（p.66）で具体的に述べる．

優秀な技術者や研究者は，ともすると，このような集団活動を敬遠する．独立心の強い人には，ばかばかしく見えるかもしれない．改善活動は独創的な技術の発展を阻害する，などという議論をする人もいる．しかし，柔軟な頭脳にかぎり，そのような心配はない．危険予知やヒヤリハットは，創造的な発想の助けになっても，阻害するようなことはない．倫理問題などで足をすくわれては，独創的な技術者も育たない[*7]．

*7 → 事例ファイル 05（p.19）

コラム02 ハインリッヒの法則

アメリカの損害保険会社の技師，ハインリッヒが1929年に発表した法則．1件の重傷事故（死亡事故をふくむ）の裏には，29件の軽傷事故と，300件の無傷事故があるというもの．さまざまな労働災害の事例を統計的に処理して導かれた．同じ作業者が同じ作業をくり返し行った場合の話だ．

図①に原著の図をできるだけ忠実に再現した．無傷事故の背後には，事故にはいたらなかったものの，事故につながりかねない不安全な行動や不安全な状況のくり返しがある．三角形の下の四角形は，その状況を示している．ハインリッヒは，事故を減らすには，そのような不安全な状況をなくすことが肝要だと述べている．

この法則は，その後，より広く，組織ごとの労働災害にもあてはめて考えられるようになった．日本では，この考え方を集団安全活動に適用して，世界に冠たる安全成績を上げてきた．「1：29：300の法則」ともよばれ，労働災害だけでなく，さまざまな事象への適用がこころみられている．

比率にはこだわらず，労働災害についての考えを広げると図②のようになる．「不安全行動」とは，何も起きていないが潜在的な危険が予想される行動．ハインリッヒの“unsafe practices”や“unsafe conditions”に該当する．安全パトロールや，危険予知活動などで掘り起こされる．

この図を見ると，労働災害を防ぐには，安全意識の徹底，不安全行動の撲滅，危険予知活動やヒヤリハット活動が不可欠であることが理解できる．逆に安全意識が不徹底だったり，不安全行動やヒヤリハットへの対応が不徹底だったりすると，いずれは重大事故が起きることも理解できる．

工学倫理にもハインリッヒの法則があてはまる．問題の深刻さと，企業と技術者個人がおちいる結末に序列をつけて並べた（図③）．現実がもっと複雑なことはいうまでもない．「ヒヤリハット」は，無事に終わったが危うく不祥事を招きそうになった場合だ．不安全行動の代わりに，聞き慣れない言葉だが，「不倫理行動」をおいた．問題は起きていないが不祥事につながる危険が予知される言動のことだ．危険予知の対象になる．「非倫理」とするほどには非倫理性が意識されていない場合だ．ここでも，不祥事撲

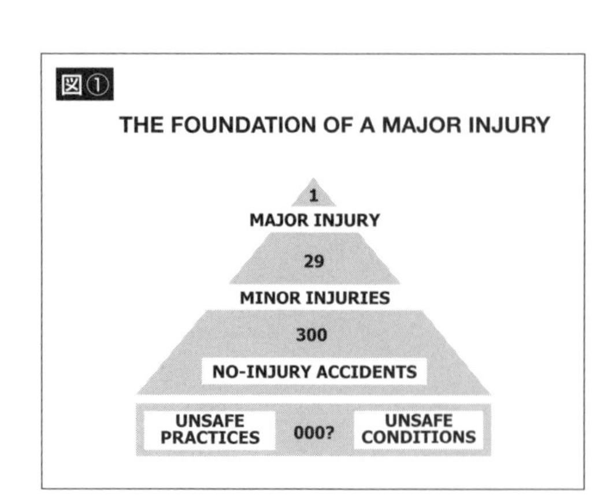

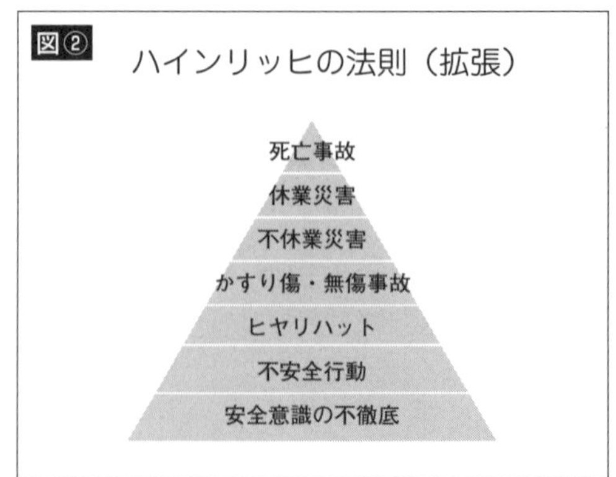

滅の根本は倫理意識の浸透にあることがわかる．

ただし，ここでも，技術者に求められる倫理は，Ｉ部３章の「技術者に求められる倫理とは？」の項に記したとおりで，それ以上でもそれ以下でもない．

この図を見ると，不祥事を防ぐには，倫理意識の徹底，不倫理行動の撲滅，危険予知やヒヤリハット活動が不可欠であることが理解できる．逆に，倫理意識が不徹底だったり，不倫理行動やヒヤリハットへの対応が不徹底だったりすると，いずれは重大な不祥事が起きることも理解できる．「危険なものを安全に使いこなす仕事」をしているという意識が本当に浸透していないといけない．

組織が，これくらいはよいだろうと倫理的に疑問のある言動を見過ごしていると，やがて重大な問題が起きる．技術者個人も，自分だけでなく，周りの不適切な言動を見過ごしていると，やがて重大な事態が自分の身にも降りかかってくる．

安全，衛生，環境などだけでなく，知的財産権などにもあてはまる．技術者としての業務行為であるかぎり，直接は技術に関係しない言動にもあてはまる．

よく認識されているように，集団安全活動は，経営者が従業員に，上司が部下に押しつけている状態では機能しない．トップダウンとボトムアップのとりくみが相和して，初めて効果が上がる（**図④**）．倫理についても同じことがいえる．最近の報道を見ていても，この力学が健全に働いていない企業では，ある日突然，重大な不祥事が表面化し，経営が成りゆかない事態に追い込まれたりすることがわかる．ハインリッヒの法則が教える冷厳な摂理だ．

いうまでもなく，以上のことは，「工学倫理」だけでなく，「企業倫理」にも，そっくりそのままあてはまる．ハインリッヒの法則は，倫理意識の徹底をはかることが，企業の生き残りと繁栄に不可欠であることを示している．

致命的な不祥事で倒産の危機に瀕した大企業が，全社あげての集団倫理活動で，短期間にみごとに甦った例も知られている[*1]．

＊1　事例ファイル 17「食の安全と偽装問題」(p.98) 参照.

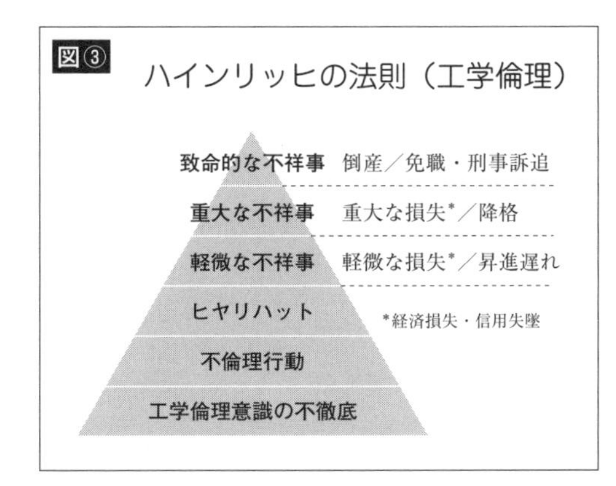

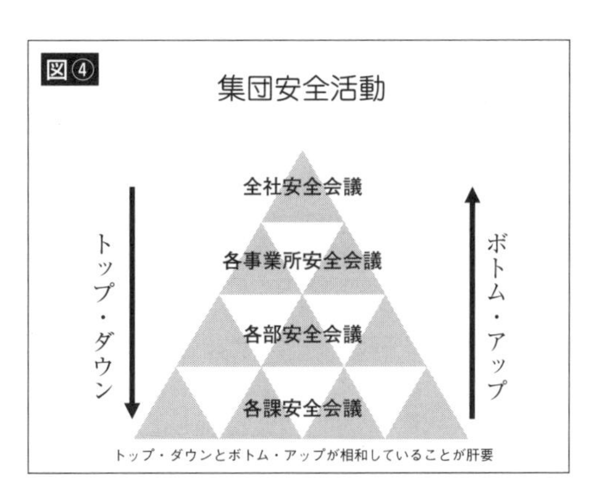

国際的な舞台でのとりくみ

企業活動のグローバル化にともなって，技術者も新たな対応を迫られるようになった．国や地域によって価値観や倫理観が異なることが原因で，問題が起きることが少なくない．地域による開発格差も，複雑な問題を引き起こす．宗教が問題の原因になることもある．本書の主題から外れるが，よそでは扱わない問題なので，簡単にふれておく．

古典的な例は，賄賂が常識になっている国で，どのようにふるまうべきかといったものだ．技術者も避けて通れない場合があるかもしれない．

近年は，安全基準や環境基準が緩やかな地域で製造活動を行うことによって利潤を得ようとする，グローバル企業の姿勢が批判されてきた．「危険の輸出」，「公害の輸出」などといわれた問題だ．インド・ボパールのアメリカ系企業の殺虫剤工場事故*8 などが契機になって，「世界中どこでも母国と同じ安全・環境基準を適用する」と宣言するグローバル企業も増えてきた．ところが今度は，開発途上国側が，進出グローバル企業に対し，先進国なみの安全・環境基準の適用を拒むような場面がでてきた．開発が遅れたり，国際競争力が減ったりするのを嫌ってのことだ．新たな南北問題といわれている．地球環境に関する会議などでも，先進国と開発途上国間で鋭い対立点になっている．

外資系企業の日本法人では，日本の厳しい安全基準や品質管理基準が，しばしば問題になる．自国で問題なく売れているものが，なぜ日本では許可されないか，納得してもらうのは容易でない*9．日本独特の制度である行政指導や，業界団体の自主基準について，本社の理解を得られず苦労したりすることも多い．法令にすることなく，指導や自主基準で弾力的に対応しようという知恵なのだが，欧米人には理解されない．表だった事件に発展することは珍しいが，2002年に起きたユニバーサル・ス

*8 → 事例ファイル 11

*9　工学の問題ではないが，BSE（狂牛病）感染にかかわる牛肉の安全基準についての日米摩擦は，その代表だ．

インド・ボパール殺虫剤工場事故　事例ファイル 11

1984年12月2日深夜，インド中部の都市ボパールの，ユニオン・カーバイド社(アメリカ)の子会社の殺虫剤工場で，ガス漏れ事故が起きた．漏れたのは猛毒のイソシアン酸メチルだった．運転停止した製造設備が老朽化したまま残され，十分な安全対策がとられていなかった．ガスは，隣接する住宅街（多くはスラム住宅）に流れ込み，死者2600人以上，中毒患者5万人以上とされた．20万人以上が避難し，ボパールは死の街と化した．まことに凄惨な事故だった．この史上空前の化学工場事故は，グローバル企業による「危険輸出」の結果だと，国際的な批判が沸騰した．

〔「朝日新聞」；ドミニク・ラピエール／ハビエル・モロ著，長谷泰訳「ボーパール午前零時5分」上・下(河出書房新社，2002)などによる〕

タジオ・ジャパンの事件*10には，国際企業の難しさが垣間見られた．

宗教的忌避が問題になることもある．インドネシア味の素事件*11は，非常に入り組んだ問題で，技術者に衝撃をあたえた．

宗教が技術の進歩を後押しすることもある．イランでは，イスラム教の「教義による大胆な許容」が後押しして，日本ではできないような，先端的な医療の研究が進んでいるという*12．

自国におけるのと変わらない倫理基準で対応するのが原則だが，ひと筋縄ではゆかないことがわかる．単純な正解はない．相手国のあらゆる事情を十分に把握するのが基本だ．だが，相手国の事情だけで片づく話でもない．グローバル・スタンダードで片づけられる話でもない．違いを理解し合うこと，そしてここでも，話し合うことが大切だ．お互い，独りよがりは問題のもとになる．

*10 → web 事例「ユニバーサル・スタジオ・ジャパン事件」

*11 → 事例ファイル 12

*12 → 事例ファイル 13（p.50）

インドネシア味の素事件　事例ファイル 12

2001 年 1 月，インドネシア政府は，インドネシア味の素社が，人工調味料の製造過程に，イスラム教が禁忌している豚由来の成分を使用していたとして，製品の回収を命じた．糖蜜の発酵によりグルタミン酸ソーダをつくるプロセスで使われる発酵菌の培養培地に，アメリカから輸入した大豆タンパクを使っていたが，その大豆タンパクの製造に，豚から抽出された酵素が使われていたという．よく読み直さないとわからないほどこみ入った話だ．味の素社にとっては，思いがけない事件だったようだが，戒律の厳しいイスラム教徒にとっては，とんでもないことと受け止められた．世界最大のイスラム人口を擁するインドネシアでは，大騒動になった．消費者保護法違反容疑で関係者 8 人が逮捕され，一時は，国際問題に発展するのではと危惧された．

ジャカルタ市内の大統領官邸前でインドネシア味の素に抗議するイスラム教徒たち（インドネシア・ジャカルタ）．提供：AFP ＝時事

「味の素」は，イスラムの戒律に適合する「ハラル食品」の認定を受けたプロセスで製造されていた．はじめは，発酵菌の培養培地に牛タンパクを使っていたが，それを，途中で，大豆タンパクに変更していた．その時点では，豚由来の酵素が関係していたことに気づかず，プロセスの変更にはあたらないと考えて，届出はしていなかった．

ところが，前年に，認定の期限切れにともなう再審査が行われた段階で問題が明らかになり，発酵菌の培養培地を，豚に関係しない別の大豆タンパクに切り替えるよう指示された．そのうわさが消費者団体に伝わり，騒動になった．インドネシア食品医薬局は，はじめは，「最終製品には豚由来の物質はふくまれていない」と発表していたが，上記再審査の結論を受けて，製品回収を命じたのだった．ハラル認定の評議会内部でも見解が分かれ，大統領までが論争に巻き込まれるという事態になった．

結局，2001 年 2 月末には，新しいプロセスに正式認可があたえられた．刑事事件としての捜査は夏まで続いたが，結果的には訴追にいたることなく終結した．

〔「朝日新聞」および古谷圭一氏（東京理科大学名誉教授）からの情報による〕

もちろん，アメリカ流がグローバル・スタンダードというわけではない．そもそもグローバル・スタンダードなど存在しない．だが，国際舞台で技術者として仕事をするのなら，全米専門技術者協会倫理規程の原文を読みこなすくらいのことは，しておいたほうがよいだろう．

日本の技術者の間にも，アメリカの技術者資格（PE）を取得する動きが増えてきた．2000年には，日本プロフェッショナルエンジニア協会*13（Japan Society of Professional Engineers：JSPE）が結成された．全米専門技術者協会（NSPE）と密接な関係を保ちながら，資格取得を奨励したり，取得の手助けをしたり，会員の継続教育を行ったり，活発に活動している．

*13 くわしくは，http://www.jspe.org/ 参照．

宗教が生む医療の差　事例ファイル 13

幹細胞などの研究者である西川伸一さんが，朝日新聞の「文化」欄に，興味深い文章を書いておられる．以下はその抜粋．

※

イランは，日本人には遠い国だが，人口7千万人，42の医科大学をもち，年間1千例を超す腎移植を行う医療大国で，ヒトES細胞からクローン動物までさまざまな幹細胞研究も行われ，研究のレベルは世界でも先進国だ．

生殖補助医療や，幹細胞研究は，わが国をふくむ多くの国でその倫理性の議論が続いているが，日本で禁止，あるいはモラトリアム（停止）中の「代理母」「卵子提供」「胚提供」などがイランでは許可され，日常的な医療に組み込まれている．

決して野放し状態などではなく，きちんとした法的な手続きを経て許可されている．イスラム法学者（多くは宗教最高指導者）から出される「ファトワ」とよばれる勧告で方向性が示され，必要なら議会で法整備を行う独特のしくみが確立している．日本で議論が続く卵や精子の第三者提供なども，すべて許可する方向で，きめ細かにファトワがだされている．多様な意見の調整に時間がかかる日本などと違い，イスラム教という絶対的な規範が共有される社会だから可能なのだ．

同様に強い影響力をもつローマ法王のさまざまな声明を尊重するカトリック諸国で，イランで可能なことが禁止されているのとくらべると興味深い．普遍的な規範などありえないことを前提に，異なる意見を互いに理解し，尊重しあうことこそ，日本の課題だと考える．

〔西川伸一「生命倫理で大胆な判断―イラン，宗教が生む医療の差」（朝日新聞，2008.11.20）より．本書著者の文言は入っていない〕

6章 製造物責任と技術者

製造物責任の「責任」は「賠償責任」を意味する．英語では“Liability”という．“Responsibility”ではない．製造物責任は“Product Liability”，製造物責任法は“Product Liability Law”という．日本語でも「PL法」とよぶことが多い．PL法は1995年に成立した比較的新しい法律だ．その前後には，PLの言葉が新聞紙上をにぎわした．本章でも「PL」という言葉がしばしばでてくる．

PL法はその成立過程からしてユニークだ．PL問題やPL法を理解するために，その成立過程を見てみよう．

製造物責任法(PL法)とは

まず，次ページの「製造物責任法」の法文をよく読んでもらいたい．法律というと難しそうで，尻込みするかもしれないが，この法律は非常に短く，きわめて簡潔に書かれている．理工系の学生でも楽に読めるから，安心して，必ず読んでほしい．読めばわかると思うが，これは消費者保護を目的とした法律だ．しかし，何から何まで技術者の責任だといっているわけではない．見方を変えると，消費者と技術者の責任範囲を規定した法律ということもできる．技術者が工学倫理と向き合ってゆくには，

本章所載の図表は，第3版で加え，第4版で追補した表6・7を除き，1995年5月31日小林敏弘氏作成の資料「製造物責任と企業の対応」による．ここに転載を了解してくださった小林氏にお礼を申し上げたい．

製造物責任：Product Liability(PL)

《民法709条》
①損害
②加害者の故意又は過失*
③損害と故意又は過失の因果関係

《PL法》
①損害
②製品の欠陥（流通開始時）
③損害と欠陥の因果関係

「欠陥」があれば故意・過失がなくても責任を負うという意味で「無過失責任」ともいわれるが，「欠陥」がないかぎり責任を負うものではない．
損害賠償請求であるため，①～③の立証責任は原告（被害者）にあるのが原則．

＊注意義務違反に置き換え柔軟かつ弾力的に解釈されることが多かった．

図1 PL法導入前後の立証責任要件の違い

製造物責任法(平成六年法律第八十五号)

(目的)
第一条　この法律は，製造物の欠陥により人の生命，身体又は財産に係る被害が生じた場合における製造業者等の損害賠償の責任について定めることにより，被害者の保護を図り，もって国民生活の安定向上と国民経済の健全な発展に寄与することを目的とする．

(定義)
第二条　この法律において「製造物」とは，製造又は加工された動産をいう．
2　この法律において「欠陥」とは，当該製造物の特性，その通常予見される使用形態，その製造業者等が当該製造物を引き渡した時期その他の当該製造物に係る事情を考慮して，当該製造物が通常有すべき安全性を欠いていることをいう．
3　この法律において「製造業者等」とは，次のいずれかに該当する者をいう．
一　当該製造物を業として製造，加工又は輸入した者（以下単に「製造業者」という．）
二　自ら当該製造物の製造業者として当該製造物にその氏名，商号，商標その他の表示（以下「氏名等の表示」という．）をした者又は当該製造物にその製造業者と誤認させるような氏名等の表示をした者
三　前号に掲げる者のほか，当該製造物の製造，加工，輸入又は販売に係る形態その他の事情からみて，当該製造物にその実質的な製造業者と認めることができる氏名等の表示をした者

(製造物責任)
第三条　製造業者等は，その製造，加工，輸入又は前条第三項第二号若しくは第三号の氏名等の表示をした製造物であって，その引き渡したものの欠陥により他人の生命，身体又は財産を侵害したときは，これによって生じた損害を賠償する責めに任ずる．ただし，その損害が当該製造物についてのみ生じたときは，この限りでない．

(免責事由)
第四条　前条の場合において，製造業者等は，次の各号に掲げる事項を証明したときは，同条に規定する賠償の責めに任じない．
一　当該製造物をその製造業者等が引き渡した時における科学又は技術に関する知見によっては，当該製造物にその欠陥があることを認識することができなかったこと．
二　当該製造物が他の製造物の部品又は原材料として使用された場合において，その欠陥が専ら当該他の製造物の製造業者が行った設計に関する指示に従ったことにより生じ，かつ，その欠陥が生じたことにつき過失がないこと．

(期間の制限)
第五条　第三条に規定する損害賠償の請求権は，被害者又はその法定代理人が損害及び賠償義務者を知った時から三年間行わないときは，時効によって消滅する．その製造業者等が当該製造物を引き渡した時から十年を経過したときも，同様とする．
2　前項後段の期間は，身体に蓄積した場合に人の健康を害することとなる物質による損害又は一定の潜伏期間が経過した後に症状が現れる損害については，その損害が生じたときから起算する．

(民法の適用)
第六条　製造物の欠陥による製造業者等の損害賠償の責任については，この法律の規定によるほか，民法（明治二十九年法律第八十九号）の規定による．

附　則

(施行期日等)
1　この法律は，公布の日から起算して一年を経過した日から施行し，この法律の施行後にその製造業者等が引き渡した製造物について適用する．

(原子力損害の賠償に関する法律の一部改正)
2　原子力損害の賠償に関する法律（昭和三十六年法律第百四十七号）の一部を次のように改正する．
第四条第三項中「及び船舶の所有者等の責任の制限に関する法律（昭和五十年法律第九十四号）」を，「船舶の所有者等の責任の制限に関する法律（昭和五十年法律第九十四号）及び製造物責任法（平成六年法律第八十五号）」に改める．

製造物責任についての正しい理解が欠かせない．

p.51の**図1**は，PL法導入前と導入後の，立証責任要件の違いを示している．PL法成立以前は，消費者が，製造物が原因でこうむった損害の賠償責任を立証するのは，たいへん難しかった．準拠できる法律は，「故意または過失」による損害に対する賠償責任を規定した，民法第709条*[1]だけしかなかった．明治29年（1896年）に公布され，明治31年（1898年）に施行された，非常に古い法律だ．原告つまり被害者は，被告つまり加害者に，「故意または過失があり，この故意または過失が原因で損害をこうむった」ことを立証しなくてはならなかった．これでは，製造物に明らかな欠陥があっても，その欠陥が故意または過失によるものであることを立証できないかぎり，賠償請求はできない．消費者はきわめて弱い立場に立たされていた．PL法では，欠陥が原因で損害をこうむったことさえ立証できれば，損害賠償を請求できる．欠陥が故意や過失によるものかどうかは問われない．その意味で「無過失責任」とよばれるが，欠陥がないかぎり責任を問うことはできない．賠償請求だから，この場合も欠陥の立証責任は原告，つまり消費者側にある．

＊1 民法709条

明治29年(1896年)公布
同31年(1898年)施行
故意又は過失によって他人の権利又は法律上保護される利益を侵害した者は，これによって生じた損害を賠償する責任を負う

民法の規定だけで消費者を保護するのが難しいことは早くから指摘され，製造物責任法の必要がいわれていたが，製造者側と消費者側の折り合いをつけるのが難しく，法制化が遅れていた．ただしその間も，裁判所が，民法にいう故意または過失を，注意義務違反におきかえて，柔軟かつ弾力的に解釈されることが多かったという．

法成立以前のPL訴訟事例

PL法成立以前の製造物責任訴訟にどのようなものがあったかを**表1**に示した．深刻で広範な被害をもたらした事例も少なくない．被害の範囲が限定的だったものも含まれている．テレビ発火事件というのは，テレビが原因不明で発火し，火事になった．テレビメーカーに賠償責任があるかどうかが争われた*[2]．バドミントンラケット事件というのは，振ったラケットの先の部分が抜けて，金属製の軸が相手の目に刺さった．ラケットメーカーの過失が問われた事件だ．カビ取り剤中毒事件は，I部8章「事例から学ぶ」の事例研究で取り上げる．

＊2 → web 事例「ナショナルテレビ発火損害賠償請求事件」

製造物責任法成立以前の，日本における製造物責任関係の訴訟は**表2**のようになっていた．厳しい立証要件のためか，合計件数は多くない．分野にもよるが，原告が勝訴した割合は結構高い．しかし，日本の司法

表1 日本のPL訴訟事例(1994年3月まで)

食　　品：	森永ヒ素ミルク事件 カネミ油症事件	家庭用品：	ガス器具不完全燃焼事件 石油ファンヒーター不完全燃焼事件 テレビ発火事件
医 薬 品：	サリドマイド事件 スモン訴訟 クロロキン訴訟	そ の 他：	プレス機による手の負傷 潜水用高圧空気ボンベの爆発 バドミントンラケット事件 カビ取り剤中毒事件
自 動 車：	AT車暴走事件		
建 築 物：	アスベスト事件		

表2 日本のPL関連訴訟の概要(1994年3月まで)

	訴訟件数	原告勝訴	勝訴率(%)	平均訴訟期間(年)
医薬品	19	16	84.2	6.0
食品・水	14	11	78.6	5.3
家庭用機械・器具	10	4	40.0	4.6
自動車	17	6	35.3	4.4
産業用機械・器具	20	14	70.0	4.8
ガス燃焼器具	21	15	71.4	4.2
化学品	9	4	44.4	6.4
不動産	22	19	86.4	6.2
その他	5	1	20.0	3.6
計	137	90	65.7	5.2

制度のもとでは，訴訟に長い年月を要した．このことも訴訟による損害賠償請求をためらわせていたと思われる．

日本企業の外国におけるPL訴訟事例

一方，日本企業の海外進出が進むなかで，海外でPL訴訟に巻き込まれる事例が増えてきた．とくにアメリカで，巨額の損害賠償を支払わされる例が多い．**表3**のような有名な事例がある．あとで述べるアメリカの懲罰的賠償制度によるものだ（p.56）．司法制度の違いによる国際的インバランスの問題もある．ブリジストン・ファイアストン社のRV車タイヤの事件や，最近のタカタのエアバッグ異常破裂事故*3が有名だ．

*3 → 事例ファイル14（p.55）

よくいわれるように，アメリカは何でも裁判の社会だ．ある時期から，企業がPLで懲罰的賠償を課せられるケースが急増した．企業側も防衛に走り，何にでも警告表示がつけられるようになった．たとえば，アメリカの自動車のドアミラーには，わざわざ「このミラーのなかの像は実物より遠く見えます」という文字が焼きつけてある．この表にも，電子レンジの事例がでているが，製造物責任の話で，よく引き合いにだされる逸話がある．かわいがっていたペットの猫が雨にぬれて帰ってきた．

風邪をひかないように乾かしてやろうと，電子レンジでチンしたら死んでしまった．メーカーが警告表示を怠ったとして訴訟を起こしたが，さすがのアメリカでもこの件は認められなかったという．ただし，これはどうやら，PLを解説するための作り話のようだ．

表3 日本企業の海外におけるPL訴訟事例(1994年3月まで)

製品	評決	内容
軽自動車	賠償金582.5万ドル	大型車との衝突により運転者の女性が半身不随に，安全性に欠陥あり．
オートバイ	和解金700万ドル	衝突でガソリンタンクのキャップがはずれ，運転者が火傷を負い，歩行不能に．
乗用車	賠償金935万ドル	追突され後部座席に投げだされ脊椎を折った．運転席に欠陥あり．
オートバイ	賠償金1千万ドル	事故で運転者が四肢障害に．
電子レンジ	賠償金120万ドル	作動中に手を入れ神経を損傷．ドアを開けた際に安全装置が働かなかった．
トリプトファン	賠償金1500億円	食品添加用L-トリプトファンの不純成分で中毒が発生したといわれている．

ブリジストン・ファイアストン事件とタカタのエアバッグ事故　事例ファイル14

ブリジストン・タイヤの子会社，ブリジストン・ファイアストン社(アメリカ)は，フォード自動車の新しいクロスカントリー車「エクスプローラー」用にタイヤを納入した．この車は，操縦性能を上げる目的で，通常よりも低い空気圧が規定されていた．ところが，エクスプローラーは，発売後，高速走行中に横転事故を頻発した．何十人もの死者がでて，自動車の国アメリカをゆるがす大事件に発展した．タイヤのトレッド部分が剥離するのが原因とされ，2000年8月以降，膨大な数のタイヤが交換リコールされた．アメリカの工場の製造能力では間に合わなくなり，日本の親会社の工場からも緊急輸出された．規格どおりの空気圧が守られていれば問題なかったが，空気圧の調整不良で，さらに低い圧力になると事故の原因になるとされた．

両社には損害賠償請求が殺到した．ファイアストン側は，フォードの設計に問題があったと主張したが，フォード側は，ファイアストン側の責任だと主張した．賠償額は莫大な額におよぶと予想された．もともと大先輩であったファイアストン社を，バブル期に買収して子会社としたブリジストン社は，思わぬ苦境におちいった．

2008年ころより，タカタ社製エアバッグ（自動車衝突時の安全装置）の異常破裂による事故で死傷者が発生しはじめた．その後もアメリカ等で事故が続き，15人以上の死者と180人以上の負傷者がでている．乗員を守るべき安全装置が凶器となった．

エアバッグは，衝突感知後，火薬を搭載したインフレーターから発生するガスにより，バッグを膨らませて衝突時の乗員を保護している．タカタ社製のエアバッグには，火薬として硝酸アンモニウムが使用されていた．この薬剤には，高温多湿下での長時間経年劣化により暴発する可能性があると，その後の検討で指摘された．全世界で1億台以上，1兆円規模のリコールに発展した．

タカタは，2017年1月に米司法省と，罰金・被害者への補償金・自動車会社への賠償金として，合計10億ドルの支払いで和解に応じることとなった．同時にタカタの元幹部3人が，詐欺罪などで起訴された．これより先に，米運輸省と最大2億ドルの民事制裁金の支払いで合意しており，この時点で刑事，民事の両方で区切りがついた．これを受けて，タカタは民事再生法の申請を行い，事実上倒産した．

米国には，独立した「PL法」が存在しないので，上記の制裁金や補償金のうち，どれだけがPLに関係するものか判然としない．

（「朝日新聞」などによる）

製造物責任法成立までの経緯

そういった内外の状況のなかで，早くから専門家が研究をはじめていた．一方，1985年には，ECが加盟各国にPL法制定をよびかけ，各国が法律整備を進めた．日本でも，しだいに製造物責任法制定の動きが高まったが，先ほども述べたように，製造側と消費者側の主張のへだたりが大きかった．政治の場でも活発な議論が交わされるようになったが，政党間の対立がはげしく，自民党政権下では店ざらし状態が続いた．事態は細川連立内閣（1993年8月9日～1994年4月28日）の出現で急変した．両陣営の妥協がはかられ，1994年4月に法案が国会に提出された．6月には，これまでの対立が一変して，衆参両院全会一致で可決された．短命に終わった細川内閣の唯一の成果ともいわれている．

そしてPL法は，1994年7月1日に公布，1年間の準備期間をおいて1995年7月1日に施行された(**表4**)．

ではなぜそのように長い間，対立が続いたのか？　おもに三つの争点[*4]があった．消費者側は「推定規定」と「懲罰的賠償規定」の導入を主張した．一方，企業側はこれらに反対するとともに「開発危険の抗弁」の権利を主張した．

「推定規定」とは，製造物の欠陥の証明が困難な場合でも，事故の状況から欠陥があったことが推定される場合には，賠償責任を認めるというものだ．「懲罰的賠償」とは，重大な過失や，重大な注意義務違反が原因で生じた欠陥により，損害をこうむった場合には，アメリカ流に，実際の損害額を大きく上回る賠償を科すというものだ．「開発危険の抗弁」とは，問題の製品が製造された時点での科学知識を基準に，欠陥と見なすかどうかを判断するというものだ．新しい技術の開発を必要以上にためらわせないための規定だ．安全だと信じられていたものにも，科学技術

＊4　製造物責任法のおもな争点
- 推定規定
  欠陥を証明できなくても，欠陥があったことが推定できればよい．
- 開発危険の抗弁
  開発時点での科学知識を基準にして責任の有無を判断する．
- 懲罰的賠償
  重大な過失や注意義務違反があった場合，損害額をはるかに上回る賠償を科す．

表4 製造物責任法成立の経緯

1975年	民法学者による試案
1985年	PLに関するEC理事会指令
1990年～	政府各審議会，自民党各機関で検討
1991年	東京弁護士会試案・日弁連試案
1992年	公明党試案・社会党試案
1994年4月	細川連立内閣，製造物責任法案国会提出
1994年6月	衆議院・参議院全会一致可決
1994年7月1日	公布
1995年7月1日	発効

の進歩にともなって，危険性が指摘されることがありうることに対応しようというものだ．

消費者側は，アメリカ流の厳しい法律をつくらないかぎり，巨大な力をもつ企業に対抗できないと考えた．企業側は，日本の風土には，アメリカ流の制度はなじまないと考えた．また，多くの中小企業は，消費者側が求めているような制度には耐えられないと考えた．日本には，EC諸国のような穏やかな制度がふさわしいと考える専門家も多かった．

最後は，日本的な妥協がなされた．法律はEC流の穏やかなものとなったが，この法案を審議した衆参両院の商工委員会が，多項目にわたる付帯決議を行った(次ページ「参考資料」)．検査・調査機関や紛争処理機関の強化などの消費者・中小企業支援策，消費者教育や製品の警告表示の充実，安全関連法規の整備などが盛り込まれた(図2)[*5]．世界に例のない，優れた制度だと評価されている．

*5　たとえば，日本化学工業協会には「化学製品PL相談センター」が設けられており，消費者・消費生活相談者・事業者・行政等からのPL法事故や化学製品一般に関する相談に応じている．

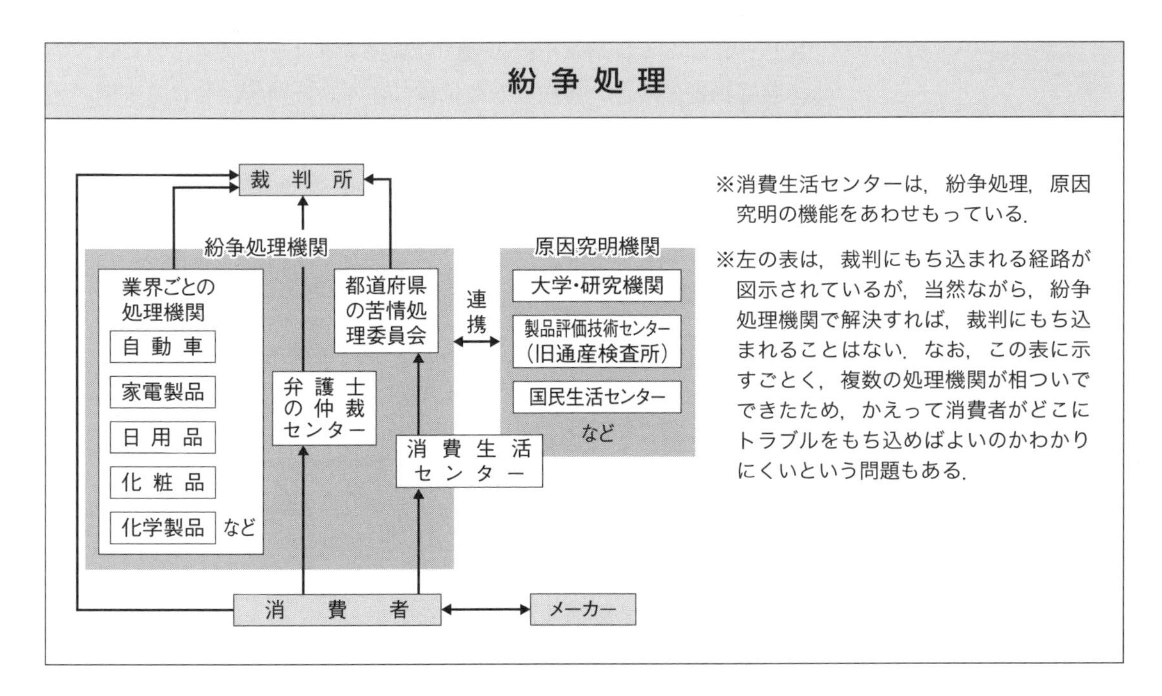

図2 PL制度での紛争処理の流れ
PL法制定時のもの．次々変更されている．

〈参考資料〉 **衆参両院商工委員会付帯決議**

- 被害者の立証負担の軽減を図るため，国，地方自治体等の検査分析機関及び公平かつ中立的である民間の各種検査・調査・研究機関の体制の整備に努めるとともに，相互の提携の強化により多様な事故に対する原因究明機関を充実強化すること．
- 裁判によらない迅速公平な被害者救済システムの有効性にかんがみ，裁判外の紛争処理機関を充実強化すること．
- 中小企業の負担軽減のための相談・指導体制の充実，積極的支援を図ること．
- 事故の再発防止の観点から，事故情報の提出，消費者教育の充実等の措置を図ること．
- 各種法令による安全規制については，最新の技術等の環境の変化に適切に対応させ，危害の予防に万全を期すこと．
- 製品被害の未然防止を図るため，製造者が添付する商品取扱説明書及び警告表示について適切かつ理解しやすいものとなるようにするとともに，消費者の安全に関わる教育，啓発に努めること．

日米欧のPL法比較

成立した製造物責任法は，読んでもらったとおり，きわめて簡単なものだ．具体的な運用は裁判官の判断と，判例の積み重ねに委ねられる．日米欧の制度を比較しながらその内容をおさらいする．

次ページにある日米欧比較表(**表5**)を見てみよう．アメリカには，実は，製造物責任法という独立した法律はなく，裁判所における判例の積み重ねにもとづいて判断される．製造物，製造者，責任原則，欠陥の定義などは日米欧おおむね共通だ．I部1章(p.3, ***6**)でもふれたが，ソフトウェアは製造物と見なされず，対象から除外される．製造物に組み込まれたソフトウェアは対象にふくまれる．「開発危険の抗弁」はおおむね認められている．「推定規定」の条項はどこでも定められていないが，裁判官の判断に委ねられる場合が多い．「懲罰的賠償」はアメリカにおいてのみ認められている．

弁護士に依頼して訴訟を起こしたりするのが容易でない日本では，第三者紛争処理機関の充実をはかることにより，できるだけ訴訟にもち込まなくて済むよう配慮されている．対照的に，弁護士社会のアメリカでは，PL事件が起きると，弁護士が被害者に，競ってPL訴訟を提案したりする．被害者が多額の裁判費用を負担しなくても訴訟にもち込むことが可能な制度になっている．「懲罰的賠償」とあわせ，International Engineering Ethicsの観点からも念頭にとどめておく必要がある．

表5 日本・EC・アメリカのPL制度の比較表(1994年3月当時)

	日本	EC	アメリカ
施行	1995年7月1日	1988年3月より1994年までに11ヶ国制定済み	判例の積み重ね(法としてはない)
製造物	製造または加工された動産．ただし，未加工の農水産物，電気を除く．血液製剤，ワクチンは対象となる．	第一次農産物および狩猟物を除き，電気をふくめての動産．ただしフランス，ルクセンブルグはすべての動産．	未加工農水産物もふくめたすべての動産．一般の不動産，電気はときに争いとなる．
製造者(責任主体)	◆製造者・輸入業者 ◆部品・原材料メーカー ◆製造物に氏名などの表示をした者(OEMなど) ◆製造業者と認めうるような表示をした者	◆製造者・輸入業者 ◆表示製造者 ◆原材料または部品の製造者 ◆供給者(製造者を推定できない場合のみ)	◆製造者 ◆表示製造者 ◆販売業者 ◆輸出入業者 ◆輸出入仲介業者 ◆賃貸業者
責任原則	欠陥	欠陥	欠陥
欠陥の定義	通常有すべき安全性を欠いている場合．具体的には，判例の積み重ねで構築．	人が正当に期待できる安全性を欠く場合．	一般的に採用されているのは， 1．製品が正常な状態から逸脱している場合 2．通常の消費者が合理的に期待できる安全性を欠いている場合
開発危険の抗弁	認める．免責の技術水準は世界的に非常に高度な水準である．	採用は各国のオプション．12ヵ国中フランスとルクセンブルグを除いて認めている．免責の技術水準は世界最高の水準である．	州により認めている，また認める判例が増えてきている．免責の技術水準はまちまちである．
推定規定	なし．ただし，裁判官の行う「事実上の推定」に期待．	なし．ただし，欠陥の存在期間について推定を認めたと解せる規定あり．	なし．ただし，有力な証拠があれば完全な立証とみなす原則がある．
賠償されるべき損害の範囲	人損*は財産的損害と慰謝料．物損は個人，営業用いずれもふくまれる．	人損は財産的損害．慰謝料は各国のオプション．物損は個人．	人損は財産的損害と慰謝料．物損は個人，営業用いずれもふくまれる．
懲罰的賠償	認めない	認めない	認める
証明すべき欠陥の存在期間	流通開始(出荷)時	流通開始(出荷)時	明確な規定なし
企業の責任期間	流通開始後10年．ただし，薬害など長期間経過後に被害がわかるものは損害発生から10年．	流通開始後10年．	販売時を起算として10年としている州が多い．
時効	損害および加害者を知ったときから3年間．	原告が損害，欠陥および製造者を知り，または知ることができた日から3年間．	明確な規定なし．
その他の特徴	◆賠償上限，免責額なし ◆第三者紛争処理機関や原因究明機関の充実をはかる	◆賠償上限については各国のオプション ◆免責額あり ◆対象物に農水産物をふくめてもよい	◆賠償上限，免責額なし ◆陪審員制度 ◆弁護士費用は成功報酬 ◆証拠開示制度 ◆欠陥物自体の損害も争うときがある

*人損の財産的損害とは，治療費や死亡・傷害による逸失利益などの損害である．

PL法制定後の状況

ここまで，PL法制定にいたる事情を中心に，製造物責任について学んできた．では法制定後，何がどう変わったか？　この問題を解析するためには，2012年以降に起こった二つの事件（「小麦由来成分含有石鹸アレルギー事件」と「化粧品白斑被害事件」）の前と後を区別して考える必要がある．後述のように，この二つの事件における多数の集団訴訟が，それまでのPL法訴訟状況を一変させた*6.

PL法制定から2011年までは，当初製造側が心配したようなPL訴訟の急増は見られなかったし，相談窓口への相談や，紛争処理機関への訴えがめだって増えるようなこともなかった．先に述べた付帯決議にもとづく諸施策が功を奏したといえる．

かといって，PL問題がめだって減ったとも思えない．その後も，パロマ湯沸器死亡事故や，松下電器製FF式石油温風機事故，シュレッダー指切断事故など，重大事故が相次いだ．これを受けて，消費生活用製品安全法（1973年制定 略称：消安法）が，2006年と2007年に改正され，重大事故の経産大臣への報告と大臣による公表，長期使用製品安全点検*7，長期使用製品安全表示*8 などが制度化された．さらに2009年には消費者庁が設置され，消費者安全法が制定された．

消費者庁のウェブサイトには，法施行後の全PL訴訟がデータベース化されている．各訴訟の経過も紹介されている．2018年3月29日更新のデータをもとに解析を試みた．**表6**に法施行後の各年に提訴されたPL訴訟の件数を示す．

法制定後から2011年までの訴訟の件数は概ね落ち着いている．しかし，2012年に至って45件と急増し，その内39件が「小麦由来成分含有石鹸アレルギー事件*9」の集団訴訟だった．この事件は，さらに2013年に1件増え，計40件に達している．2013年から2015年にかけては，今度は「化粧品白斑被害事件*10」の集団訴訟が27件におよんだ．このように，これら二つの事件は，PL法訴訟の様相を一変させてしまった．上記の二つの事件では，一つの商品が多数の大衆に被害をおよぼし，その結果，PL訴訟を激増させることになった．その考えが正しいなら，「サリドマイド事件*11」や「森永ヒ素ミルク事件*12」が，もしPL法制定後に起こっていれば，今回と同じ状況が出現したかもしれない．法制定から2011年までは，たまたま大衆に大きな被害をおよぼす事件がなかったことの現れとも考えられる．日本が，急に訴訟社会に変貌したと

*6 → 表6（p.61）および表7（p.62）

*7　経年劣化により安全上支障が生じ，とくに重大な危害をおよぼす恐れの多い以下の9品目について，点検を義務づけた．
- 屋内式ガス瞬間湯沸器（都市ガス用，LPガス用）
- 屋内式ガスバーナー付ふろがま（都市ガス用，LPガス用）
- 石油給湯機
- 石油ふろがま
- 密閉燃焼式石油温風暖房機
- ビルトイン式電気食器洗機
- 浴室用電気乾燥機

*8　経年劣化による重大事故発生率は高くないものの，事故件数が多い以下の5品目について，設計上の標準使用期間と，経年劣化についての注意喚起等の表示を義務づけた．
- 扇風機
- エアコン
- 換気扇
- 洗濯機（洗濯乾燥機を除く）
- ブラウン管テレビ

*9　一般には，商品名「茶のしずく石鹸」の事件として知られている．

*10 → 事例研究 I-8-6（p.83）

*11 → p.54 表1

*12 → 事例研究 II-4-4（p.167）

表6 PL訴訟提訴件数推移（西暦年）

年	'95	'96	'97	'98	'99	'00	'01	'02	'03	'04	'05	'06	'07	'08	'09	'10	'11	'12	'13	'14	'15	計
件	1	2	7	12	10	10	12	11	12	20	13	7	8	7	8	7	8	45	4	9	18	231

は考え難い．

法施行から2015年までに提訴された計231件のうち，製造物責任の視点からとくに興味深い事件を選んで**表7**にあげた．じっくり見てほしい．実にさまざまな事件があることがわかる．

231件のうち，PL法により結審したものが142件ある[*13]．そのうち93件で原告が勝訴し[*14]，残りの49件では敗訴[*15]している．勝訴率は65.8%となる．これは奇しくも，**表2**に示したPL法制定前の65.7%とほとんど変わらない．決着した事件の，提訴から最終決着までの期間の平均は3.0年となる．これには，控訴審や上告審に上げられた事件も含む．この数字は，**表2**に示したPL法制定前の平均訴訟期間5.2年より相当に短い．

こうして見ると，法の施行による変化は以下のようにまとめられる．

① 上記の特別な二つの事件を除けば，訴訟の件数に目立った変化はなかった．
② 勝訴率にも変化はなかった．
③ 訴訟が決着するまでの期間は大幅に短縮された[*16]．

一般的には，PL法の制定によって訴訟件数が増えたということはないが，ひとたび多数の大衆に被害をおよぼすような事件を起こすと，訴訟が激増することが証明された．しかし，それは自然なことであり，日本においてPL法が健全に運用されているといえよう．

立証要件が大幅に緩和されたにもかかわらず，勝訴率に変化が見られないのは，諸施策にもかかわらず裁判にもち込まれるような事案の難しさは変わらないということを示しているのだろう．

以上の解析からは，PL法の制定によって製造物の安全性が改善されたかどうか判断することはできないが，関連諸施策を含めた日本のPL制度の評価は変えなくてよいと考える．

※

一方，法制定後，あらゆる製品の取扱説明書に，あまりにも多項目の警告表示が列挙されるようになり，行き過ぎが懸念されている．とはい

＊13　231件には，同じ事件で原告が異なるもの，被告が異なるものなどが何件か含まれる．231件から，未決着のもの76件，製造物責任は否定されたが他の法律で裁かれたものなど7件，裁判外で和解したものなど6件，合計89件を差し引くと142件になる．

＊14　和解63件を含む．

＊15　提訴後取り下げた事件を含む．

＊16　訴訟期間については，PL法以外の訴訟についても期間の短縮が図られてきたし，法制定後も長期間を要している訴訟もある．決着の多くが和解によるものであることも，訴訟期間の短縮に寄与しているのだろう．訴訟期間が短くなったことで訴訟が増えた形跡は見られない．

表7 製造物責任法による訴訟例

	提訴年	事件名	判決状況
①	1998	コンピュータプログラムミス税金過払い事件 (リースした売上金等管理用計算機にエラー)	敗訴
②	2000	カテーテル破裂脳梗塞障害事件	勝訴
③	2001	低脂肪牛乳等食中毒事件 《5家族9名集団訴訟》	和解
④	2003	トレーラータイヤ直撃死亡事件	勝訴
⑤	2003	24時間風呂死亡事件 (吸水口に女児の髪が吸い込まれ溺死)	和解
⑥	2003	デジタルカメラ欠陥事件 (写真修正費用)	和解
⑦	2003～08	肺がん治療薬死亡事件 《7件》	敗訴
⑧	2005	携帯電話低温やけど事件	勝訴
⑨	2006	ヘリコプターエンジン出力停止墜落事件 《原告：国》 (対戦車ヘリコプター)	一審勝訴 控訴審未決
⑩	1998～2009 2009	こんにゃく入りゼリー死亡事件 《2件》 《1件》	和解 敗訴
⑪	2010	輸入スポーツ自転車部品脱落頚部受傷事件	一審勝訴
⑫	 2008 2010	公営住宅エレベーター戸開走行による死亡事件 《原告：死者の両親》 《原告：地方自治体》(エレベーター交換費用)	 一審未決 一審未決
⑬	2011	ヒートポンプ給湯器健康被害事件 (低周波音被害)	一審未決
⑭	2012～13	小麦由来成分含有石鹸アレルギー事件 《集団訴訟40件》	和解13件 一審未決27件
⑮	2013～15	化粧品白斑被害事件 《集団訴訟27件》	和解5件 一審未決22件

え，警告表示を含む消費者教育が，消費者にも「危険なものを安全に使いこなす」意識を広めるのに貢献したことは間違いない．

引き続き，I部8章にある「家庭用カビ取り剤とPL法」の事例研究(p.80)をとおして，PL問題に関する理解を深めよう．工学倫理一般を理解するのにも役にたつと思う．

7章 実践的技術者倫理のすすめ

ここまで見てきたとおり，「倫理」といっても，そんなに難しく考える必要はない．しかし，読者の皆さんには，これから社会にでて，技術者として活躍してもらうわけだが，20 年，30 年と技術者をやっていると，仕事のうえで必ず，一度や二度は倫理的な葛藤に直面する．これは必ず，ほんとうに必ずある．

読者の皆さんが，技術者として職場に入ったら，忘れずに，本書を取りだして，p.65 を開いて見てほしい．そして，実際に倫理的な問題に出会ったら，また，取りだして見てほしい．

ごく単純なことばかり書いてあるが，公衆の安全，健康，福利のためにも，組織のためにも，そして自分自身のためにも，有用な行動指針だと信じる．倫理にかぎらず，組織で暮らすうえでのふつうの知恵と変わらないこともわかると思う．「工学倫理」は，別に特別なことではない．そもそも，公衆の安全，健康，福利に関係しないことでも，正しいと信ずることを貫くのは，容易ではない．

最後の項目「自分や関係者の言動を正確に記録する」は，自分自身にも，組織のメンバー相互にとっても強力な抑止力になる．チャレンジャー事故のロジャー・ボジョリー*1 もくわしい記録をとっていたという．彼の場合は，事実関係の解明にしか役にたたなかったが，だれもが記録をとるようになれば抑止力になる．記録をとっていなかったり，自分に都合のよい記録しか残していなかったりすると，それだけで疑われたり，責任を問われたりすることになる．記録のとり方には，書き換えできない工夫が必要になる．昨今の事件の報道を見ていても，倫理に反する事件が，どんなレベルであれ公になった場合のことを考えると，これが抑止力になることがわかると思う．

*1 → 事例研究 I-8-1（p.68）

それでも，最後には，内部告発をふくめた判断を迫られる場面もありうる．技術者には，そのような覚悟も必要だ．

内部告発による不祥事の露呈が相次いだ 2002 年ころから，企業内でも，弁護士団体，市民団体，あるいは政府内でも，内部告発を容易にする制度や，内部告発者を保護する制度の検討がさかんに行われるようになった．ところが，経営者団体と市民団体の間に主張の違いがめだち，どこか，製造物責任法制定前夜を思いださせる状況が見られたが，2004年には公益通報者保護法が制定された．PL法制の場合のように，日本の社会になじみやすい，優れた制度に育つことを期待したい*2．ただし，「危険なものを安全に使いこなす」ことが仕事である技術者にとって，そのような事態にいたらないようにするのが，本来の責務であることは変わらない．公益通報者保護法には，I部5章（p.43）でもふれた．万一，内部告発を迫られるような事態に直面した場合には，読みなおしてほしい．

くどいようだが，もう一度念を押しておく．

- 「一にも，二にも，三にも予防」をこころがけよ．
- 「危険予知」「ヒヤリハット」を忘れるな．
- 工学倫理にかかわることは一人で考えるな．
- 三人寄れば文殊の知恵．

読者の皆さんが，これからの技術者人生で，工学倫理にかかわるような事件に巻き込まれることがないように祈る．そのためにも，この本をずっと手元において活用していただきたい．次の「実践的技術者倫理」のページには，すぐに開けるよう，しるしをつけておいた．

*2 補記：現実には，同法施行後も，内部通報が十分しやすくなったとはいえず，企業が通報者を不当に扱うケースもあとを絶たない．そのため同法を強化する必要が指摘されてきた．政府機関でも検討が進められていたが，2018年12月27日，内閣府・消費者委員会が首相に，以下の提言を含む答申を提出した．

①従業員300人超の企業や行政機関には内部通報制度の整備を義務づける．
②保護対象を現役の働き手だけでなく退職者や役員にも広げる．
③行政が，内部通報者が報復人事など不利益な扱いを受けたと判断した場合には，事業者を助言・指導し，悪質な場合には勧告や事業者名の公表も行う．

しかし，今回も経営者側が消極的で，法改正の実現時期は見通せていないという．製造物責任法の場合とは異なり，公益通報者保護制度が根づくまでには，なお紆余曲折が予想される．

実践的技術者倫理

― 組織人のこころえ ―

- あらゆる言動は業務（給料）の一部とこころえよ
- 報告・連絡・相談“ほうれんそう”を忘れるな
- 意見やアイディアの表明は積極的に

― 備えあれば憂いなし ―

- 日ごろからまわりの人と何でも話し合う
- グループ活動の場があれば，日ごろから積極的に参加する
- 日ごろから組織内に尊敬できる相談相手をつくっておく
- 日ごろから相談すべき部署を知っておく

― 仕事の上で倫理にかかわる問題に出会ったら ―

- ともかく，まわりの人たちと話し合う
- グループ活動の場があれば，そこへもちだす
- 尊敬できる人に相談する
- 担当部署に相談する
- 自分や関係者の言動を正確に記録する

8章 事例から学ぶ

事例研究とグループ討議

事例研究とグループ討議は，アメリカのビジネススクールで発達した学習手法だが，工学倫理の学習にもおおいに役だつ．工学倫理は「こころ」の問題を扱う．どのような人物が，どのように考え，どのように行動したかが大事だ．アメリカで起きた事件では，それらが明らかにされているので，事例研究の対象としてたいへん有用だ．反対に，日本で起きる事件では，それらが明らかにされることは，ほとんどない*1．そのため，事例研究の材料にはなりにくい．p.68からはじまる事例研究では，アメリカの代表的な二つの実事例を書き下ろした．

*1　コラム01の*2（p.27）で紹介した本には，技術者個人の行動がくわしく書かれており，日本では珍しい例．

アメリカの教科書には，多くの仮想事例も収録されている．しかし，社会環境が異なるため，日本の教室に向くものは，なかなかない．そこで，いくつかの仮想事例をつくった*2．日本的環境のなかで，どのような人物が，どのような状況下に，どのように考え，どのように行動したかができるだけくわしく描かれている．

*2　web 事例にもいくつか掲載されている．参照していただきたい．

グループ討議の方法

事例について一人で考えるよりも，グループで考えるほうがはるかに効果的だ．グループ討議は，工学生にはなじみが薄いかもしれないが，やってみると結構うまくゆくものだ．理想的には5～6人のグループに分かれて議論する．グループの討議では，必ず全員が自分の考えを述べることが鉄則だ．人によっていろいろな考え方があることを知る．話し合うなかで，自分の考えも広がる．議論した内容を，各グループの代表が発表する．発表内容について，もう一度，全員で議論する．グループによって議論の焦点が異なることも知る．

グループ討議ができない場合でも，事例についての考察を発表し合い，全員で議論するとよい．

事例研究における注意点

事例研究を有意義に行うためには，以下の点に注意する必要がある．

事例研究での注意点

① 工学生や技術者は，ともすると，技術的な面に目を奪われ，倫理問題から外れた議論をしがちになる．実事例，仮想事例を問わず，注意が必要だ．

② 描かれている事実だけをもとに考える．描かれていない部分について想像するのは自由だが，勝手な想定を入れて考察するのは避ける．

それでは，具体的な事例を見てゆこう．

チャレンジャー事故

1986年1月28日，フロリダ州，ケネディ宇宙センターを飛び立ったスペースシャトル・チャレンジャー号は，発射1分後に爆発を起こし，7人の宇宙飛行士の命が失われた．とくに，初の民間人宇宙飛行士，クリスタ・マコーリフの死は，世界中の人びとの涙をさそった．アメリカの宇宙開発は大きな痛手を受け，国家の威信も傷ついた．

固体燃料ブースター・ロケットの胴体からもれた，超高温の燃焼ガスが，外部燃料タンクを貫き，大量の液体燃料に引火し，大爆発を起こしたのだった．スペースシャトルには2基のブースター・ロケットがついていた．それぞれ直径4 m，長さ50 m，重さ1000 tという巨大なものだった．それぞれ，いくつもの継ぎ目なし鋼鉄製円筒で構成されていた．

製造を請け負った，モートン・サイオコール社(以下，モ社)のユタ州にある工場で，四つの部品に組み立て，固体燃料を充填したうえでフロリダまで搬送した．宇宙センターで最終的に四つの部品をつなぎ合わせた．この接合部分をフィールド・ジョイントとよんでいた．

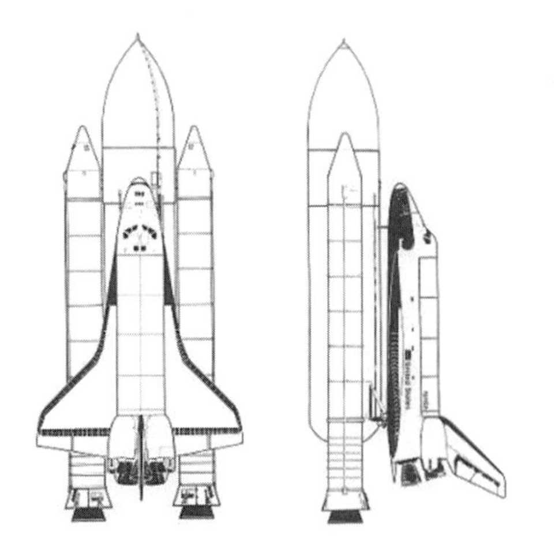

固体燃料に着火すると，円筒内部に燃焼ガスの大きな圧力が発生する．フィールド・ジョイントには，一次・二次の二重のゴム製“O”リングがあって，ガスが外部に漏れるのを防ぐようになっていた．高温の燃焼ガスから“O”リングを守るため，耐熱性のパテが使われていた．“O”リングの長さは1周12 mもあったが，断面の直径は7 mm程度の細いものだった．着火の瞬間に，これがシール部分に密着するという微妙なしくみになっていた．以前から，タイタン・ロケットなどで長年の実績があるシール方法だったが，モ社では，シャトル計画の当初からこのフィールド・ジョイントに問題を感じていた．

モ社の技術者ロジャー・ボジョリーたちは，接合部の働きを解析して，マイナーな改良を重ねてきた．発射後回収されるブースター・ロケットの接合部も毎回点検して，“O”リングの働き具合を調べてきたが，整合性のある解析結果は得られていなかった．ところが，1985年1月24日

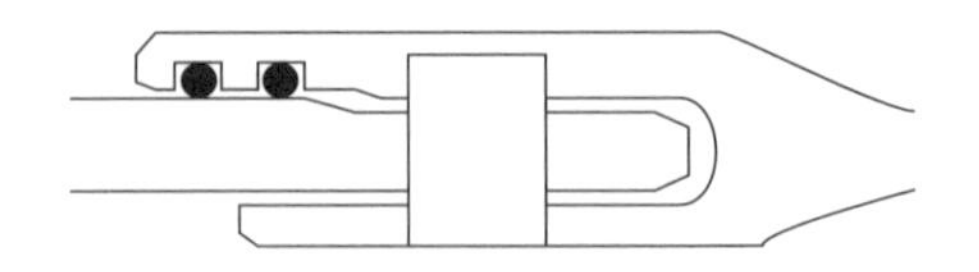

フィールド・ジョイント概念図

●が“O”リングの断面を示す．下がブースター・ロケットの外側．固体燃料に着火すると内圧が発生し，少し変型することで“O”リングが溝に完全に密着するという微妙な設計．

出典：Report of the Presidential Commission on Space Shuttle Challenger Accident

に発射されたシャトルの回収ブースターを点検したボジョリーは，危険な兆候を見つけた．燃焼ガスが，フィールド・ジョイントの長い円周の一部で，一次リングを通り越し，二次リングでかろうじて食い止められていた．その発射が行われたのは，フロリダでは非常にめずらしく寒い日で，気温は12℃を記録していた．

ゴムが低温で弾力性を失ったことが原因になっている可能性が強かった．これまでの発射でも，燃焼ガスが耐熱パテ層を貫いて，“O”リングが部分的に焦げたことはあったが，一次リングを通り越したことはなかった．それ以来1年間，ボジョリーたちは，温度特性に関するベンチ実験を行う一方，くり返し社内上層部やNASAに対し，抜本的な対策の必要を訴え続けてきたが，無視されたり，抑え込まれたりの連続だった．そして，チャレンジャー号打ち上げの前日になった．

当時アメリカでは，レーガン大統領が，連邦政府の財政難ととりくんでいた．NASAのシャトル計画も予算削減の危機に直面していた．さらに実績を積んで，商業飛行への道筋を確立したいNASAは，その1年間，これまでにない回数のシャトル打ち上げを計画していたが，打ち上げ延期が慢性化しかかっていた．チャレンジャー号の今回の打ち上げも，すでに幾度かにわたり延期されていた．そういう状況下，明日はどうしても，という日になって，未曽有の大寒波がフロリダを襲うという気象情報が発せられた．気温は何とマイナス8℃まで下がるという．

発射前夜，NASAとモ社の間で，電話会議が行われた．会議には双方とも，専門技術者と幹部が同席した．モ社側は，ボジョリーたちの主張にそって，発射延期を求めた．至急用意した資料を使って，これまでの調査・研究結果をくわしく報告したが，NASA側は反発した．モ社側が，これまでに実績のない12℃以下での発射は承認できないとするのに対し，NASA側は，12℃には十分な根拠が認められないとして，発射の承認を迫った．

モ社側は，社内打ち合わせのため，会議の中断を求めた．ボジョリーたちは，ふたたび強く延期を主張した．ゼネラル・マネージャーは「もはや，経営的判断を下すときだ」といった．ボジョリーは無視されながらも，必死になって専門技術者としての判断を主張したが，ゼネラル・マネージャーは，ついに，「4人の幹部だけの投票で決する」と宣言した．そして，最後まで延期を主張する技術担当副社長に対し，「そろそろ，技術者の帽子をぬいで，経営者の帽子にかぶりかえたまえ」と迫った．投票の結果は4対0となった．電話会議が再開され，4人が最終的に発射承認書に署名した．モ社は，商売の半分以上をNASAに依存していた．今後の契約のことを考えると，経営陣にはこれ以上，NASAに反対し続けることはできなかった．

そして悲劇が起こった．アメリカ連邦議会は13日間にわたって，70人もの証人を呼んで，事故の原因調査を行った．ボジョリーは率直に事実を証言した．自分の記録も提出した．技術担当副社長は，「途中で態度を変えたのはどうしてか？」と詰問された．NASA内部の情報伝達と意思決定の方法に，深刻な欠陥があったことも指摘された．

事故調査委員を委嘱されたノーベル賞物理学者リチャード・ファインマン博士は，公開の委員会の席上，ネジで締めつけた同じ材質のゴムの塊を氷水に浸す実験をしてみせ，委員や大衆を納得させた．電話会議のメンバーは，モ社側もNASA側もすべて技術者だったのだが……．翌朝の気温はマイナス8℃になるというのに，12℃で攻防が行われたというのも解せない．全員が落とし穴にはまったのだろうか？　調査報告書を見てもよくわからない．

以下の文献・資料をもとに作成した．

* Online Ethics Center: Roger Boisjoly on the Challenger Disaster (2002 , June 27). Retrieved January 14, 2003 from the World Wide Web: http://onlineethics.org/moral/boisjoly/RB-intro.html
* William Rogers, et al., "Report of the Presidential Commission on the Space Shuttle Challenger Accident," Washington, D.C (1986)
* C. E. Harris, Jr., et al., "Challenger Accident," "Engineering Ethics — Concepts and Cases," 2 nd edition, Wadsworth, CD-ROM (2000)
* NHK総合テレビ　2000年3月12日放送　NHKスペシャル「世紀を越えて」"巨大旅客機墜落の謎"のなかの"チャレンジャー爆発—葬られた警告"
* ニューヨーク・タイムズWeb版 http://www.nytimes.com/ 2012 / 02 / 04 /us/roger-boisjoly-73-dies-warned-of-shuttle-danger.html?emc=eta1
* NHK BS-1　2006年6月18日放送　世界のドキュメンタリー"検証　チャレンジャー爆発事故"　英国パイオニア・プロダクションズ　2006年製作

※

ボジョリーは，議会での証言後，社内情報を勝手にもちだしたとして左遷され，モ社の城下町からも村八分扱いされた．彼は，周囲から非難される以前から，自分の技術者としての至らなさを悔やみ，自分を責めていた．電話会議で説明すれば，NASAの人たちも当然納得してくれるものと高をくくっていた．自分の準備が足らなかったと．その結果，彼は強度の神経症に陥り，ユタ州を逃れた．その後，アメリカ科学振興協会から，身の上をかえりみず，技術者としての責務を貫いたとして表彰され，ようやく元気を取り戻した．そして，企業倫理の研究者として，全国を講演して回るようになっていた．

2003年2月1日には，コロンビア号が地球への帰還時に空中分解した．発射時にはがれた液体燃料タンクの断熱材が，シャトル本体の耐熱タイルを直撃したことが原因だった．チャレンジャー事故の教訓が生かされず，この件でも，現場技術者の警告をNASA幹部が軽視していたことがわかった．フライトは2005年に再開されたが，断熱材の問題は十分解決できていないと結論された．

1981年の初飛行以来30年，都合5機が135回の飛行を重ねたスペースシャトルも，2011年7月に全面退役した．生き残った3機も，シャトル計画全体も，寄る年波に勝てなかった．この，まさに"チャレンジング"な有人再利用型宇宙輸送機計画は，2度の悲劇を乗り越えて，宇宙開発に偉大な足跡を残したが，後継計画は決まっていない．

2012年2月3日のニューヨーク・タイムズは，ロジャー・ボジョリーが同年1月6日にユタ州で病死していたと報じ，長文の追悼記事を掲載した．73歳だった．事故から26年，彼の技術者としての責任ある行動を改めて評価するものだった．シャトルの後を追うような彼の死も，直後には現地でしか報道されなかったという．ボジョリーは熱心なモルモン教徒だったそうで，最後はモルモンの本拠地ユタ州に戻ることが叶ったようだ．彼の技術者としての行動は，厳格な戒律で知られるモルモンの教えに根ざしていたのかもしれない．

シティコープ・ビル

1977年，マンハッタンの中心部に完成したシティコープ・ビルは，非常に奇抜な形をしていた．実は，ビルが建つ前，その街区(ブロック)の一角に古い教会が建っていた．シティコープは，教会と大胆な取引をした．シティの負担で，老朽化したゴシック風の教会を，独立したモダンなデザインに建てかえ，その代償として，教会の敷地の，上空の占有権を譲り受けるというものだった．そして，シティは，独創的な構造設計で定評のある，ウイリアム・ルメジャーの設計事務所にビルの構造設計を依頼した．

その設計は確かに奇抜なものだった．9階分の高さの4本の巨大な柱が，敷地の四隅ではなく各辺の真ん中に立ち，その上に50階建てのビルが乗っていた（計59階)．これで教会を地上のもとの位置に建てなおすことが可能になった．ビルの本体部分は軽量構造にし，8階ごとに「すじかい」をかけ，これで重量を主柱に伝える方法をとった．「すじかい」はこの高層ビルの壁にかかる風圧を受け止める役割も受けもっていた．そのうえ，ビルの頂上に，400 tのコンクリートの塊を油圧支持した重量ダンパーをもうけ，風によるゆれを吸収するようにした．重量ダンパーを高層ビルに用いるのも世界で初めてだった．この建物は，当時，世界で7番目の高さを誇っていた．アルミニウムとガラスのカーテンウォールに覆われた，白銀色のスリムなタワーが，2対のたけうまに乗って，ひときわ優雅にそびえていた．ルメジャーは自分の設計をこのうえなく誇りに思っていた．

ところが，翌1978年7月，マサチューセッツ州ケンブリッジのルメジャーの事務所に，ニュージャージー州の，某大学の建築科の学生から電話があった．その学生は教授から，シティコープ・ビルについてレポートを書くようにいわれていた．教授は，あの建物の主柱は，辺の真ん中ではなく四隅にあるべきだといっているという．ルメジャーは，あなたの先生は私の設計を理解していないと反駁したうえで，なぜあのような設計になっているかをていねいに説明した．そして，この斬新な構造で，対角方向の風に対しては，かえって強くなっているとつけ加えた．ただし，ニューヨーク市の建築基準は壁面に対して直角方向の風

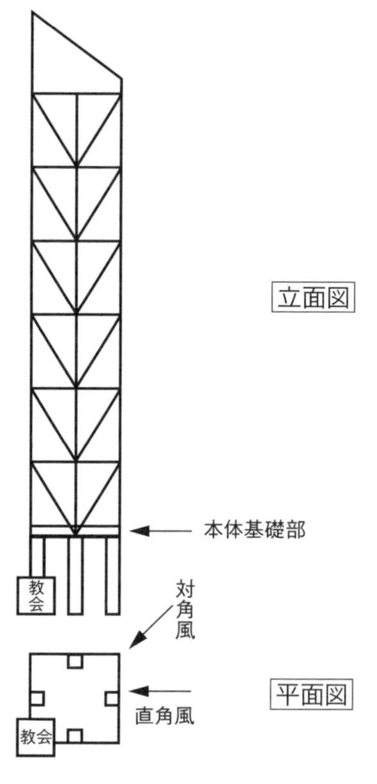

シティコープ・ビル構造概念図

に対する強度計算しか要求していなかったので，実際には，だれも対角方向の風の影響は計算していなかった．ルメジャーはこの計算は，学生の演習問題にうってつけだと思った．彼は，ハーバード大学建築学科の構造設計の講師も務めていたので，そこの学生たちの課題にしようと考えた．

彼が，その気になったのは，その学生からの電話のせいばかりではなかった．実は，ひと月ほど前に，こんなことがあった．

ルメジャーは，ピッツバーグの新しいツインタワー計画のコンサルティングに出向いていた．そこでも同じ「すじかい」構造を提案したが，溶接のコストが問題になった．そこで，自分の事務所のニューヨーク分室に電話をかけ，シティコープ・ビルの「すじかい」の接合部の溶接にいくらかかったかを聞こうとした．ところが，おどろいたことに，施工計画の段階で，やはりコストが問題になり，接合部を完全溶接する仕様をボルト止めに変更したという．しかし，それでもまだニューヨークの建築基準には十分すぎるほどの強度があるとのことだったので，ルメジャーは，とくに心配はしていなかった．施工段階での，このような変更はめずらしいことではなかったし，何から何まで，遠くの本部に相談していたのでは，ビル建設などできるものではなかった（原文献のママ）．

ところが，授業の準備のために計算をしてみると，予想外の結果がでてきた．風が対角方向からくると，なんと各層の「すじかい」の半数は，直角方向の風の場合よりも40％余分の力を受け，さらに接合部のボルトにかかる力は160％も増えるではないか．30階にある接合部に最も大きな力がかかる．もし，そこの接合部が破断すると，ビル全体が一気に倒壊するのは明らかだった．重量ダンパーは，ゆれを吸収するのには有効だが，応力を減らす効果はあまり期待できない．ルメジャーはうろたえた．

彼は，ただちにニューヨークに飛んだ．分室の技術者に確かめたところ，工事仕様の変更をした際，対角方向の風は計算に入れなかったという．そのうえ，悪いことに，ニューヨークの建築基準は，柱の接合部については，このような風による力の集中を考慮して，十分な安全率を折りこんでいたが，梁についてはそのような考慮はなされていなかった．そして，まずいことに，ニューヨーク分室が「すじかい」の強度計算をしたとき，柱ではなく梁の基準を適用したという．

彼は次に，設計の過程で風洞実験を依頼したカナダの大学に飛んだ．耐風工学の専門家たちの判断は，さらに厳しいものだった．風によるゆれを考えると，ルメジャーの計算よりも，もっと大きな力がかかるというのだ．彼らにもらった気象データと比較してみると，シティコープ・ビルは「16年に1度の嵐」（16年に1度の頻度でマンハッタンを襲う可能性がある程度の嵐）で倒壊することになる．しかも，今年のハリケーン・シーズンまで，あまり間がなかった．

ルメジャーはひと晩，悩みに悩んだ．このことを打ち明ければ，彼の建築家としての評判に大きなキズがつくだろう．そして，彼の設計事務所はたいへんな額の損害賠償を請求されるだろう．彼は一瞬，自殺することまで考えた．しかし，もし「16年に1度の嵐」がきてビルが倒壊したら，たいへんな数の人たちが犠牲になる．このことを知っているのは自分だけだ．そのような悲劇を防げるのも自分だけだ．彼はすばやく，敢然と行動した．まず，設計事務所が加入している損害賠償保険の会社と，ビルの建設を請け負ったゼネコンに通報した．そのうえで，構造を補強する計画を立て，それに必要な時間と費用を見積もり，ただちにシティコープにすべてを報告した．1億

7500万ドルもの巨費を投じた自慢のシンボル・タワーが，倒壊の危機に瀕していると知らされたシティコープも，実力者会長が陣頭に立って，すばやく反応した．ルメジャーの補強計画を受け入れ，ただちに実行に移した．

保険会社は，構造設計と災害対策を専門とする有能な技術コンサルタントを派遣してきた．このコンサルタントは，ルメジャーの予想を超えた，徹底した危機管理対策を提案した．シティコープは，ニューヨーク市，ニューヨーク市警察，赤十字にも協力を要請した．テナントや一般市民に不安をあたえないように，隠密裏に，緊急事態にそなえた大規模な避難計画が準備された．工事は深夜に集中して行われ，昼間にはめだたない工夫がなされた．広報にも万全を期した．去年完成したばかりの超高層ビルで補強工事が行われるというのは，ただごとではなかった．ところが，運のよいことに，簡単なプレス・リリースの内容が報道された翌日から，ニューヨーク市の新聞労働組合が長期ストに入ってしまった．そのおかげもあって，騒ぎになることなく，工事は順調に進んだ．

補強工事は，ルメジャーの綿密な計画にもとづき，危険度が高い箇所から順に行われた．幸い，シティコープ・ビルの場合，「すじかい」の接合部は，外壁の内側にあったので，工事は比較的容易だった．テナントに迷惑がかからないように，工事現場は壁で囲い，その中で作業をした．ボルト止めの部分を厚い鋼板製のバンドエイドではさんで，今度は完全に溶接した．工事を一刻も早く進めるため，シティコープもニューヨーク市も，あらゆる便宜をはかった．

9月初め，補強工事がなかば進んだころ，ハリケーンが大西洋岸をニューヨークに向けて北上しはじめたとの予報が入った．ルメジャーは，補強工事が進んだので，今では「200年に1度の嵐」にも耐えられるはずだといって，関係者たちを安心させようとした．運よく，ハリケーンは大西洋のほうへとそれてゆき，ことなきをえた．それでも，工事現場の人たちや，最悪の事態にそなえてテナントや近隣住民の避難計画を担当することになっていた責任者たちは，ずいぶんひやひやさせられた．まもなく，補強工事が完了し，シティコープ・ビルは「700年に1度の嵐」にも耐えられる構造になった．今や世界一風に強い高層ビルといってもよい．ルメジャーはようやく胸をなでおろした．

ところが，工事が終わると，こんどは，シティコープの弁護士たちが，ルメジャーの事務所に損害賠償の話をもち込んできた．この一件でシティコープに発生した支出は，ルメジャーが当初予想した直接の工事費の何倍にもあたるだろうという．最終の金額は未定だったが，400万ドルとも800万ドルともいわれていた．保険会社からは，200万ドルまでしか補償できないといってきた．ルメジャーはふたたび窮地に立った．しかし，シティコープの経営陣は，今回のルメジャーの行動を高く評価していた．彼の勇気ある的確な対応のおかげで，惨事を回避することができ，銀行の信用も損ねずに済んだ．シティとの間で200万ドルの示談が成立した．

それでもなお，ルメジャーの事務所は，この件で損害賠償保険の料率を上げられる恐れがあった．設計事務所の経営には大きな痛手になりかねなかった．事務所の担当者は保険会社に，今回の事件では，ルメジャーの責任ある行動によって，はるかに巨額の保険金を支払わねばならない事態を回避できたのだと主張した．その結果，保険料率は何と逆に引き下げられた．

まもなく，新聞ストも終わったが，そのころには工事もすっかり終わっていたので，それ以上，マスコミに追及されることもなかった．この事件は，その後もずっと伏せられていたが，1995年になって，『ニューヨーカー』誌にくわしい物語が掲載された．ルメジャーの技術者魂にもとづく行動と，多くの関係者たちの的確な対応は，たちまち評判になった．技術者たちからも，ルメジャーに支持と賛辞が寄せられた．多くの技術者は，もし自分が同じような事態に直面したとしたら，「そんなに良心的に行動できただろうか？」と自問したという．

※

なお，シティコープ・ビルの全体設計は，ヒュー・スタビンズという建築デザイナーが行った．ルメジャーの独創的な構造設計が，スタビンズのデザインを可能にした．スタビンズとルメジャーのコンビは，1993年に竣工した日本一高いビル（当時），横浜みなとみらい21地区のランドマークタワーの基本設計も担当したという（三菱地所株式会社からの情報による）．

以下の文献・資料をもとに作成した．

* Joe Morgenstern, “The Fifty-nine Story Crisis,” *The New Yorker*, May 29, pp.45-53 (1995)
* “Hugh Stubbins: Architecture in the Spirit of the Times, ヒュー・スタビンズ：現代精神をもつ建築”, *Process Architecture*, 第10号(1979)
* Online Ethics Center: William LeMessurier: The Fifty-Nine-Story Crisis; A Lesson in Professional Behavior (2002, April 20). Retrieved January 14, 2003 from the World Wide Web: http://onlineethics.org/moral/lemessurier/lem.html
* ビデオ教材 “The 59 Story Crisis：A Lesson in Professional Behavior”, 70 minutes, William J. LeMessurier
(『ニューヨーカー』誌に記事が書かれてから間もなく，ルメジャーがマサチューセッツ工科大学機械工学科のセミナーで行った講演を収録したもの．彼がこの事件について公開の席で話したのは，これが初めてだったという）．上記Online Ethics Centerが頒布している．
* C. E. Harris, Jr., et al., “Engineering Ethics,” 2 nd edition, Wadsworth (2000), pp.3-4

※

NY Times.comの2007年6月21日付記事は，シティコープ・ビルの事件で構造設計者仲間の英雄となったウイリアム・ルメジャーが，6月14日メイン州で，81歳で亡くなったと報じた．記事はまた，赤十字が後に行った推算によると，この25,000トンの建物が倒壊すれば，20万人もの死者がでる可能性があったとしたうえで，事件はその後17年間も伏せられていたこと，それには新聞ストが影響したことにも言及している．

実験廃液

R 大学理工学部を去年卒業したばかりの鈴木次郎は，S 塗料(株)の研究所で，新しい水性塗料の開発にあたっていた．易分解性の原料を用いた，「環境にやさしい塗料」がうたい文句だった．塗布前は易分解性だが，塗布後は耐侯性が要求された．ある日，実験の後始末をしているうちに，手をすべらせ，ビーカーを流しに落としてしまった．20 ミリリットルほどの実験廃液が排水溝に流れてしまった．規則では，すべての実験廃液は，量にかかわらず，種類別に，廃液用の容器に捨てることになっていた．

次郎は大学で聞いた工学倫理の授業を思いだし，すぐに上司の主任に報告した．主任は「濃度も低く，量も少なく，易分解性だし，原料も毒性のないものばかりだから，大丈夫だと思うが，念のために環境管理室に連絡しよう」といった．主任からの急報で，実験室排水一時貯槽の出口が遮断された．次郎と主任は環境管理室に駆けつけ，詳細を説明した．特別の処置も，社外への報告もせず，経過を見ることになった．30 分後，一時貯槽内の排水の濁度が許容限度の半分程度に達したが，その後，貯蔵水量が増えるとともに低下した．6 時間後，貯槽内の水が容量の 4 分の 1 に達した時点で，環境管理室は貯槽出口の閉鎖を解除した．本件の経緯は，ヒヤリハット情報として，研究所内に流された．

翌月，同じ製品の耐候性試験を担当していたベテラン技術者山田三郎は，先週とった休暇の代わりに日曜出勤して，試験サンプルの塗布を行っていた．真夏の暑い日だった．休日は冷房が止まるので，ふだんは実験室内で行う作業を，屋外の日陰にでて行った．日が傾くまで働いて，ようやく塗布作業を終え，後始末をはじめた．薄暗がりのなかで，足元においていた，試験サンプルの残りが入った缶にけつまずいた．ちょうど雨水溝の格子蓋の上だったので，液は雨水溝に流れ落ちた．量はたかだか，数十ミリリットルだろうと思った．

三郎は，先日のヒヤリハット情報のことを思いだした．しかし，日ごろから何かと意見の合わない研究室長に報告するのは，気が進まなかった．この間のとよく似たヒヤリハットだ．多分，大丈夫だろう．余計な報告をしたら，来期の定期異動で期待している，主任への昇格にも影響しそうな気がした．しばらく迷ったが，そのまま帰宅した．疲れを晩酌でいやしているうちに，失敗のことも忘れて寝てしまった．

その夜，軽い雨が降った．雨水溝の水は，直接，研究所の敷地にそった小川に流れ込む構造になっていた．小川の水はすぐ下流で，農業用水として利用されていた．翌早朝，農家の人が，田んぼの水が肉眼でわかる程度に白濁しているのを見つけて，市役所に通報した．

市はただちに調査を行い，汚染源は S 塗料の研究所と断定し，朝一番に立ち入り検査に入った．出勤した三郎は，環境管理室によびだされた．前日，出勤していたのは三郎しかいなかった．三郎はありのままを話した．

実は，三郎が流したサンプルは，次郎が流した実験廃液の 10 倍の濃度があった．幸い，小川や田んぼの白濁は半日で消えた．会社は，市と農業組合にありのままを報告し，無害の易分解性塗料のサンプルだったと説明したが，経過を慎重に調査することになった．

市はただちに改善命令を発した．研究所内の雨水溝の随所に貯槽をもうけ，緊急時には実験排水貯槽へポンプで送るように，との内容だった．その後1年間，農家側に取り立てた実害は発生しなかったが，市はS塗料に環境保安協定違反で罰金を課すとともに，農業組合に和解金を支払うよう勧告した．新聞の地方版や，テレビの地方ニュースでも報道された．

あくまで仮想事例で，実在の人物や組織とは何ら関係しない．技術面で，厳密に現実的な話かどうかも問わないでほしい．また，工学倫理教育以外の目的に使用することは控えていただきたい．

ゴルフボール

N電子（株）の集積回路工場・品質管理部に所属する鈴木真理子は，K大学理学部を卒業して5年，仕事にも慣れ，新しく購入する，ある高価な特殊試薬の納入業者の選定を任されることになった．購買本部が推薦した5社からもち込まれたサンプルの分析を行った．半導体規格の高純度が要求されるので，最新鋭の分析機器を駆使した．真理子は仕事にやりがいを感じていた．

分析の結果，半導体プロセス部から提示された規格に合格したのは，総合薬品メーカーA化学と，特殊試薬専門メーカーB薬品の2社だけだった．A化学のサンプルは全項目について規格を十分にクリアーしていた．B薬品のサンプルも1項目以外は十分クリアーしていたが，ナトリウムの濃度だけは，あまり余裕がなかった．しかし規格は満たしていた．A，B両社とも，これまで長年の取引実績があり，品質保証体制もN電子の審査に合格していた．

購買本部の担当課長と同席して，A化学とB薬品の営業マンと個別に面談し，両社から見積書を受け取った．B薬品のほうが40％も安かった．購買課長と真理子は，B薬品の営業マンに，品質の安定性を確かめたいので，製造ロットの異なるサンプルを5点，追加提出してもらいたいと申し入れた．

B薬品の営業マンは帰りぎわ，購買課長に向かってB薬品のロゴマークが入ったゴルフボールを差しだした．そして真理子に「鈴木さん，ゴルフはなさいますか？」とたずねた．真理子は「大学でゴルフ同好会に入っていましたが，会社に入ってからはご無沙汰しています」と答えた．課長が「じゃー，これは鈴木さんが」といって，ボールを真理子に手渡した．

社外の業者と直接折衝するのは初めての経験だったし，営業マンはスポーツマン・タイプで好感のもてる青年だった．真理子はわずかに高揚した気分で，深く考えずにボールを受け取った．

真理子は丸2週間，B薬品から新しく提出された5ロットのサンプルの分析に没頭した．いずれも最初のサンプルと，ほぼ同様の分析結果を示した．B薬品から提出された分析データともよく一致していた．真理子は直接の上司の分析課長に経過を報告し，課長の承認印を得た分析報告書と，5ロットのサンプルを半導体プロセス部に送付した．1ヵ月後，半導体プロセス部から，プロセス試験にも合格したとの連絡を受けた．

真理子はふたたび購買課長と同席して，この間の営業マンと面談した．購買課長は真理子の分析結果を示し，B薬品側で全ロットに分析保証データを添付することを条件に，発注を内示した．納品は，N電子で新しい集積回路の生産がはじまる，2ヵ月後からということになった．真理子は，分析課長と半導体プロセス部から受けていた指示にしたがい，営業マンに対して，ナトリウムの濃度が規格を外れることがないよう，とくに念を押した．

営業マンは発注内示のお礼を述べたうえ，「再来週あたりゴルフはいかがですか？」と切りだした．B薬品のB社長が名門Qカントリー・クラブに招待するという．「鈴木さんの腕前も拝見させてください．社長からも，ぜひお誘いするようにいわれてきました」．B社長はK大学理学部の先輩にあたる女性だという．真理子は，予期しなかった招待にとまどって，購買課長のほうを見た．

課長は物慣れた様子で,「鈴木さん, ご一緒しましょう」といった.

品質管理部に戻った真理子は, 分析課長に, B薬品との面談内容を報告した. 課長から「ひと仕事できましたね」と, ねぎらいの言葉があった. 課長はゴルフをやらないことを知っていたので, ゴルフの招待があったことはいいだしそびれた.

2週間後の週末, 4人はQカントリー・クラブでプレイを楽しんだ. 真理子がコースにでたのは本当に久しぶりだった. スコアーは散々だったが,「さすがはゴルフ同好会, 華麗なスイングですね」とおだてられた. ほかの3人は手馴れたプレイぶりだった. B社長は, 磊落なビジネスウーマンといった人柄で, 真理子を気に入った様子だった. 気分よく一日を過ごした帰りぎわ, ロビーで予期しない人にでくわした. N電子の工場長だった. 工場長もQカントリー・クラブの会員だという. 顔なじみらしいB社長は, 工場長に歩み寄って今回の受注のお礼を述べ,「鈴木さんには分析でたいへんお世話になりました」とつけくわえた. 工場長も「鈴木さん, それはご苦労でした」と微笑んだ. 真理子は, 少しどぎまぎして言葉をだせなかったが, あいまいに微笑み返した.

真理子はその後, 別の材料の品質検査に没頭し, 例の試薬のこともゴルフのことも, とくに意識することなく2ヵ月が過ぎた.

新しい集積回路の最初のロットが性能検査に入ったところで問題が発生した. 半分の製品が規格外れと判定されたのだ. プロセス管理部が原因調査にあたり, 真理子も徹夜で薬品類の分析を手伝った. 何としたことか, 例の特殊試薬の, 一部のロットのナトリウム濃度が, 規格限度の2倍もあることがわかった. 主要薬品については, プロセス管理部が全ロット受け入れ分析を行うが, 使用量が少ない特殊試薬については, メーカーが製品に添付してくる分析保証データで判断することになっていた. B薬品からのデータは, サンプル段階ととくに変わらなかった.

B社長と営業マンがそろって謝罪に現れた. 今回のN電子向け特殊試薬の全ロット分析で, B薬品の分析室がオーバーワーク状態になり, 納期を急かされた担当者が, 一部のロットの分析を怠り, データをねつ造していたことが判明したという.

工場長以下が出席して緊急会議が開かれた. 真理子も出席して, 問題の特殊試薬の納入業者選定経緯を説明した. プロセス管理部長は, ナトリウム濃度が低かったA化学のほうを選ぶべきではなかったかと, 半導体プロセス部長と品質管理部長に迫った. 半導体プロセス部長は, B社のデータねつ造は許せないが, この特殊試薬のナトリウ

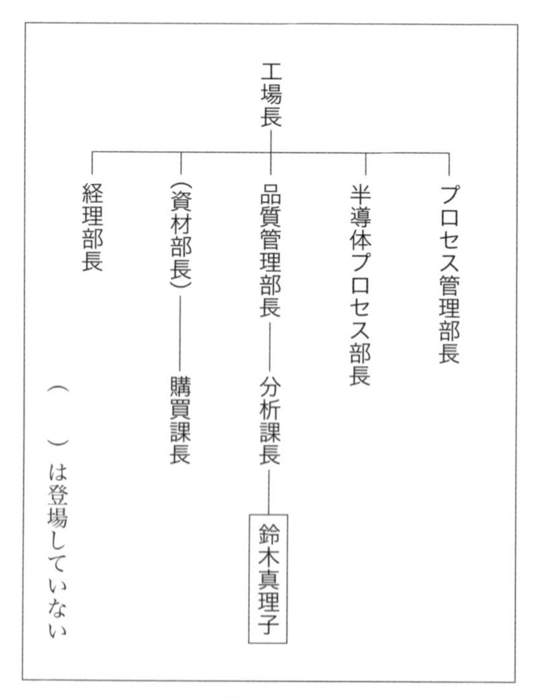

参考：N電子(株) 集積回路工場組織図

ムが今回のトラブルの原因である可能性は少ない．この試薬は，ごく低濃度でしか使用していないので，ナトリウム濃度が規格値の2倍になったぐらいでは，こんなことは起きない．ナトリウム濃度の規格には，十分な余裕がとってある．トラブルの原因調査は継続中だ．引き続き各部門の協力をお願いすると述べた．真理子は，ほっと息を継いだ．

続いて，経理部長から，N電子の損害が莫大な額にのぼることが報告された．真理子には，気が遠くなるような額だった．

真理子は，そっと正面の席にいる工場長の顔をうかがった．ゴルフ場で会ったときとは違った厳しい表情で，真理子のほうを睨んでいるような気がした．彼女は思わず顔を伏せた．徹夜明けで疲れ果てた頭はパニック状態におちいった．

Harrisらの教科書の“Golfing”と題する事例をヒントに作成した．あくまで仮想事例で，実在の人物や組織とは何ら関係しない．技術面で，厳密に現実的な話かどうかも問わないでほしい．また，工学倫理教育以外の目的に使用することは控えていただきたい．

家庭用カビ取り剤とPL法

家庭用カビ取り剤の誤用による死亡事故が相次ぐという事態に，消費者，技術者，業界のみならず，政府，政党，議会，弁護士，裁判所までが反応した．

死亡事故

1987年12月，徳島県の主婦が，塩素系カビ取り剤と酸性洗浄剤を一緒に使い，発生した塩素ガスを吸って死亡するという事故が起きた．その直後に兵庫県で，さらに1年余りあとの89年1月にも長野市で，同様な事故が起きたと報じられた．兵庫の件は別の病因によるものと断定されたし，長野の件も死因は塩素によるものとは断定されなかったが，これら一連の事件は，カビ取り剤をふくむ，塩素系家庭用化学品の安全性にとって大きな警鐘となった．

官庁の対応

事態を重く見た厚生省と通産省(当時)は，業界に対し安全対策の強化を指導するとともに，非公式ながら，ふたたび死亡事故が発生した場合には，一切の塩素系家庭用化学品の販売禁止を考えざるを得ない旨を示唆した．

業界の対応

> 次亜塩素酸ナトリウムを含むアルカリ性洗浄剤です．酸性の洗剤や洗浄剤と混合すると塩素ガスを発生し危険ですので一緒に使用しないでください．

カビ取り剤，洗濯用漂白剤など，塩素系家庭用洗浄剤には，以前から裏ラベルに上のような注意表示がなされていたが，死亡にはいたらないまでも，誤用による中毒事故が散発していた．

関係業界では安全対策のための協議会(複数)を設立し，技術者グループが，製品の処方や表示に関する自主基準制定の準備を進めていた矢先のことだった．死亡事故を受けて作業を急ぎ，次亜塩素酸およびアルカリの濃度を極力低く抑える基準を定めるとともに，次のような厳しい警告を製品の表ラベルに表示するよう義務づけた．

> **まぜるな危険 塩素系**
>
> ●酸性タイプの製品と一緒に使う(まぜる)と有害な塩素ガスが出て危険。●必ず換気をよくして使用する。●液が目に入ったらすぐ水で洗う。●子供の手にふれないようにする。

技術者の対応(1)

メーカーの営業部門は，製品の顔である表ラベルにそのような表示をしたのでは消費者に敬遠されると反発したが，技術者たちはその説得に努めるとともに，処方の変更と，表示の改訂を実施した．営業部門もテレビ・コマーシャルなどを通じて消費者の安全教育に乗りだした．

消費者の反応

営業部門の危惧に反し，死亡事故後，足ぶみしていた家庭用カビ取り剤の売り上げは，以前を上回る勢いで成長した．それまで，効果は抜群だが危ないとのイメージをもっていた消費者に，混ぜなければ安全との認識が浸透した結果と考えられる．

製造物責任(PL)法の成立

一方，これらの事件や，同じころに起きたオートマチック車の暴走事故などは，以前から続いていた製造物責任法の制定運動を燃え上がらせた．弁護士会や政党が相次いで試案を発表した．産業界と消費者団体，保守政党と革新政党の間で，法案をめぐって激しい対立が続いた．1994年，細川連立内閣の登場により，ようやく妥協がはかられ，同年6月，衆参両院全会一致で成立した．94年7月1日に公布され，95年7月1日に発効した．国会審議では，衆参両院商工委員会が，製品検査機関や紛争処理機関の整備を求める付帯決議を行うという，異例の立法となった．

成立した製造物責任法は，わずか6ヵ条のきわめて簡潔な法律で，具体的な事件についての判断は裁判所に委ねるものだった．内容的には中庸を得たものだったが，産業界は，製造物責任を問う訴訟が一挙に増えるのではないかと危惧した．消費者団体は，妥協の産物の法律では消費者の安全は守れないのではないかと危惧した．一方，PL法公布から発効までの準備期間に，各産業界とも製品の安全対策に注力するとともに，製品の安全表示を整備した．政府・産業団体・消費者団体などの協力のもとに，製品検査機関や紛争処理機関の整備も進んだ．その結果，発効後20年余り経過した現在まで，2件の特殊な例*1を除いて，PL法にもとづく訴訟は少数にとどまっている．消費者センターなどへもち込まれる苦情の件数も落ち着いている．なかなか優れた立法だったといえる．家庭用カビ取り剤の例はそのさきがけとなった．

製造物責任法と，関連するしくみは，技術(者)倫理にかかわる問題に対応するため，社会全体が到達した一つの有力な手段だといえる(p.60「PL法制定後の状況」の節を参照)．

カビキラー裁判

ジョンソン(株)の“カビキラー”は，家庭用カビ取り剤の先発ブランドだったが，前記の死亡事故のあと，競合品が撤退したこともあって，まもなく市場を事実上独占するようになり，同社のドル箱商品に成長した．

カビキラーは，次亜塩素酸ナトリウム，苛性ソーダ，界面活性剤などの希薄混合水溶液を，ポンプつき容器に入れたもので，トリガーを引くと混合液の泡が噴射される．黒カビで汚れた浴室のタイル壁などに吹きつけると，泡がゆっくり流れ落ちる間に成分がタイルの目地に浸透し，ほかの方法では取れないカビと汚れを劇的に殺菌・脱色する．この用途にはかけがえのない洗浄剤だが，混ぜたりしないまでも，換気と，眼や皮膚への付着防止に十分な注意が必要だ．

ジョンソンは，前記の死亡事故に先立つ87年10月，一消費者から提訴を受けていた．東京都の主婦がカビキラーの使用により気管支粘膜に不可逆的病変を受けたというものだった．この主婦は3年あまり前の84年6月，消費者問題研究所を通じてジョンソンにクレームを申し入れた．ただちに同社の負担で約1ヵ月間，東京医科歯科大学付属病院に入院し，徹底的な検査を受けたが，病気は認めないとの診断が下された．その後，ジョンソンと原告双方の弁護士の間で話し合いが行われていた．原告にはPL法早期制定運動をリードする弁護士団がついた．「カビキラー裁判」とよばれ，いちやくPL運動の焦点になった．

91年3月，東京地裁一審判決．原告一部勝訴．原告に身体的疾患は認められないが，一過性の健康上の被害を認め，精神的苦痛に対する慰謝料として，被告に70万円の支払いを命ずるものだった．双方が判決を不服として控訴．

94年7月6日，東京高裁控訴審判決．原告の

控訴棄却，一審の被告敗訴部分取り消し．損害賠償請求の根拠としうるほどの健康被害を認めないというものだった．PL法公布の5日後だった．

原告側上告．97年4月，最高裁判決．上告棄却．高裁判決を支持．

技術者の対応(2)

ジョンソン(株)の技術者には，より安全なカビキラーの開発が急務となった．自主基準にもとづく手直しは進んだが，万一，再度死亡事故が起きたり，ドル箱商品の販売が禁止されたりする可能性を考えると，消費者の利便と安全を守るためにも，会社のビジネスを守るためにも，抜本的な解決策として，非塩素系カビ取り剤が必要だった．

そのころ，同社のアメリカ本社で2液混合ポンプが開発され，これを応用した商品が発表されていた．日本ジョンソンの技術者は，過酸化水素と過酸化水素活性化剤をベースにした2液混合型製品の開発に着手した．過酸化水素の有力メーカーとの共同研究も行われた．独創的で安全かつ安価な活性化剤が発明され，一連の特許が出願された．国際特許も成立した．試作品の消費者テストも行われた．塩素系に負けない性能をもち，かつ，はるかに安全な製品と評価された．しかし，原料および容器の原価はある程度高くならざるを得なかったと推定される．その後，幸い塩素系洗浄剤による死亡事故などはなく，非塩素系カビキラーの技術は，そのまま温存されている模様だ．新発明の過酸化水素活性化剤は別の商品に利用されている．

ジョンソン(株)の寛容な承認のもとに作成した．この場をかりて同社に謝意と敬意を表したい．本文の内容を工学倫理教育の目的以外に利用することは控えていただきたい．なお，本事例の記述には，第6章本文と重複する部分が少なくないが，いきなりこの事例を読む読者のことを考えて，あえてこのようにした．

*1 「小麦由来成分含有石鹸アレルギー事件」と「化粧品白斑被害事件」の2例(p.60参照)．

カネボウ化粧品による白斑発症事件

カネボウ化粧品(以下「カネボウ」，本社：東京)は，2013年7月4日，有効成分「ロドデノール」〔4-(4-ヒドロキシフェニル)-2-ブタノール〕を含む美白化粧品54製品を，自主回収すると発表した．これらの製品を使用した顧客の皮膚に，白斑(まだらに白くなる現象)が発症したことによる．その時点で，ロドデノール含有製品の販売数累計は436万個で，愛用者は約25万人に上っていたという．

カネボウは，申請したロドデノール(新規の医薬部外品有効成分)を含有する美白化粧品が，2008年1月に，厚生労働省から承認されたのを受け，同年9月に最初の製品「アクアリーフ　ホワイトニングエッセンス」を発売した．引き続き，2013年までの5年間に，数種類のカテゴリー／50品目を超える製品を発売した．

白斑発症に関する最初のクレームは，2011年10月にあった．顧客からの「顔に白抜けの症状が現れたが，美白製品の影響だろうか」との申し出だった．安全管理部門の担当者は，症状が軽いことから，安全管理責任者への報告は不要と判断した．翌年の2012年2月には，販売会社(カネボウの子会社)の社員であるビューティカウンセラー(BC)3名とその家族を含む計4名の手や顔に白斑が出たという報告が，関西支社マーケティング部教育担当になされている．この問題に対して，本社品質統括グループは，化粧品が原因である可能性は低く，病気と推定されると回答している．同年4月以降，日本各地の顧客から苦情が寄せられるようになり，販売会社のBCからも数例の白斑発症の報告があった．

2012年7月，北九州市在住の顧客に白斑が発症し，8月にその顧客は福岡県内の大学病院で受診した．そのときの医師の診断は「尋常性白斑」という病気で，体質からくる素因によるのではないかとの説明だった．それでも患者の希望により，同年10月に，数種類のカネボウの美白化粧品を対象にパッチテストが実施され，12月に，「カネボウSUISAIホワイトニングエッセンスに対し，1週間後に浸潤が，4週間後，8週間後に浸潤の残存と脱色素斑を認めた」との診断書が出された．2013年2月になって，本社コンシューマーセンターの担当者がこの医師を訪ね，面談した．医師からは，「白斑の体質をもっているとき，美白剤が何らかのトリガーになり得るかもしれない」との見解を得たが，カネボウの担当者は，「ロドデノール配合製品が3品ある中で，1品のみでパッチテスト跡の色素脱失が認められたことから，ロドデノールが原因ではない」との結論を出した．

2013年5月に，岡山県内の大学病院の医師から，「岡山で白斑の症例が3例見つかったが，化粧品が原因かどうか確認する方法を知りたい」とのメールが，カネボウの研究所に届いた．2週間後，研究所の担当者らは同大学病院の医師を訪問し，「化粧品を使用した部位で白斑が発生していること，使用の中止によって白斑が改善された者があることから，化粧品がトリガーになっている可能性が高い」との指摘を受けた．

事態がここまで進んだところで，研究・技術部門統括は，同年5月29日と6月3日に，会長と社長に対して白斑問題の現状と医師の見解について報告した．社長は，調査をさらに進めるように指示するとともに，対策プロジェクトを立ち上げた．その後，6月28日の経営会議において，問題商品の自主回収を行うことが決定され，7月4日にそれが発表された．最初の被害者が認められてから，1年9ヵ月が経過していた．

厚生労働省の承認を得るために，事前の安全性試験は当然実施されている．厚労省への申請書には，単回および反復投与毒性試験，刺激性試験，生殖発生毒性試験，遺伝毒性試験，抗原性試験等の一般的な毒性試験に加え，白斑，色素脱失非形成の確認試験の結果が記載されていた．問題の白斑非形成の試験においては，4.0％ロドデノール配合製剤（製品配合量の2倍）について，12名の被検者の手の甲に6ヵ月間の連用試験を行っている．その結果，全試験期間を通じて色素脱失，炎症，痒み等の副作用は認められなかったとされている．問題発覚後に行われたパッチテストにおいて，白斑発症が認められた結果との不一致の原因については不明のままだ．

カネボウは，2006年から，花王株式会社（本社：東京）の100％子会社だが，その親会社の花王には「エコーシステム」という顧客からの情報を集約・解析し，その情報を必要とする部署で共有する情報システムがある．エコーシステムの窓口には，顧客からの製品の使用方法に関する問い合わせ，苦情，要望，提案，誤使用（たとえばシャンプーの誤飲など）に対する対処方法，果てはテレビのCMに出演しているタレントへの連絡方法まで，実にさまざまな情報が寄せられる．花王では，これらすべての情報を分類し，コンピュータに入力している．カネボウもこのシステムを導入していたが，花王とはその運用の仕方が多少異なっていたらしい．顧客からの情報を直接受けた担当者の判断にもとづいて，入力の当否や登録区分が決まっていた．もし，ある情報が不適切な区分に入力された場合は，関係部署の目に留まらないことになる．今回の白斑問題についても，エコーシステムによって問題が認識されることはなかった．もしエコーシステムが本来の機能を発揮していれば，本件は，はるかに小さい規模の段階で発見され，止められていたのではないかと想像される．

2018年6月11日現在，19,593人の被害者が確認されている．そのうち，17,999人と和解が成立している．また，症状が完治またはほぼ回復した人の数は11,923人．一方，2015年12月現在，全国で27件の製造物責任（PL）法による訴訟が起こされているが，まだ結審した事例はない．

Q 本事例で，何が一番問題だったと考えるか？

Q あなたが最初に白斑問題の苦情を聞いた担当者だったら，どう行動するか？

Q 白斑発症と自社製品との因果関係が明らかでないとき，どう対処すべきだと思うか？

調査報告書（平成25年9月9日）；「朝日新聞」；「神戸新聞」；カネボウ化粧品および消費者庁のHPなどを参考に作成した．

第Ⅱ部 各論 その1

技術者の知恵と戦い

技術者の「知恵」と「戦い」

人類は誕生以来,「危険なものを安全に使いこなす」ことによって, 豊かな文明を築いてきた.

原始人がどのようにして「火」や「道具」を使いこなすようになったかは, わからない. しかし, その過程で, 数かぎりなく痛い目に遭ったに違いない. そして, DNA に変化が起きるほどの長い時を経て, 安全に使いこなす「知恵」を身につけた.

古代人も, 青銅器や鉄器をつくったり, 馬車をつくったり, あるいは巨大建造物をつくったりする技術を確立するまでには, 数かぎりない悲劇を経験したに違いない. それらを乗り越えて, 各地に古代文明が興った.

人類の発展とともに, 環境問題がはじまった. 採取・狩猟・漁労だけの時代には, 火や道具を手にした人類の自然とのかかわりも, ほかの動物の場合とそれほど変わらなかった. しかし, 農業や牧畜がはじまると, 事態は一変した. 森林が農地や牧草地に変えられ, 自然再生力が足りない地帯では, やがて砂漠化がはじまった. 焼畑農業や灌漑農業も, 地域によっては砂漠化の原因になった. この流れは今も止まっていない. 古代以後は, 製鉄用の木炭を得るために, 新たな森林伐採がはじまった. 砂漠化はいっそう加速した. それはコークスを使った近代製鉄がはじまるまで続いた.

その一方で, 人類は早くから武器をつくった.「技術者」という職業が, いつごろから分化するようになったのかわからないが, かなり早い時期だったと考えてよい. なぜなら, 最高の技術を使った武器・兵器をもった種族・部族だけが, 自らを守り, 他者を征服することができたに違いないからだ. 素人しかいない種族・部族は, 存続することが難しかっただろう. 最先端の技術は, 昔から, 常に軍事用に使われてきた. 好むと好まざるとにかかわらず, これは今も変わらない. “Engineer” の語源は軍事技術者を意味し, “Civil Engineer” が民生技術者を意味したという.

近代人は, 蒸気の力を使いこなすことで産業革命をなしとげたが, その道のりは平穏ではなかった. たとえば, ボイラーが安全な技術に育つまでには, 無数の事故を経験した. 事故を教訓に, 技術者協会が組織され, ボイラーの規格や, ボイラー技術者の資格が定められ, これらを規制する法律もつくられた. 法規も,「危険なものを安全に使いこなす知恵」の大事な部分なのだ. 新しい技術は, 新しい安全問題を生んだ. 近代技術の歴史は, 技術者たちの安全問題との壮絶な戦いの歴史でもあった. そのなかで整備されてきた膨大な技術関連法規群も, 技術者たちの「知恵」の蓄積だといってよい.

産業革命以後の近代工業は，新しい環境問題を生んだ．イギリスの工業都市のスモッグなどが，そのさきがけだった．新しい技術は，さらに新しい環境問題を生んだ．工業規模の拡大は，環境問題を加速した．近代技術の発展は，人口爆発をもたらし，環境問題はますます拡大した．近代技術の歴史は，技術者たちによる環境問題との壮絶な戦いの歴史でもあった．

技術が高度化し，巨大な力をもつようになるにつれ，新しい技術をどのように受け入れるかが大きな問題になった．総論では，大衆による技術評価について簡単にふれた．技術評価の一分野である「リスクの評価」も，「危険なものを安全に使いこなす知恵」の重要な一部になった．この分野でも，ときに，技術者たちの壮絶な戦いがあった．

近世の社会では，技能者の知恵は，親方から徒弟に伝えられ，ギルドや「座」から外にでることはなかった．近代に入ると，特許制度が考えだされた．特許制度は，発明者に新しい技術の独占権をあたえる代わりに，技術の公開を義務づけた．新しい制度による技術情報の共有は，技術の進歩に計りしれない貢献を果たしてきた．特許制度も，技術者たちが生んだ「知恵」だった．技術者は，特許情報を活用し，新しい特許を得るために，しばしば壮絶な戦いをくり広げてきた．

現代文明は，無数の技術者たちの「知恵」の蓄積の上に成りたっている．一つの問題を克服すると，新しい問題が待ち受けていた．数かぎりない問題を乗り越えて，現代技術が築かれた．今も，技術のさらなる進歩にともなって，次つぎと新しい問題が現れる．

確立されたはずの技術についても，過失や不注意による事故が絶えない．たとえば，産業革命以来のボイラー技術は完成されたかに見える．今では小型のパッケージ・ボイラーなら，専門知識がなくても運転できるようになった．その一方，専門技術者が管理する超大型ボイラーで，蒸気噴出事故が起きたりする．ほかの分野でも，技術者の倫理が問われるような事故や事件が絶えない．それらを乗り越えて，公衆の安全・健康・福利を守ってゆくのも技術者の務めだ．「工学倫理」も，危険なものを安全に使いこなすための，重要な知恵の一分野だといってよい．

II部の各論では，「安全」，「リスクの評価」，「環境・資源問題」，「法規」，「知的財産権」の五つの分野を取り上げる．まず，それぞれについて簡単に解説する．そのなかで，技術者がどのような問題に出会い，どのように克服してきたか，いくつかの例について学ぶ．そのうえで，それぞれの分野で技術者が出会う倫理問題について．多くの事例を通じて考える．

各章の本文と事例を読み終えると，「技術者に求められる素養」（I部2章 p.9 参照）とは何かが，改めて理解できると思う．

1章 安全と工学倫理

技術者と安全

今日までのわが国の発展は，技術者たちのたゆまぬ努力のたまものであることは間違いない．日本の技術は，1970年代には，品質面でも安全面でも米国を凌駕し，世界的に高く評価されるようになった．そして，われわれの生活をより安全で安心なものに変えてきた．その結果，わが国の技術者たちは，人びとの高い信頼と尊敬を受けるようになった．

にもかかわらず，その技術が原因で，われわれの生活が脅かされる事件や事故が絶えない．JR福知山線脱線事故[*1]や東京電力福島第一原子力発電所事故[*2]などがその代表例だ．

*1 → 事例ファイル15（p.89）
*2 → 事例研究 II-2-3（p.122），コラム01（p.25）

技術者をこころざす理工系学生諸君は，危険なものを取り扱う職業につくのだという明確な意識をもち，技術を行使することによって他人にけがや病気をさせたり，健康を妨げたり環境を破壊したりすることがないよう，技術者に必要な素養を身につけなくてはならない．そのためには，何よりも，自分が担当する技術について，専門的な知識をもつことが求められる．たとえば，ある設備や物質を取り扱うときに，それらの作動原理や特性を「知らなかった」では済まない．そのうえで，常に公衆の安全を第一に考えなければならない．それが，技術者の本務であり，工学の中心課題でもある．

「安全」の問題はきわめて多岐にわたる．「工学」にも多くの専門分野がある．したがって，この教科書で工学にかかわる「安全」の問題全般を論じることはできない．本章では，基礎的な問題の一部を学んだうえで，いくつかの事例を通じて「安全と工学倫理」について考える．

ここで論じる安全には，二つの側面がある．以下に，技術者自身の安全と，技術の受益者（消費者と公衆）の安全について，順次述べる．

研究・開発現場での安全

変化の激しい今日では，一つの新製品が次の新製品にとって代わられ

JR 福知山線脱線事故　事例ファイル 15

2005 年 4 月 25 日朝，JR 西日本福知山線の塚口―尼崎駅間で上り快速電車が脱線し，大惨事となった．7 両編成の電車が異常な高速度で急カーブに進入して脱線した．そして，1 両目と 2 両目が線路東側のマンションに激突して大破し，3 ～ 5 両目も脱線した．運転手を含む 107 人が死亡，562 人が重軽傷を負った．

現場付近の上り線は半径 300 m のカーブで，その直前の約 4 km は直線になっていた．運転歴 11 ヵ月の若い運転手は，事故の 3 分前に一つ手前の伊丹駅で停車位置を 70 m オーバーし，そのため電車は定刻より 1 分 20 秒遅れていた．運転手は，この遅れを少しでも取り戻そうと電車を加速し，ブレーキの使用が遅れて，制限速度 70 km/h のカーブに 116 km/h で進入した．事故の直接の原因は，運転手の大幅な速度超過にあったが，このカーブで電車を自動的に減速させる ATS が以前から設置されておれば，この事故を未然に防止することが可能だったと推定された．

JR 西日本は民営化以来，私鉄との競争で営業優先のダイヤ改正をくり返し，運転手は余裕のない運転を強いられていた．また乗務員がミスをくり返すと，軽微なミスであっても通常業務から外し，「日勤教育」と称する懲罰的な再教育を課していた．事故の背景には，そのような経営上の問題が潜んでいたとも報道された．

2007 年 6 月に発表された国土交通省航空・鉄道事故調査委員会の報告書では，おおむねこれらの問題が事故の原因になったとして，JR 西日本の企業体質を批判し，国に対策を求める建議を行った．

2008 年 9 月に兵庫県警は，社長ら歴代の幹部 10 人を，業務上過失致死傷罪容疑で神戸地検に書類送検した．1996 年に，現場を半径 600 m から 300 m の急カーブに付け替えたとき，ATS の必要性を認識すべきところを見逃し，安全の措置を怠ったとの容疑だった．これに対し同地検は，2009 年 7 月に山崎正夫社長だけを業務上過失致死傷の罪で在宅起訴した．同社長は付け替え当時の常務取締役鉄道本部長で，安全対策を統括する最高責任者としての義務を果たさなかった過失があるとした．この種の事故で経営トップが起訴されるのは異例．同社長は事故の責任をとって辞任した前社長の後任で，JR 西日本では初の技術畑出身の社長だった．起訴を受けて自らも辞任したが，取締役にはとどまった．起訴内容については法廷で争うとしたが，遺族や被害者は，他の幹部が起訴されなかったことに反発した．

2012 年 1 月 11 日，神戸地方裁判所は，山崎被告に「無罪」の判決をいい渡した．「急カーブへの変更などで，現場は際だって危険性の高いカーブになっていた」との検察の主張に対し，判決は，「同様の急カーブはかなりの数存在しており，被告が具体的な危険性を認識していたとはいえない」とした．「ATS を設置する義務があったか」については，「当時，鉄道業界の認識としても ATS の設置は一般的ではなかった．いつかは起こりえる程度の認識は危惧感に過ぎず，ATS 設置の義務があったとはいえない」とした．検察側は控訴せず無罪が確定した．

なお，検察官が不起訴処分にした JR 西日本の元社長 3 名について，検察審査会制度にもとづいた審査が行われ，業務上過失致死傷罪で起訴するのが妥当であると結論された．その公判が 2012 年 9 月 6 日からはじまった．2017 年 6 月 13 日，最高裁において「元社長 3 名が事故の危険性を認識できたとは認められない」と結論づけられ，3 名の無罪が確定した．

これだけ大きな事故にもかかわらず，報道や調査報告書からは，直接関係した技術者の顔が見えてこない．運転手は現場の技能者にすぎない．工学倫理の題材にするには，設備や運行計画に専門技術者がどのようにかかわっていたのかを知る必要がある．

事故の根本には，全社的に「一丸となって人の命を預かる仕事をする」という意識の不足があったと思われる．

（「朝日新聞」などによる）

脱線してマンションに激突した電車．提供：毎日新聞社

るまでの期間，いわゆるライフサイクルが急激に短くなっている．企業が存続し，成長してゆくためには，絶えず新しい製品や新しい技術を創出する必要がある．そのために，研究・開発がさかんに行われている．

製造現場は定常化された作業が主であるのに対して，研究・開発は非定常作業*3が中心になる．予期せぬ事態が発生するリスクに備え，十分な準備と異常を見逃さない注意力が要求される．研究・開発の現場では，そのステップによって安全対策も異なる．化学品の開発を例にとると，①ビーカースケールの基礎・探索研究，②小型試験装置を使って行うベンチ試験，そして，③大型の装置を使って行うパイロット試験などがある．

*3 日常的に反復・継続して行われることが少ない作業で，通常の作業と異なり，作業頻度は少ないが作業項目が多岐にわたったり，作業を行う者が未習熟だったりして，労働災害の発生頻度が高くなっている．

基礎・探索研究の場合は，新しい物質・材料を扱うことが多いので，のちに述べる物質と材料の安全に関する調査を，綿密に行うことが必須となる．さらに，実験で用いる各種の器具・装置の安全な使用法に精通するとともに，それぞれの実験に応じた保護具や安全装置を使用することが絶対不可欠となる．研究のステージが進み，グループで行うベンチ試験やパイロット試験となると，自分だけでなく，メンバー全員の安全を確保するために，グループ内の情報の交換・確認が重要になる．

研究・開発が行われた結果，製品として販売することが決まった場合は，工場を建設し，製造がはじまる．工場の操業は詳細なマニュアルに従って行われる．このとき，研究段階で得られたキーとなる情報がマニュアル化されるが，単なる手順だけでなく，その根拠となった事柄（とくに安全に関するもの）を明示しておく必要がある．それを怠ると，のちに条件変更*4が行われたときなどに，安全の範囲を越えて操業され，事故の原因となることがある*5．

*4 代表的な条件変更として次節に示す5M変更がある．

*5 → 事例研究 Ⅱ-4-1（p.164）

図1 5S前後の状態を示す図

一方，大学における研究や教育のための実験でも，ガラス破片による軽い切り傷から，爆発・火災事故まで毎年数多くの事故が発生している．大学でも，企業の研究・開発現場と変わらない対策をとる必要がある．

実験を安全に効率よく実施するために，5S 活動なるものが広く行われ，優れた成果をあげている．ありふれたことのようだが，個人とグループで，以下の 5 項目を徹底させる．

① 整理：必要なものと不要なものを区分して不要なものを除くこと
② 整頓：決められた物を決められた場所に置き，いつでも取り出せる状態にしておくこと
③ 清掃：常に掃除をして，職場をきれいな状態に保つこと
④ 清潔：上記の 3S を維持すること
⑤ 躾　：決められたルール・手順を正しく守る習慣をつけること

5S が有用なことは，**図 1** でよくわかってもらえると思う．

製造現場での安全

製造現場における安全は，現場の第一線で働く人たちに依存する部分が多い．設備などの弱点をカバーし，めざましい成果をあげてきた．しかし，ときには期待に反した結果をうむ．プラスの結果がでておれば話題にならないが，マイナスの結果がでると格好の批判材料にされる．マイナス面を引き起こす要因には，個人に帰される部分もあるが，ほかのいろいろな要因が重なって事故にいたる．製造現場の例ではないが，JR 福知山線脱線事故*6 の直接の原因は運転手のミスにあったものの，その背景には，ミスを誘発した多くの要因があったことが明らかになっている．

*6 → 事例ファイル 15（p.89）

製造現場での安全推進において，今日多くの企業が取り入れている着眼点に，5M がある（**表 1**）．5M とは，Man（人），Machine（設備・機械），Material（素材・製品），Method（作業方法），Management（管理）のことをいう．製造現場にかぎらず，研究・開発の現場や輸送・保管時などの安全にもあてはまる．

✿ Man（人的対応）

人には，ヒューマンエラーがつきものだ．これは，忘却・錯誤など，

人がもって生まれた弱さによる．ゆえに，人は間違いを犯すという前提に立って，それを補うMachineやMaterialについての教育，Methodの整備，さらに，Managementによるバックアップの必要がある．

Machine（設備的対応）

筋のよい設備[*7]を使うことが大切だ．コンビナートにおける事故要因は，設備の構造・材料などの不良に起因するものが約30%，さらに，エラーを誘発する作業情報不良，誤操作・誤判断防止不良などの設備に関連する要因をふくめると，約50%になるという報告もある．設備は時を経るにつれ劣化する．劣化は信頼性の低下を招く．ゆえに，設備の保全(信頼性の維持向上)は機能設計と両輪をなす重要課題だといえる．たとえば，笹子トンネルの天井板崩落事故[*8]は，保全の重要性を軽視したことによって起こった．

*7 コラム04「国際規格（ISO規格）の制定と活用」(p.97)でふれた安全が保証された設備を意味する．

*8 →事例研究Ⅱ-1-3（p.104）

高圧ガスや危険物を扱う製造設備については，次に述べるMaterial(素材・製品)を重視して管理する必要がある．これらの物質は，ときとして，火災・爆発あるいはそれにともなう汚染の原因となる．したがって，製造設備は，万一事故が発生した場合の周辺住民への影響も考慮して設計する必要がある．

Material（素材・製品的対応）

これまで人類は，多くの物質・材料を利用したり，つくりだしたりして，自らの生活を豊かにしてきた．技術者は，取り扱う物質・材料の特

表1 安全推進のキーファクター 5M

Man （人的要因）	「初歩的ミス」と「専門的ミス」など人間行動の信頼性に関係する．意欲，価値観，知識，教育・訓練など，ヒューマン・ファクターの改善が大切(人は忘却・錯誤などの人間的特性を有し，さらに職場の人的環境の影響を受けやすい)．
Machine （設備的要因）	機械・設備・治工具の設計，点検整備，危険防護設備，足場や通路の安全確保など，マン・マシン・インターフェースの人間工学的対応を推進する．
Material （素材・製品的要因）	物質・素材およびそれらからつくられた製品などの，それぞれの特性，とくに危険性，取り扱い方法，輸送や保管方法，使用後の残材および寿命が尽きた製品の適切な廃棄方法まで，周知徹底することが必要．
Method （作業方法的要因）	Man-MachineおよびMan-Materialインターフェースで，主として作業情報，作業手順，作業環境の改善に関係する．
Management （管理的要因）	安全法規の徹底，基準類の整備，管理体制，計画，教育・指導，健康管理，職場の自主活動支援などで全体的なバックアップを行う．

性をしっかり調査し，理解したうえで行動することが絶対不可欠だ*9.

物質の性質については，化学便覧や危険物ハンドブックなど，多くの優れた成書や，安全データシート（SDS）がある*10. 安全を確保するためには，単に物質と材料の化学的性質だけでなく，粉体などの形状，放射性，電気的性質など，物理的性質に関する十分な調査も必要とされる.

取り扱う物質やその用途などに関連する法規を十分に調査し，理解しておくことも必要だ*11. しかしながら，法規を遵守したからといって，それで十分だとはかぎらない. 先端技術領域においては，法規が整っていない場合でも，安全を優先する判断が必要とされる.

*9 → コラム 03

*10　化管法（p.99）で指定された化学物質を他の事業者に譲渡または提供する際に，その化学品の特性および取り扱いに関する情報を事前に提供するシート.

*11 → II部4章「技術者を取りまく法規の概観」の節（p.159）

Method（作業方法的対応）

設備の設計上の意図を作業者に伝えることも，技術者の重要な役割だ. 操作上の判断に必要な適切な情報を提示しているかどうかを常に検証する必要がある. ここで重要なことは，原理原則をしっかり伝達し，納得させているかどうかだ. 作業者は納得しなければ心の底から賛同しない

コラム 03　PCB（ポリ塩化ビフェニル）問題

PCBは，1881年にドイツで合成法が開発され，1952年以後本格的に製造された. 熱安定性および絶縁特性に優れ，熱媒体や絶縁油として世界中で多量に使用された. 1968年のカネミ油症事件の原因になったことで，いちやく有名になった. この事件は，米ヌカから抽出したライスオイルの脱臭工程で，熱媒体として使われていたPCBが製品の食用油を汚染し，これを摂取したおおぜいの消費者が悲惨な中毒症状を起こした. のちに，真の原因物質は，PCBから派生したダイオキシン類と特定された. この事件は食品汚染だったが，これをきっかけに，PCBによる環境汚染が深刻な社会問題に発展した. 1972年には製造が中止されたが，それまでに約5万tが出回っていた. 翌年には化審法（p.114参照,）が制定され，「特定化学物質」に指定された.

PCBは化学的に不活性なため適当な処理法がなく，国内に大量の回収PCBや変圧器類が保管された. その後，処理法の開発が進み，2001年に「PCB廃棄物処理特措法」が施行され，15年以内にすべてを処理することが義務づけられた. そして，全額政府出資の特殊法人「日本環境安全事業(株)」(JESCO)が，全国5ヵ所の大規模処理工場で処理を開始した. しかしその処理進捗が遅いため（JESCO資料：2016年2月での処理率はトランス類が75%，コンデンサ類が73%），処理期限が2027年3月31日までに延長された. PCBは，化学構造的にダイオキシン類似で，ダイオキシンに似た毒性を示し，生体内での代謝性が低く，残留性が高い. そのため，「POPs(残留性有機汚染物質)」にも指定されている.

〔宮田秀明著『ダイオキシン』(岩波新書，1999)などを参考にした〕

し，その行動にも結びつかない．

使い方のみならず，働きやすくする環境の整備も大切だ．暑さや暗さだけでも人の判断は鈍る．標識など，視覚に訴える対策も重要になる．

✿ Management（管理的対応）

現場の状況を正しく維持するための組織的，かつ，計画的なとりくみのこと．ここで重要なのは，これを組織のすみずみまで根づかせて，維持継続させることにある．

以上，5M*12 は，安全管理上大切なものなので，5M の一部が変更になったときは，事故災害防止のため，関係部署に「変更内容」を周知徹底することが重要だ．

1999 年に，政府の事故災害防止安全対策会議は，東海村の核燃料工場*13 などでの事故多発を受け，組織と個人が安全を最優先する気風や気質を育て，全体での安全意識を高めていく，いわゆる『安全文化の創造』を，国民のとりくむべきテーマとして提唱した．この『安全文化の創造』は，技術者にとっても重要なテーマだ．事例研究で取り上げたものは，いずれも『安全文化の創造』について企業のあり方が問われた例で，企業内部における技術者の姿勢が問われている部分も多い．

*12 測定機器の精度，測定条件，測定方法，検査員などによって，測定データに「ばらつき」が発生し，製品品質に大きな影響が出るため，従来の 5M に Measurement（測定・検査）を加えて 6M とする場合もある．

*13 →事例研究 Ⅱ-4-1（p.164）

輸送時の安全

工場で使われる原材料や設備の輸送，製品を仕上げるための工場間の輸送，そして工場から消費者への製品輸送など，陸路や海路あるいは空路による輸送が行われる．これらは工場外の一般地域を通るので，安全にはよりいっそうの注意が必要になる．輸送するものの特性に従い，また各種の交通手段によって，種々の法規が関係する．たとえば，危険物の輸送には，消防法，高圧ガス保安法，火薬類取締法，毒物及び劇物取締法，道路運送車両法，鉄道営業法，船舶安全法，港則法，航空法などが適用される．また，可燃性の強い物質と酸化性の強い物質など，混載できない物質の輸送には特別の注意が必要になる．さらに日本化学工業協会では，化学物質や高圧ガス輸送時の事故に備え，ローリーの運転手や消防・警察などの関係者がとるべき処置を書いた緊急連絡カード「イエローカード」の活用を推進している．

日本の労働安全活動――その成果と課題

Ⅰ部5章で述べたように，日本の製造現場では，これまでも，集団安全活動などの地道な努力が続けられ，世界のトップレベルの安全成績を達成してきた[*14]．そこでも，安全意識の浸透が基本とされてきた．ここで，労働安全成績の推移を見ておこう．高度成長期に入った1960年代には，労働災害が頻発した．1972年には，労働安全衛生法が制定され，官民あげて安全対策にとりくんだ結果，**図2**に示すように，労働災害による死亡者数は，劇的に減少した．2017年の労働災害による死亡者数は978人で，ピーク時の7分の1になっている．この間，労働人口は1.8倍に，実質GDP（国内総生産：ドルベース）は約10倍に増大していることを考えると，その成果は数字以上に高く評価されてよい．技術者や現場作業員たちの，地道な努力が実を結んだ結果といえる．

しかし，設備の安全化については，ヨーロッパのとりくみと比較して劣っているという見方がある．事故や災害は，どんなに努力しても技術レベルに合わせて必ず起こるというヨーロッパの考え方に対し，日本では，事故や災害は起こらないようにすべきであるとの考え方をする．このために，日本では「人」に依存した安全対策がとられてきた．今日まで現場での安全が確保されてきたのは，現場の第一線の人たちが優秀で，それらの人たちの技術・能力に依存してきたところが大きい．その結果，「人」に頼らない「設備の安全化」や「災害低減化技術」が遅れたことは否めない[*15]．

＊14　各国の労働災害による労働者10万人あたりの死亡者数(年度)

日　本	1.61人(2016)
アメリカ	3.40人(2015)
イギリス	0.43人(2016)
フランス	2.90人(2014)
ドイツ	1.06人(2016)
イタリア	1.24人(2013)
スペイン	1.55人(2013)
台　湾	2.7人(2016)
韓　国	9.6人(2016)

＊15→事例研究Ⅱ-1-2

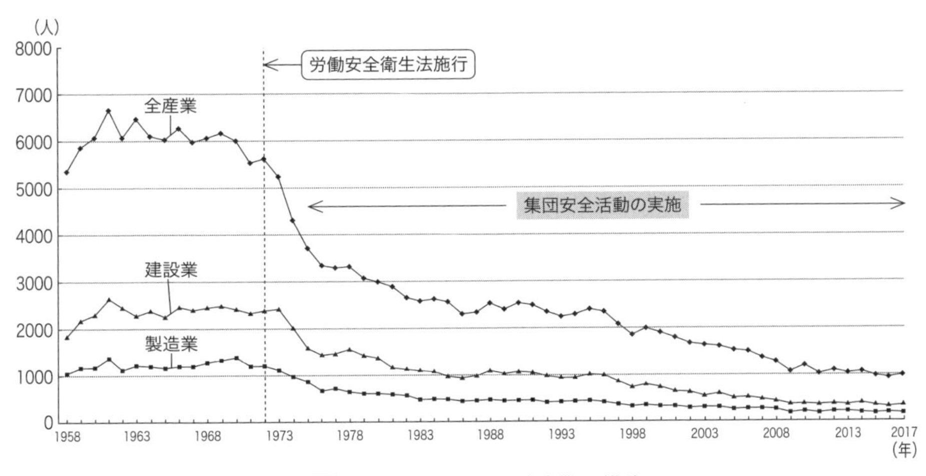

図2 **労働災害による死亡者数の推移**

2011年は東日本大震災を直接の原因とする死亡者数を除く（厚生労働省の資料をもとに作成）．

2003年に機械の安全に関する国際規格ISO12100が，イギリスの安全規格を基礎として制定され，機械の安全規格の世界標準になっている．日本でも，2004年にJIS化され（JIS B 9700），機械・設備の安全化が進められている．

労働安全衛生法などは，わが国の安全成績向上におおいに寄与した．

あいつぐ品質不正問題　事例ファイル 16

2017年9月29日，国土交通省は，日産自動車（日産）の型式指定自動車を生産している4工場に対し立ち入り検査を実施したところ，社内規程にもとづき認定された者以外の者が完成検査の一部を実施していたことを確認した，と公表した．この発表を受け，日産は同日，同社の国内販売車両を生産している全6工場において，無資格者による検査を実施していたと発表した．その後の調査で，有資格者の印鑑を無資格者に貸して書類を偽装する不正も見つかったことや，不正の公表後も子会社である日産車体で無資格者による検査が続いていたことが発覚．加えて3工場でも，国交省に届け出ていた完成検査工程の変更が無届けで行われていたことが判明した．不正は1979年からはじまり90年代には常態化していた．その結果，116万台のリコールとなった．原因調査をした弁護士チームは，生産体制の変更や雇用抑制で人手不足となり，不正の横行につながった現場の状況を明らかにし，日産の経営陣を厳しく批判した．

同年10月，SUBARU（スバル）でも，国の規定に反して2工場で無資格の検査員による新車の完成検査を30年以にわたり続けていたことが明らかになった．リコール対象は40万台．

一方で，2017年10月，神戸製鋼所は，グループ工場・子会社で生産するアルミや銅製部材について強度など顧客が求める品質基準を満たしていなかったと発表した．10年近くにわたり，取引契約に反して品質データを改ざんしていた．管理職も含め少なくとも数十人がかかわっており，不正が組織ぐるみだったことも明らかになった．

さらに同年11月には，三菱マテリアル子会社の三菱電線工業，三菱伸銅，三菱アルミニウムの3社が，航空機向けの部材などで品質データを改ざんしていたことがわかった．顧客と契約した品質基準に満たない製品を出荷していた．三菱電線工業でデータ改ざんがあったのは，配管を密封して内部を保護する「Oリング」とよばれる樹脂製の部材，三菱伸銅が出荷した不正な製品は自動車部品や電子機器などに使われる銅製品だった．2018年6月には，三菱マテリアル・直島工場が，JIS規格を逸脱したコンクリートの骨材用製品を，規格を満たした製品として出荷していたと発表した．

2017年10月，東レは，子会社の東レハイブリッドコードが本社工場で生産したタイヤや自動車ホース向けの繊維で，13社の顧客と取り決めた規格に外れた製品を，規格内に収まったようにデータを改ざんして出荷していたと発表．データ改ざんは2008年4月から16年7月の約8年間で，149件におよぶという．

2018年5月，日本ガイシが，社内検査で不正があったと発表．契約上定められた検査を行わず工程検査で済ませていたという．不正は1990年代初めから2018年3月まで国内外約500社向けの製品約1億個で行われたが，製品の品質は問題ないとしている．

2018年10月，国交省は，KYBの製造した免震・制震オイルダンパーが大臣認定の内容に適合しないことが発覚したと発表．不適合品は検査データを書き換えて2000年3月から2018年9月まで出荷され，986件にのぼる．

神戸製鋼所や東レでは，不正発覚後も「品質問題は法令違反ではない」と判断し，公表までに数ヵ月から1年以上かかった．三菱電線工業では問題の把握後も半年以上にわたって出荷を続けた．なお，不正のあった一部の製品にJISマークを付けて販売することはJIS法違反にあたり，JIS認定が取り消された．

一連の不祥事は，各社の不正への意識の低さを浮き彫りにした．これらの相次ぐ品質不正の発覚は，内部通報が引き金になった．日本のものづくりへの不信が強まりかねない．

〔国土交通省プレスリリース（2017年9月29日）；「日本経済新聞」（2017年10月27日〜12月12日）などによる〕

しかし，法規による規制は，再発防止の観点からの最低限の基準だと考えておくのがよい．新しい危険要因は想定していない．技術者には，新しいシステムや新しい物質など，技術の進歩に即応することが求められる．規制は，安全を守るための知恵の一端ではあるが，先導はしてくれない．規制に頼らず，自主的に危険要因を予知し，対処することが欠かせない．

製品の安全と品質保証

ここまで，おもに技術者自身の安全について述べてきた．ここからは，技術の受益者（消費者と公衆）の安全に関する事項を取り上げよう．

日本企業の生産技術が世界で高い評価を獲得した理由の一つに，その製品の高い品質レベルがある．これは，1946年から本格的に制定された日本産業規格（2019年に日本工業規格から名称変更，JIS）*16 をはじめ，デザインレビュー，故障モード影響解析，故障系統図解析などの製品設計にかかわる技術手法の活用や，現場の第一線の人たちを中心とす

*16　日本工業規格（JIS）は，2018年5月に標準化の対象をデータ，サービス，経営管理分野等に広げるとともに抜本的に見直しを行い，名称も「日本産業規格」（JIS）に変更された．施行日は2019年7月．

コラム 04　国際規格（ISO 規格）の制定と活用

ISOとは，国際標準化機構（International Organization for Standardization）の略称で，1947年，スイスのジュネーブに設立された国際機関のこと．電気分野を除く工業分野の国際規格の策定を担う．

以来，製品の品質，性能，安全性，試験方法等に関する国際標準を定めてきたが，1987年には，新たにISO 9000シリーズ（9000～9004）を制定した．製品の規格化の範疇を越えて，組織の品質管理システムを規格化しようというもの．システムに関する初めての国際規格となった．わが国のTQC（全社的品質管理活動）に刺激され，世界共通のシステムの標準化をめざした．その核となるISO 9001は，2000年および2015年に2回の大改訂が行われた．2015年の改訂では，環境マネジメントシステムISO 14001（p.149「コラム14」参照）との整合性を図る改訂が行われた．これらの改訂を機に，企業の外部審査や内部監査に広く用いられるようになった．これによって，組織の業務基盤が整備され，製品や業務の品質が改善されるとともに，ISO認証を受けることによって，取引先や顧客からの信頼が向上するというメリットがある．

品質規格以外にも多くの規格がある．代表的な規格として，環境マネジメントシステム，労働安全衛生（45001, OHSAS 18001），情報マネジメントシステム（27000），リスクマネジメント（31000），食品安全（22000），企業の社会的責任（26000），エネルギー（50001），機械設備の安全（12100）などがある．

る品質管理活動などの地道な改善活動に負うところが大きい．なお，製品設計を含む製品品質の基本的な国際規格としてISO 9001がある[*17]．この規格は，製品の安全を含めた製品品質を確保するための，トップマネジメントの責任も明記した，品質マネジメントの一般原則を定めている．

*17 → コラム 04 (p.97)

ところが，2017年9月以降，日本の代表的な大企業からあいついで品質不正問題[*18]が発表された．企業倫理以前の問題で，ISO 9001が根づいたとはとうていいえない．今こそ，日本の技術者から経営者まで，実践的工学倫理を浸透させたい．

*18 → 事例ファイル 16

一方，食品偽装[*19]など意図的な不正行為も枚挙に暇がない．なお，製品の安全と製品保証の点で忘れてはならないのは製造物責任の問題だ．

*19 → 事例ファイル 17

食の安全と偽装問題　事例ファイル 17

近年，食の安全を脅かす事件が次つぎ報道され，消費者は不安を募らせている．

ここ十数年間のおもな事件だけでも，雪印乳業の食中毒事件（事例研究Ⅱ-4-3参照），雪印食品や日本ハムなどの牛肉産地偽装，不二家やマクドナルドの消費期限切れ原料使用，ミートホープの品質表示偽装，産業廃棄物業者「ダイコー」のCoCo壱番屋廃棄カツの横流しなどがある．製品の賞味期限や消費期限の偽装は，石屋製菓，赤福，船場吉兆などきりがない．産地偽装や原料偽装もさまざまな食品やホテル業界に広がっている．輸入冷凍餃子や冷凍野菜への異物混入事件なども大問題になった．

2017年8月には，埼玉県および群馬県の総菜チェーン店「でりしゃす」で購入した総菜を食べた人の間で，腸管出血性大腸菌O157による集団食中毒が発生し，3歳の女児が死亡した．

もともと食品の生産地や品質の違いは，見た目では判別しにくい．また生産者や販売者の多くが小規模であるうえに，不正を監視するシステムもない．創業者やその家族による経営が，不正の摘発を困難にしている場合もあった．

明らかに悪質な偽装もあったが，「もったいない」という意識が影響した偽装もあった．しかし，社会は，たとえ健康被害がなかったとしても許してはくれない．そのため，世論の非難に晒された企業が消滅への道を歩む例も多い．一方，その後の対応が評価され，復帰への道を歩む企業もある．

超有名ブランドだった「雪印」も，連続不祥事によって失墜したが，雪印グループはその後再編され，乳食品事業を中心に再興を図っている．日本の二大食品会社の一つ日本ハムも，大規模な牛肉産地偽装を犯し，売り上げが半減する危機に直面したが，経営者から末端の従業員まで，全社をあげて展開した集団倫理活動が実を結んで，顧客の信頼を回復し，短期間に売り上げを回復した．

不二家の事件では，経営者が不祥事の公表を抑えていたことが明らかになり，また，ずさんな原料管理が次つぎと露呈して，たちまち顧客の信頼を失い，経営不能に陥った．その後，同社は山崎パンの子会社になり，事業を再開した．一方，地方の老舗菓子メーカーである石屋製菓（白い恋人）と赤福（赤福餅）は，事件後，地道に信頼回復に努め，立ち直ることができた．そして，過去の「家業」から真の「企業」へと脱皮しつつある．

ミートホープと船場吉兆は歴史も業態もまったく異なるが，いずれも不祥事露呈後の対応が不誠実で，ともに倒産に追い込まれた．

輸入食品の事件は，製造国の国情もからんで，真相は明らかになっていない．

原発事故による放射能汚染は，農水産物や加工食品に大きな影響をもたらした．実質的な汚染被害にとどまらず，諸外国による輸入禁止措置や，国内でも，福島のみならず近隣地域から全国におよぶ風評被害が，深刻な問題になっている．

（「朝日新聞」；「産経新聞」などによる）

製造物責任法は欠陥を要件とする無過失責任を問う法であることはすでに述べた[*20].

*20 → I部6章「製造物責任と技術者」(p.51)

排出物質と廃棄物の安全

工場の製造現場や研究・開発現場などから，大気中や水中などにだされる排出物や固体状および液体状の廃棄物などについても，十分に注意する必要がある．特に大気中や水中に出される排出物の中でも有害なものは環境を汚染し，公害の源にもなる[*21]．過去には四日市ぜん息や水俣病など，全国で多くの公害事件が発生した[*22]．現在では，公衆の安全・健康に悪影響をおよぼす物質の多くは，大気汚染防止法，水質汚濁防止法，悪臭防止法などで規制され，適切な処理が義務づけられている．

*21 → 事例ファイル18

*22 → 事例ファイル23 (p.133)

製造過程からの化学物質の排出を抑制するために，PRTR法(Pollutant Release and Transfer Register，化学物質排出把握管理促進法：化管法）が制定された．この法律によって，事業者は，対象となる化学物質ごとに，工場・事業所などから一般環境中にだす排出量や，

アスベスト禍　事例ファイル18

2005年5月，クボタは，旧神崎工場の従業員ら78人が「中皮腫」(がんの一種)で亡くなり，周辺住民にも発病者がいることを公表した．旧神崎工場では1957～75年の間，毒性の強い青石綿を使って水道管をつくっていたという．これを契機に，より広範な被害が明らかになってきた．

石綿(アスベスト)は，鉱物にもかかわらず柔軟性があり，燃えず，腐らず，さびず，断熱性が高く，しかも安価なために，さまざまな用途に使われていた．20世紀後半には建材や自動車のブレーキパッドなどにも大量に使われるようになった．それにつれて，世界各地で石綿による健康被害が報告されるようになった．1972年には，世界保健機構が発がん性を指摘して，空気中に浮遊する石綿を大量に吸い込むと，極細な繊維が体内の組織に刺さり，中皮腫を発症するとした．その結果，わが国では1975年に石綿の吹き付け作業が禁止され，断熱材やブレーキパッドなどの用途では他の材料への転換が行われた．しかし，建材などでは欧米諸国より規制が遅れ，その後も大量に使われ続けた．ようやく1995年に毒性が特に強い青石綿（石綿には青石綿，白石綿など6種類がある）の輸入や加工が禁止されたが，石綿の使用が全面的に禁止されたのは2006年になってからだった．

クボタの公表直後から，全国のほかの工場でも同様の被害が起きていることが明らかになり，大きな社会問題に発展した．そして，潜伏期間が15～50年と非常に長いことが，被害の把握を難しくしていた．全国的な調査が行われ，何千ヵ所もの事業所で被害が発生していることが判明した．2006年には石綿健康被害救済法が施行され，労災の対象にならなかった被害者の救済も行われるようになった．法対象の死者は年々増え，2016年には，単年度で1550人，累計で13,139人となり，多くの被害者が労働災害の認定を受けるようになった．現在，石綿を使った建造物の解体や製品の破棄が続けられているが，非常に広範囲に使われていた物質なので，この問題は長期間に渡る恐れがある．さらに，阪神・淡路大震災(1995年)後に，建造物解体現場における石綿の空気中濃度が高くなっていたことも判明して，その影響も心配されている．

(「朝日新聞」;「産経新聞」；環境省HP；厚生労働省HPなどによる）

廃棄物などの移動量を把握・集計し，それを一般に公開することが義務づけられた．そして，1999年に公布され，2002年4月から届出がはじまった．

なお，2008年の改正により，その対象物質は人の健康や生態系に有害な恐れのある462物質となり，対象事業者は製造業を中心とした24種類の特定業種で，かつ従業員21人以上の事業者と定められた．この制度の実施により，工場と周辺住民との対話の共通基盤ができるとともに，企業自身が物質の自主管理とその改善に努力することとなった．また，多くの企業では，環境管理の国際規格ISO14001の認証を受け，製造過程や研究・開発現場からの排出物・廃棄物について，環境に配慮した活動が行われている．

さらに，化学系企業を中心に，グリーン・サステイナブル・ケミストリー(GSC)の活動が行われている．この活動は，製品設計，原料選択，製造法，使用法，リサイクルなど，製品の全ライフサイクルを見通した技術革新により，「人の健康・安全」，「環境保全」，「省資源・省エネルギー」などを実現して，持続可能な社会の構築に資する新しい化学技術体系を創生することをめざしている．

レスポンシブル・ケア(Responsible Care，RC)とよばれる活動も行われている．RCは，化学物質による環境汚染が問題になるなか，化学産業が長期的に存続していくための新しい倫理規定として，カナダ化学品生産者協会により1985年に誕生した．米国では化学物質によるラブキャナル土壌汚染事件[*23]をきっかけに1980年「スーパーファンド法」が成立していたが，米国化学工業会(ACC)は，化学産業が社会からの信用・信頼を得て存続するためにはRCしかないと判断し，1988年に導入を決定した．

*23→事例研究Ⅱ-3-2 (p.152)

1989年，日・米・欧の化学工業協会が集まり，RCを世界に普及させることを目的としてInternational Council of Chemical Associations (ICCA) を設立した．その結果を受け，日本化学工業協会(JCIA)では，1992年に「RCの推進に関する指針」を策定し，さらに1995年に日本RC協議会を設立した(現在は「日化協RC委員会」に改称)．2005年に，ICCAは過去20年間の活動を総括し今後の活動の指導原理となる「RC世界憲章」を策定した[*24]．

*24 日本化学工業協会「レスポンシブル・ケアを知っていますか？」(2011年5月)．

RCは，化学製品を安全に管理するという倫理にもとづいて，優れた成果を達成するという化学産業のとりくみだ．すなわち，化学物質の開発から製造・物流・使用・最終消費を経て廃棄・リサイクルに至るすべての過程において，自主的に「環境・安全・健康」を確保し，活動の成果を公表して社会との対話・コミュニケーションを行う活動だ．RC の実施項目としては 6 つの項目がある；①環境保全，②保安防災，③労働安全衛生，④物流安全，⑤化学品・製品安全，⑥コミュニケーション．

RC は，経営トップの宣誓と目標の設定にもとづいて行う自主管理活動で，常にレベルアップを図っている．RC へのとりくみは，経営トップが「市民の知る権利を尊重し，市民の不安に耳を傾け，対話による解決をめざし」，「法律以上のことを自主的に行い，倫理的に正しいことをする」という新しい考え方（戦略）に転換する，きわめてトップダウン的性格が強い活動であり，経営トップの意思決定とリーダーシップが非常に重要な活動だ．

日本における RC の主な成果を欄外に記す*25．

プロダクト・スチュワードシップ(PS)*26 は，化学物質の開発から製造・輸送・最終消費・廃棄・リサイクルに至るサプライチェーンを含んだ製品ライフサイクルのすべての工程を通じて，リスクの評価およびリスクに応じてヒトの健康と環境を保護する活動である．RC の重要な柱であり，化学物質をヒトの健康・安全・環境の面から管理するための化学産業のキーメカニズムだ．

国際的には，RoHS 指令*27，REACH 規則*28，POPs（残留性有機汚染物質）規制など，EU から発せられた環境にかかわる規制の適用が，わが国の製造業に普及しつつある．

※

以上「安全と工学倫理」について考えてきたが，たった一人で仕事をする場合を除いては（組織で仕事をするときは），その組織の目的達成と公衆の安全のどちらを優先するかというジレンマにでくわす場合がある．必ずあるといっても過言ではない．とくに安全にかかわる場合は，その判断を誤ると重大な事故・災害につながることが多い．ふだんからその対策を考えて行動することが望まれる．I 部 4 章で述べた「ほうれんそう」*29 や記録をとること*30 などが役だつ．また I 部 5 章で述べたように，公益通報者保護法が制定され，内部告発者も保護されるようになっている．しかし，内部告発に走る前に，上司や周囲のメンバーに「ほうれんそう」を行い，問題解決に努力することが第一であろう*31．

＊25 日本化学工業協会「日化協アニュアルレポート 2016」(2016 年 9 月)によると
地球温暖化防止；地球温暖化ガス削減 29％（2014 年実績，基準年 1995 年比）
環境保全；PRTR 法指定物質の排出量削減 76%（2015 年実績，基準年 2000 年比）
労働安全衛生；労働災害発生削減 40%（休業災害度数率，2015 年実績，基準年 2008 年比）

＊26 PS は，化学物質の製造者，その供給者，顧客の間での共同作業であり，供給者，顧客，その他バリュー・チェーンにかかわる者の間での緊密で持続的な業務関係が求められる．これらの関係者はバリュー・チェーンの川上から川下にわたり情報を共有する必要がある．

＊27 RoHS（Restriction of the use of certain hazardous substances）指令：有害物質使用制限指令とは，EU 加盟国において，下記の 10 種の物質の電気・電子機器への使用量を制限する指令のこと．2006 年 7 月 1 日より実施されている．対象物質は，鉛，水銀，カドミウム，六価クロム，ポリ臭化ビフェニル，ポリ臭化ジフェニルエーテル，フタル酸エステル 4 種類．

＊28 → コラム 05（p.114）

＊29 → I 部 4 章（p.41）

＊30 → I 部論 7 章「実践的技術者倫理」（p.65）

＊31 本書の多くの事例が内部告発によって発覚した．村山治ほか著『ルポ内部告発』（朝日新書，2008）には，多くの内部告発の例が解説されている．

耐震強度偽装事件

2005年11月17日，国土交通省は，千葉県市川市の姉歯建築設計事務所が，首都圏のマンション20棟とホテル1棟の，耐震強度にかかわる「構造計算書」を偽造していたと発表した．計算書の審査を行った民間の審査機関から情報提供を受けて調査を進めていた．一部は震度5強程度の地震で倒壊する恐れがあるとされた．

建物の設計は，建築主から設計事務所に依頼されるが，そのうち構造設計の部分は外注されることが少なくない．外注を受けた一級建築士のA氏は，国交省の定めるプログラムを使って計算したが，その際，低い震度を入力して得たエラーのない計算書と，正常な震度を入力してエラーがでた計算書を組み合わせるという手法で偽装を行っていた．

国交省は，工事中と未着工の物件について工事停止の措置をとった．危険性が確認された完成物件については，建築基準法にもとづく使用禁止命令が出され，何百戸ものマンションの住民が自宅から退去を余儀なくされた．ホテルも営業停止に追い込まれた．

その後の調査で，同建築士が偽装した物件ははるかに多数あり，首都圏以外にも広がっていることが明らかになった．さらに，ほかにも偽装を行っていた建築士がいることがわかった．問題は戸建の住宅にも広がった．

この事件は発覚と同時に大きな社会問題になり，A建築士らが国会に喚問され，全国にテレビ中継された．事件や事故にかかわった技術者が，民衆の注目を浴びた稀有の例となった．A建築士は一貫して，構造計算を依頼した建築会社や，ホテルの建築に関係したコンサルタント会社からの圧力で偽装を行ったといい張った．ところが，司直の捜査がはじまると，たちまち，単に顧客ほしさに自ら偽装を行っていたことが明らかにされた．

一連の事件で，建築確認に責任をもつ地方自治体や，民間の審査機関の審査方法に欠陥があることも明らかになった．建築基準法が異例の速さで改正され，審査方法が厳格化された．その結果，全国の自治体で建築確認手続きが大幅に滞る事態が発生した．それが原因となって，全国でマンションを含む住宅の着工件数が激減した．さらに，そのあおりを受けた多くの弱小建築関連業者が倒産に追い込まれた．日本経済全体にも看過できないマイナス要因となった．

代表的な専門技術者の一つである一級建築士がこのような行動をとったことは，まことに遺憾といわざるをえない．しかしその背景には，日本の建築業界では構造設計の専門家が建築デザイナーの下請的立場におかれ，経済的にも恵まれない状況にあったことが指摘された．事件を受け，日本建築構造技術者協会（1989年設立）が，地位改善の活動を強めている．

建築基準法違反や議院証言法違反（偽証）などで起訴されたA被告は，最高裁まで争ったが，2008年2月上告が棄却され，懲役5年，罰金180万円の刑が確定した．

「朝日新聞」;「NHK-TV・クローズアップ現代」などによる．

あいつぐ化学工場の爆発火災事故

2012年9月29日，姫路市にある日本触媒姫路製造所で，アクリル酸中間貯蔵タンクの爆発火災事故が発生し，消火活動中の消防隊員1名が死亡した．さらに，警察官，従業員の36名が重軽傷を負う惨事となった*1．当該貯蔵タンクの貯蔵液量が増加したにもかかわらず，タンク下部から上部への上下循環攪拌を実施しなかったため，上部の液が冷却不足となって温度が上昇した．その結果，アクリル酸の重合が始まり，タンク内部が高温，高圧になった．ついにはタンクに亀裂が生じ，内容物が流出し，その流出物に着火し爆発火災が発生した．事故後，タンクに温度計が設置されておらず，温度上昇を検知できなかったことも判明した．

また，2014年1月9日，三菱マテリアル四日市工場において，高純度多結晶シリコンの製造プラントで爆発火災が発生し，死者6名，負傷者13名の人的被害がでた*1．長時間運転によって管内にクロロシランポリマーが付着した熱交換器を解体して，洗浄する非定常操作中だった．加湿窒素を流して付着ポリマーを加水分解した後，フランジを開放中に爆発火災が発生した．その衝撃でフランジが吹き飛び，作業員および研修中の見学者が被災した．事故後の実証実験で，付着ポリマーの加水分解生成物は，熱感度および打撃感度ともに，元のポリマーよりも高く，発火・爆発の危険性がきわめて高いことが判明した．

その他，2011年11月13日には，東ソー南陽事業所塩化ビニルモノマー製造プラント*1で，2012年4月22日には，山口県にある三井化学岩国大竹工場のレゾルシン製造プラント*1でも，死亡事故が相次いでいる．

最近の化学工場の爆発火災事故は，緊急シャットダウン，設備の洗浄および修理等の非定常作業中に発生するものが非常に多い．これら事故の共通原因*2として，

① 危険物に対する理解不足，危険予知能力の低下および技術伝承の不備
② 非定常作業や緊急時のマニュアルの不備
③ 過去の事故再発防止策および技術情報の共有・伝達の不足
④ 安全に対するとりくみの形骸化

などが指摘されている．

いずれも，化学企業の技術者と経営者がともに，よくかみしめるべき問題だ．

化学工場の安全管理部門の中堅技術者として勤務していた場合，爆発火災事故を防ぐために必要なことは何かを考えよう．

製造プラントの不具合箇所を発見したときに，工場勤務の技術者として，どのように対応すべきかを考えてみよう．

*1　各社「事故調査報告書」および日本化学工業協会発行「事故事例に学ぶ　CD版(第1巻〜第4巻)」より．
*2「石油コンビナート等における災害防止対策検討関係省庁連絡会議報告書」(総務省消防庁，2014年5月) などより．

笹子トンネル天井板崩落事故

2012年12月2日，山梨県甲州市と大月市にまたがる中央自動車道上り線の笹子トンネル（全長約4.7 km）で，コンクリート製の天井板が130 mにわたって崩落し，車3台が下敷きになった．うち2台から発火してトンネル内火災が発生，9人が死亡し，2人が重軽傷を負う大惨事となった．国土交通省は，日本国内の高速道路で，天井の崩落による死亡事故は過去に例がないとしている．

天井部分は，トンネルの「換気ダクト」の役割を担っていた．天井板は，トンネル頂上部から長さ5.3 mの金具で吊り下げられ，この金具は，ボルト（直径1.6 cm，長さ23 cm）によって，頂上部のコンクリートにあけた孔に接着剤で固定されていた．国交省の最終報告書によれば，施工時からボルトの接着強度が不足し，経年劣化により接着強度がさらに低下していたことが判明した．

笹子トンネルでは，1977年の供用開始後，年に一度の定期点検と，5年に一度の詳細点検を行っていた．事故直前の2012年9月に詳細点検を行ったが，とくに異常は見あたらなかったという．ただし，検査は目視だけで行われ，金槌でたたいて異常を検知する打音検査は，目視で異常を認めた場合にのみ行うとされ，2000年以降実施していなかった．事故後の点検では，計1211件もの不具合が見つかった．その後，トンネルの天井板をすべて撤去し，新しい換気装置を取り付け，翌年2月8日に全面復旧した．

国交省は，笹子トンネルと同型の（吊り金具により支えられた天井板をもつ）トンネルが，関越トンネル，関門国道トンネル，山手トンネル（首都高速中央環状線）など，全国で49ヵ所あることを明らかにし，同型トンネルの緊急点検を，各高速道路会社や，地方整備局，地方自治体などに指示した．該当する全トンネルの緊急点検が行われ，首都高速の羽田トンネル，阪神高速の神戸長田トンネルなど，16のトンネルで何らかの不具合が発見された．いずれも安全上大きな問題はないが，緊急補修を行うという．

2017年11月，当時の役員4名と保守点検責任者数名が業務上過失致死傷罪で書類送検された．遺族らが起こした民事訴訟では，2015年12月，横浜地裁はNEXCO中日本とその子会社に計4億4371万円余を支払うよう命じ，判決が確定した．一方，NEXCO中日本の役員（事故当時）4人に対し総額2400万円の損害賠償を求めた裁判では，2017年5月に最高裁で遺族側敗訴が確定した．また，国交省は，トンネルにくわしい専門家からなる事故調査・検討委員会を立ち上げ，2013年6月に報告書が提出された．過去に笹子トンネルと同様の事故が発生していたが，NEXCO中日本は対策をとらなかったことも判明した．

この事故をきっかけに，老朽化したインフラの修復／保全に関心が集まっている．首都高速道路や各地の橋梁など，補強工事や改築が必要なものが少なくない．政府や自治体の政策が注目される．

この事故の最も本質的な原因は何だったと考えるか？　また，それを防ぐために何が必要だったか？

なぜ，同様の事故事例の教訓が生かされなかったのだろうか？

「トンネル天井板の落下事故に関する調査・検討委員会報告書」（国土交通省，2013）；「読売新聞」；「朝日新聞」；「毎日新聞」などを参考に作成した．

印刷会社の胆管がん労災事故

2012年5月19日の新聞報道によると，大阪市内の印刷会社SANYO-CYP社（SY社）で1年以上働いた元従業員33人のうち，少なくとも男性5人が胆管がんを発症し，4人が死亡していた．平均的な日本人男性の胆管がんによる死亡率の約600倍ときわめて高率である点と，25～45歳の若い人が発症している点が特徴とされる．厚労省が，全国の印刷業18,000事業所で同様の事例の有無を調べたところ，胆管がんで労災申請した人が52人，うち32人が死亡している（2012年11月現在）．

SY社では，校正印刷という工程で刷版を洗浄する手作業に，換気フードもないまま大量の有機溶剤を使っていた．溶剤のうち，1,2-ジクロロプロパン（DCP）やジクロロメタン（DCM）が原因と疑われている．これらの物質の発がん性試験では，マウスに対して肝臓がんの発症率の上昇が認められるが，ラットでは認められない．ヒトに対する発がん性の知見はなかった．これらの物質が生体内で代謝される際に生成する代謝産物が発がん性をもつのではないかと考えられている．

DCPとDCMは共に，化管法（PRTR法，p.99参照）で第一種指定化学物質に，化審法（p.114，コラム05参照）で優先評価化学物質に指定されている．発がん性の知見が揃わなくても，危険が疑われる物質だ．こうした使い方は非常識としかいえない．ちなみに，1990年代までは街のクリーニング工場などでも，塩素系溶剤が広く使われていたが，その後，非塩素系溶剤に転換された．

2012年6月と7月に，SY社で，労働安全衛生総合研究所による検査が行われ，数十ppmのシクロヘキサン（CH）が検出された（DCPやDCMはすでに使用されていなかった）．これは，米国産業衛生専門家会議が提案する許容濃度（100 ppm）を下回るが，他の溶剤も同時に使われていることを考えれば，好ましい環境とはいえない．また，過去の作業の模擬実験の結果では，CHよりガス比重の重いDCPやDCMの濃度が200～300 ppmに達した．DCPには許容濃度が設定されておらず，DCMは日本産業衛生学会等の許容濃度（50 ppm）を大きく上回った．

2013年3月14日，厚労省は，SY社の元従業員ら16人（うち死亡7人）に対して労災認定することを決定した（後に1人追加）．同省の専門家検討会から，上記2種の有機溶剤が原因物質であることを強く示唆する報告を受けたことによる措置だ．このように迅速に労災認定されるのは異例のことで，この問題の深刻さを物語っている．

2013年8月，厚労省は労働安全衛生法施行令等を改正し，DCPを特定化学物質に追加し，許容濃度を1ppmに設定した．さらに2014年11月，DCMも有機溶剤則から特定化学物質に移行し，発がん性を踏まえた措置が義務づけられた．

印刷会社の経営者や担当技術者の責任をどのように考えるか？

専門技術者のいない中小企業で，有機溶剤を新たに取り扱う際にどのような注意が必要か？

「毎日新聞」「読売新聞」「産経新聞」；熊谷信二「オフセット校正印刷会社における肝内・肝外胆管癌に関する調査中間報告書（配布用）」（安全センター情報，2012年11月号，p.15-26）；「災害調査報告書A-2012-02，大阪府の印刷工場における疾病災害」（労働安全衛生総合研究所，2012）；厚生労働省パンフレット（2013，2014）などを参考に作成．

2章 リスクの評価と工学倫理

「危険なものを安全に使いこなす」技術者の仕事は，その多くの部分が，「危険」がもたらすリスクを正確に評価し，対応を考えることにある．「リスクの評価」は，技術者の仕事の中核をなすといってもよい．

技術者は，日常の製造業務や研究開発業務などにおいて，自分自身で行動を決定しなければならない場合がしばしばある．その際には，その行動に付随する技術的なリスクを正しく評価したうえで行動することが必要になる．

本章では，「リスクの評価」*1 という言葉を，単なる評価だけでなく，技術者の立場で，技術のなかに潜むリスクを発見し，その大きさを推定し，技術的対応をとるまでの過程をふくんだ意味で使う．リスクの大きさが許容できるレベルになるまで，リスクの評価を何度もくり返さなければならない場合もある．

*1 工学倫理を考えるうえで，「リスクの評価」を便宜的にこのように定義する．「リスクの低減」などの言葉を使ってもよいが，「評価」の重要性を強調するために，この言葉を使うことにする．

リスクとは

「この世にゼロリスクはない」といわれるように，すべての人間の営みにはリスクをともなう．

リスクは，リスクマネジメントに関する国際規格 ISO 31000 *2（日本では JIS Q 31000）で，「目的に対する不確かさの影響（期待されていることから，好ましい方向および／または好ましくない方向に乖離すること）」と定義されている．すなわちリスクには，組織に対する脅威（threat）または機会（opportunity），あるいは両方が含まれているというガイドラインになっている*3．

しかし「危険なものを安全に使いこなす」という実践的な技術者の立場に立つ本書では，従来どおり，脅威の側面のリスクに重点をあてて説明することにする．すなわち，ここでいうリスクとは，起きるか起きないかはっきりしない（潜在状態）が，起きる（顕在化する）と都合の悪い事態をいう*4．起きると都合の悪い事態には，人命や健康への被害，金銭的被害，物的被害，そのほか人の名誉や社会的信用の喪失などがふくまれ

*2 日本規格の JIS Q 31000 は，2009 年の国際規格 ISO 31000 の翻訳版になっている．

*3 リスクマネジメントは，事故や危機が起きないように事前に対処する活動であり，リスク情報を評価して，ハザード（hazard；危険要因）を特定する．一方，危機（Crisis）管理とは，実際に事故や危機的な不測の状況が発生した後の活動をいう．なお，ISO 31000 のガイドラインに新たに機会の要素が含まれたのは，経営工学的視点も加味されたためだ．

*4 p.111 の**表 2** に示したように，リスクマネジメントにかかわる ISO 国際規格には，ISO 31000（リスクマネジメント），ISO 9001（品質マネジメント），ISO 14000（環境マネジメント）など多数存在する．

る．会社やさまざまな団体などでは，組織の存続をゆるがすような事態もふくまれる．

リスクの大きさは，一般に

リスクの大きさ ＝ 被害規模 × 発生確率

と表す．考える対象によっては，これは単なる乗算ではなく，被害規模と発生確率の独立した二つの変数の，より複雑な関数として表す場合もある．リスクの大きさが同じ場合，一般に，被害規模の大きいほうが，被害規模の小さい場合より，より重要なリスクと認識される．たとえば，原子力発電所の事故と自動車による事故を比べた場合，一般的には原子力発電所の事故のほうがより重大なリスクととらえられる[*5]．原子力発電所の大事故は過去40年間に世界で3件発生した[*6]．交通事故は警察庁の発表によると，日本だけでも，2017年中に47万件発生し，死者3694人(事故後24時間以内)，負傷者58万人にのぼった．

技術者は，とくに大衆との接点では，「安全と安心は別物」[*7]ということを認識しておく必要がある．安全は，過去の経験や科学的な根拠や法律基準にもとづいた評価，安心は，公衆の信頼感という心理的なものからの評価だ．両者が一致しない場合はしばしばある．原子力発電に反対する市民の感覚は，「絶対安全」を求めている．しかし，技術者は，「絶対安全」は原理的に不可能なことを知っている．過去には，官庁の担当官や原子力発電を推進する立場の人たちが，市民の反対を抑えるための便法として，しばしば「絶対安全」という表現を使っていた．当時からさ

*5 → Ⅰ部2章「技術評価とは」の節（p.11）

*6 → 事例ファイル19，事例研究Ⅱ-2-3（p.122），コラム01（p.25）

*7 → Ⅰ部2章（p.14）

海外での原子力発電所の大事故　事例ファイル19

① 1979年3月28日，ペンシルベニア州（アメリカ）のスリーマイル島原子力発電所2号炉で，配管内部の詰まりを除去中に発生．些細な事故に人為ミスも重なって，冷却水量が低下し，原子炉内が空焚き状態となって炉心が溶融した．幸い，原子炉本体の崩壊はまぬがれた．しかし，付近の建物も汚染した．緊急避難宣言がだされ，一時10万人以上の住民が避難した．死者，負傷者ともになしとされているが，詳細は不明．

② 1986年4月26日，ウクライナ共和国（当時ソビエト連邦）キーウ市チョルノービリ原子力発電所4号炉で発生．タービン発電機の性能テスト中に，原子炉の出力が急上昇して暴走．燃料の温度は3000～4000℃に達し，水蒸気爆発を起こし，原子炉の建屋を吹き飛ばした．とくに，原発の北方300 kmにわたる地域が大量の放射能に汚染され，現在も半径30 kmの区域は居住禁止．13万5000人が強制退避．さらに世界中に放射性物質をまき散らし，一時，ヨーロッパ各地の牛乳，肉，野菜が汚染にさらされた．死者は1987年7月末で31人といわれているが，避難住民や原子炉閉鎖作業者の放射能障害や死者について，公式には明らかにされていない．

（失敗学会「失敗知識データベース」より）

まざまな議論があったが，工学倫理の観点からも，著しく適切さを欠いた対応だった．

私たちは，東北地方太平洋沖地震にともなう原子力発電所事故の手痛い経験を無にしないよう，「リスクの評価」を深化させていかねばならない．とくに，「安全に関しては，想定外はありえない」という教訓を大切にしたい．

近年，「危機管理」(Crisis Management) という言葉を頻繁に耳にする．元来，リスクが顕在化したあとの対応を「危機管理」という．その場合の「危機」とは，「社会システムの基本構造，または，根本的な価値や規範に対する脅威であって，時間的圧力と高度で不確実な環境のもとで重要な決定が必要とされる」事態*8 を指す．すなわち，異常性や巨大性や突発性などの大きなリスクが顕在化したあとの対応だ．国家レベルの危機管理の例としては，阪神・淡路大震災や2001年9月の米国同時多発

*8 大泉光一『クライシス・マネジメント 三訂版』(同文館，2002)．

J&J社タイレノール事件と参天製薬毒物混入事件 事例ファイル20

1982年9月，全米を震撼させる事件が発生した．タイレノール（主成分アセトアミノフェン）は，J&J社（ジョンソン・エンド・ジョンソン社，本社：アメリカ・ニュージャージー州）が製造販売する鎮痛解熱剤で，一般家庭に広く普及していた．同製品に何者かが毒物を混入し，服用した消費者7名が死亡した．

J&J社の対応は実にすばやかった．直ちにテレビ放送で「タイレノールを絶対に飲まないでください．買わないでください」と会長自らが訴えた．ラジオや新聞広告などでも警告した．マスコミも広範囲に報道した．そして，同社は，市場からすべてのタイレノールを回収し，製造，販売も中止した．

同時に，包装法の検討に着手し，ボトルのキャップをプラスチックのバンドでネック部に固定するなど，三重の改ざん防止技術を2週間で開発した．キャップを固定するしくみは，今もスタンダードなものとして使われている．

同社の企業理念の「わが信条（Our Credo)」に沿った取り組みの結果，同社の姿勢は米国民の共感をよび，事件の嫌疑が晴れるや，たちまち市場の信頼とシェアを回復した．

タイレノール事件から18年後の2000年6月，参天製薬（本社：大阪）に，「目薬に毒物を混入した．2000万円を用意しろ．応じない場合は異物を混入した目薬をばらまく」という脅迫状とともに，異物を混入した同社製の目薬が送られてきた．

同社は，即座に社長が記者会見して事実を公表するとともに，ウェブサイトに社告を掲載し，対象製品の撤去を開始した．問題の目薬は，2日間で全国の店頭から回収された．

さらに，再発防止のため，新パッケージを開発し，7月から新包装で生産をはじめた．「患者さんと患者さんを愛する家族の視点で考える」という会社の基本方針に則った責任ある迅速な対応は，高く評価された．

今回の経過について担当のマネージャーは，「早く情報を開示し，マスコミに取り上げていただいたことで早く犯人が逮捕され，マスコミの影響力を痛感した．だから，情報は正しく迅速にださなければいけないと思う」と語った．

日米両社とも企業活動を律する理念をもち，顧客第一主義を貫いてすばやく行動し，危機を乗り越えた．さらには，改ざん防止技術を開発し，類似事件の再発を防いだ．リスクマネジメント，危機管理の面でわれわれに示唆をあたえてくれる．

〔J&J社のホームページ；中尾政之著『失敗の予防学』(三笠書房，2007)；東京海上リスクコンサルティング（株）『リスク・レーダー』No.2002-2 (2000年12月28日)などを参考に作成した〕

テロ，東北地方太平洋沖地震とそれにともなう東京電力福島第一原子力発電所の事故などがあげられる．企業においては，協和香料化学事件*9や，J&J社タイレノール事件と参天製薬毒物混入事件*10のように，企業の存亡にかかわる危機的状態に陥った直後の対応が危機管理といわれる*11．最近では，リスクが顕在化した後での重要な事業の継続や復旧を図るための計画をBCP（Business Continuity Planning）とよび，あらかじめ備えることが普及している．

*9 → 事例研究 II-4-2（p.165）

*10 → 事例ファイル20（p.108）

*11 中村昌允著『技術者倫理とリスクマネジメント』（オーム社，2012）．

格別な倫理違反がないような場合でも，「危機管理」が不適切だと倫理問題に発展する可能性がある．技術者が「リスクの評価」を行うにあたっては，「危機管理」にかかわる問題も視野に入れておく必要がある．

技術者がかかわるリスク

リスクは個人や家庭から，国家や人類にいたるまで，あらゆるところに存在する．科学技術の発達によって，多くの利便がもたらされているが，それらの活用の際にもさまざまなリスクが顕在化している．技術者の周辺には，企業のリスクに加え，技術者としての立場でかかわるリスクがある．企業のリスクには，収益管理の失敗，製造物責任訴訟，知的財産権訴訟の敗北，事故による環境汚染など，多様なリスクがある*12．技術者の立場でかかわるリスクの例を**表1**にまとめた．

*12 くわしくは，三菱総合研究所総合安全研究センター政策工学研究部編『リスクマネジメントガイド』（日本規格協会，2000）など参照．

表1 技術者がかかわるリスクの例

製造・設計関係	・製品異常（安定供給不能，品質規格外れなど） ・品質向上やコスト低減の遅延または失敗 ・PL訴訟 ・設備故障（設計ミス，修理の遅れ，点検ミスなどによる） ・火災や爆発事故 ・労働災害
研究開発・支援関係	・知的財産権権利化の失敗，訴訟の敗北など ・標準化競争での失敗 ・研究投資の失敗 ・新製品の安全性評価のミス ・新製品開発競争での敗北
環境関係	・大気汚染，水質汚濁，土壌汚染，事故による環境汚染など
その他全般	・法令違反 ・情報管理の失敗（情報漏洩，情報遮断など） ・研究者や技術者育成の失敗 ・事業戦略策定の失敗

リスクマネジメント

リスクマネジメントは，1950年代以降，アメリカで経営管理手法の一つとして発展し，日本でも1957年ごろに紹介されて以来，多くの企業で取り入れられるようになった*[11]．2001年3月には，日本工業規格JIS Q 2001「リスクマネジメントシステム構築のための指針」が制定され，その後，前記のように2009年11月にリスクマネジメントに関する国際規格ISO 31000（JIS Q 31000）が発行され，JIS Q 2001は廃止された．なお，このISO 31000は認証規格ではなく，組織行動に対する指針(ガイドライン)なので，強制力はもたない．

リスクマネジメントのプロセスを**図1**に示す．まず，組織としての行動指針や目的を明示したリスク対応方針を策定し，組織員全員で共有することからはじまる．次に具体的作業として，リスクを特定した後，リスクを分析し，リスク評価を行う．リスク評価の結果，リスクへの対応が必要な場合，最適なリスク対応をとる．最後にその対応結果やマネジメントシステムの有効性を評価し，改善すべき点はフィードバックする．このうち，リスクの特定からリスク評価までの手順をリスクアセスメントという．

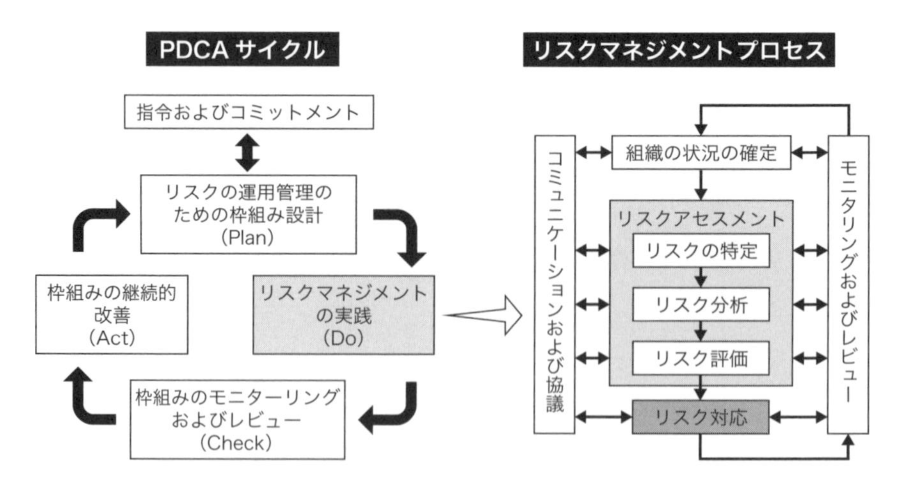

図1 リスクマネジメントのプロセス(ISO 31000／JIS Q 31000)
ISO 31000で用いられている英語表現とは次のように対応している．リスクマネジメント（Risk Management），リスクアセスメント（Risk Assessment），リスクの特定（Risk Identification），リスク分析(Risk Analysis)，リスク評価(Risk Evaluation)，リスク対応(Risk Treatment)．

① リスクの特定：どのようなリスクが潜んでいるかを調べ，そのリスクを把握する．たとえば，可燃物を取り扱う場合の爆発が起きる事態を指す．
② リスク分析：リスクが起きた場合の被害の大きさとその起きる確率を算定する．たとえば，爆発の規模とそれにともなう死傷や物損の程度，また，その起きる確率を算定する．
③ リスク評価[*13]：リスク分析結果を，あらかじめ決めた基準と対比して評価する．リスクをランクづけし，許容可能なリスクレベルか，あるいは何らかの対応が必要なレベルか評価する．

組織全体のリスクアセスメントを行うためには，膨大な情報と人材が必要で，担当部署だけでなく，組織の全部門が緊密な連絡と議論を重ねることが必要になる．実際に事故が生じた場合を想定した実地訓練やドキュメントによる訓練も必要だ．とくに，関係官庁（関係する官庁はいくつもある）への通報や，マスコミへの対応などでトラブルを起こす場合が多いので，日ごろから訓練をしておかなければならない[*14]．また，近年，リスクコミュニケーションの重要性が指摘されている[*15]．

なお，リスクマネジメントやリスクアセスメントに関係した国際的な規格や国内の通達の例に，**表2**のようなものがある．

***13**　ここでいう「リスク評価」は**図1**で示したリスクアセスメントの３番目の評価プロセスにあたる．本章の冒頭で定義した「リスクの評価」はリスクマネジメントシステムを包括している．両者を混同してリスク評価とよぶことがあるので注意．

14**　リスクマネジメントのドキュメントのつくり方については，たとえば，12**で紹介した三菱総合研究所総合安全研究センター政策工学研究部編『リスクマネジメントガイド』（日本規格協会，2000）などを参照．

***15** → II部４章（p.163）

表2　リスクマネジメント関係の規格および通達の例

規格・通達	名称
ISO 31000（JIS Q 31000）	リスクマネジメント－原則および指針
IEC/ISO 31010（JIS Q 31010）	リスクマネジメント－リスクアセスメント技法
ISO 9001（JIS Q 9001）	品質マネジメントシステム――要求事項
ISO 14001（JIS Q 14001）	環境マネジメントシステム――要求事項及び利用の手引
ISO 22301（JIS Q 22301）	事業継続マネジメントシステム――要求事項
ISO 27001（JIS Q 27001）	情報セキュリティマネジメントシステム――要求事項
IEC 61508-1（JIS C 0508-1）	電気・電子・プログラマブル電子安全関連系の機能安全――第１部：一般要求事項
ISO 12100（JIS B 9700）	機械類の安全性――設計のための一般原則――リスクアセスメントおよびリスク低減
ISO 22000	食品安全マネジメントシステム
厚労省指針（平成19年7月31日）	機械の包括的な安全基準に関する指針
厚労省指針（平成27年9月18日）	化学物質等による危険性又は有害性等の調査等に関する指針

技術的観点からのリスクの評価

「リスクの評価」では，まず，どのようなリスクがあるかを見きわめることが大事だ．これには，確実な専門知識と視野の広い判断力が求められる．このため，何でも自分だけで処理しようとしないで，組織内外の力を活用することが必要だ．

既存の技術範囲に属する場合は，過去の情報やデータベースなどにより被害規模および発生確率を見積もることができるが，新製品や新技術の開発の場合は，算定に必要な情報やデータが少ない．不確実かつかぎられた情報のなかで，技術者がリスクの分析を行い，リスクの大きさを決定せねばならない場合がしばしばある．技術者の「リスクの評価」の力量と，ねばり強くやり抜く勇気が問われる．

技術者が，安全に材料やシステムを設計した技術でも，大衆にとって安心できるものとはかぎらない．これを克服する一助として，信頼性設計（reliability design）がある．この設計思想には，次の五つの代表的な考え方がある．

(1)本質安全（intrinsically-safe）設計：システム自体で安全を確保する考えで，たとえば，鉄道と道路の交差踏切をなくして，立体交差にするというような場合．

(2)セイフライフ（safe life；安全寿命）設計：システムの寿命をあらかじめ設定し，この範囲内では故障が起こらないように設計し，寿命が来れば取り替えるという考え方．

(3)フェイルセイフ（fail-safe）設計：システムに故障や設計上の不具合があることをあらかじめ想定し，起きた際の被害を最小限にとどめるように工夫をして，障害が発生した場合でも，常に安全側に制御するという設計思想．たとえば，石油ストーブが転倒しても自動消火できる安全設計．

(4)ダメージトレランス（damage tolerance；損傷許容）設計：使用前に既にシステムまたは部品に損傷があることを前提として，既定の荷重等に耐えられる構造設計（航空機や原子炉設計など）をする考え方がこれに該当する．

(5)フールプルーフ（fool-proof）設計：利用者が誤った操作をしても，システムを安全側に動作させて危険にさらされることがないようにする考え方．たとえば，自動車のギアがパーキングに入っていないとエンジンが始動しないことや，電子レンジでドアが開いていると加熱できない設計.

信頼性設計を行ったシステムに対して，そのリスクの評価が必要だ. 以下，いくつかの分野における評価法などを紹介する.

化学プラントでは危険物を使用するので，潜在的危険性が高い. プラントを新設するときや改良を行うとき，取扱物質の種類，量，プロセスの操作条件などから想定される事故とその規模を予測し，安全対策[*16]を立案する必要がある. リスクの特定やリスクの評価に有用な専門的手法としてHAZOP[*17]が広く利用されている.

一般に化学物質は，快適な生活を支える基礎物質だが，取り扱いや管理の方法によっては，人の健康や環境へ悪影響をおよぼす可能性がある. このため，上市後の製造量や使用状況等をふまえて，その化学物質のライフサイクル全体を視野に入れたリスクマネジメントが求められるようになった[*18]. また，化学品を販売するときは，GHS[*19]に準拠した安全性や環境への影響を記載したラベル表示や安全データシート（SDS）の提供が必要となっている. GHSにもとづくラベル表示やSDSはJIS化[*20]されている.

2014年の労働安全衛生法の改正で，SDS交付対象物質については，努力義務であった化学物質の危険性又は有害性等の調査（リスクアセスメント）が義務化（2016年6月施行）され，指針[*21]が見直された. 指針には，具体的なリスクアセスメント手法やリスク低減措置の検討の考え方が記載されている.

また医薬品や農薬については，使用目的に応じたリスク評価が行われている[*22]. 食品の製造過程での衛生管理に関しては，専門的な評価法が設けられている[*23].

建築・土木技術は，国土・環境保全，人々の安全を守る社会インフラの構築などに大きくかかわるため，その長期性，大規模性，不可逆性から生じる固有のリスクがある. 関連法令，JIS規格，工事基準などの遵守はもとより，自然災害への対応も含めた十分なリスクアセスメントにもとづく，品質・環境マネジメントシステムの運用が求められる. また，工事現場に潜在する災害要因の除去・低減と企業の労働安全衛生の水準向上のために，コスモス（COHSMS）[*24]の導入が進められている.

機械類の安全性評価には，JIS B 9700[*25]および厚労省指針[*26]，電気分野についてはJIS C 0508-1[*27]がある. 厳格な対応とともに，製

*16 たとえば，操作条件の変更や緩和，警報や監視の強化，安全計装システムの強化，緊急遮断，防消火設備の強化など.

*17 Hazard and Operability Studies. プロセスパラメータ（設定温度や濃度など）の正常値からの“ずれ”を想定し，その原因を洗い出す. システムへの影響を解析し，それが重大な問題になるとき，必要な安全対策を検討する.

*18 →コラム05 (p.114)

*19 Globally Harmonized System of Classification and Labelling of Chemicals. 化学品の危険有害性情報の分類，表示方法について国際的に調和されたシステムをつくり，世界中どこの国においてでも危険有害性の情報が一目でわかるように，ラベル表示やSDSで提供することを目的としている.

*20 JIS Z 7253:2012〔GHSにもとづく化学品の危険有害性情報の伝達方法——ラベル，作業場内の表示及び安全データシート（SDS）〕

*21 厚生労働省「化学物質等による危険性又は有害性等の調査等に関する指針」(2015.9.18)

*22 医薬品では，薬の有効性と同時に副作用を調べる臨床試験が行われている. 農薬に関しては，→事例ファイル21 (p.115)，コラム06 (p.116)

*23 Hazard Analysis and Critical Control Point. 食品の製造・加工工程のあらゆる段階で発生する恐れのある微生物汚染などの危害を分析し，その結果にもとづいて，製造工程のどの段階でどのような対策を講じればより安全な製品を得ることができるという重点管理点を定め，これを連続的に監視することにより製品の安全を確保する衛生管理手法.

*24 Construction Occupational Health and Safety Management System（建設業労働安全衛生マネジメントシステム）

コラム05 化学物質のリスクマネジメント

これまでに人類が創りだした化学物質は1億4千万種以上あり，約10万種が使用されているといわれる．これらの化学物質は，製造過程で，あるいは製品として使用された後，環境に放出される．自然界で分解されず，人や生物に影響をあたえるものもある．影響の度合いを評価し，場合によっては使用を規制する必要がある．一般に，化学物質の有害性は，「リスク＝ハザード（有害性）×暴露量」で表される[*1]．このハザードは物質固有の値だ．

化審法[*2]は，PCBによる環境汚染問題を契機として，PCBと類似の性状をもつ化学物質[*3]による環境汚染防止を目的に，1973年に制定された．新たな化学物質を製造，輸入する前にその安全性を審査し，問題が認められた物質の製造，輸入，使用などを規制した．この種の法律では世界の先駆けとなった．

同様な法律は，EUや米国などでも制定され，重要な役割を果たしてきた．しかし，いずれも化学物質のリスクを総合的に評価し，規制するものではなかった．その後，リスク評価とリスクマネジメントの重要性が国際的に認識され，2002年に開催された「持続可能な開発に関する世界首脳会議（WSSD）」で，「科学的根拠にもとづくリスク評価手順とリスクマネジメント手順を用いて，2020年までに，すべての化学物質による人の健康や環境への影響を最小化する」という目標がたてられた．

この国際的な合意のなかで，リスク評価を本格的に導入したのが，2006年にEUで成立したREACH規則[*4]だった．市場に流通する化学物質の大部分，約3万種の既存化学物質を新規化学物質と同様，規制対象にし，製造，輸入量に応じて事業者にリスク評価を義務づけた．化学物質を使用する事業者にまで規制を広げた点でも，画期的といえる．

WSSDの目標の達成に向けた国際的取り組みは続いており，2006年の第1回国際化学物質管理会議で採択された「国際的な化学物質管理のための戦略的アプローチ」（SAICM[*5]）では，科学的なリスク評価にもとづくリスク削減，予防的アプローチ，有害化学物質に関する情報の収集と提供，各国における化学物質管理体制の整備などを進めることを定めた．

これを受けて日本でも環境省を中心に今後の戦略を示す「SAICM国内実施計画」を2012年9月に策定した．環境分野，労働安全衛生，家庭用品の安全対策など，それぞれの分野における化学物質管理を対象として，科学的なリスク評価の推進，ライフサイクル全体のリスクの削減，安全・安心の一層の増進，国際協力・国際協調の推進などについてまとめられた[*6]．SAICMに沿った化学物質管理の主な取り組みとしては，2009年に成立した化審法の改正がある．日本で一定量以上流通している約2万種の化学物質を対象に，既存化学物質と新規化学物質を同じように扱い，リスクにもとづいて管理することになっている．

また，国連加盟193ヵ国が2016～2030年の15年間で達成するために掲げたSDGs[*7]（2015年9月の国連サミットで採択）には，化学物質管理に関する具体的な施策が策定されている．

*1 経済産業省「化学物質のリスク評価のためのガイドブック　実践編」（2007年5月）
*2 化学物質の審査及び製造等の規制に関する法律
*3 難分解性，高蓄積性，長期毒性を有するもの
*4 Registration, Evaluation, Authorization and Restriction of Chemicals
*5 Strategic Approach to International Chemicals Management
*6 環境省「SAICM国内実施計画」（2012年9月）
*7 Sustainable Development Goals（持続可能な開発目標）．17の大きな目標と，169の具体的なターゲットがある．

造部門，品質管理部門，サービス部門など各部門による継続的な改善活動を進めることが重要だ．

材料分野では，高機能・高信頼性が要求されるような航空機用の複合材料や原子力プラント用の金属合金などの構造物の場合，上記(4)の損傷許容設計の考えが用いられている．これは材料の使用初期に，欠陥があることを前提として，くり返し疲労や腐食などにより，材料中に亀裂が発生・進展し，最後には破壊する過程を考慮した構造寿命の評価法だ．

*25 機械類の安全性——設計のための一般原則——リスクアセスメント及びリスク低減

*26 厚生労働省「機械の包括的な安全基準に関する指針」(2007.7.31)

*27 電気・電子・プログラマブル電子安全関連系の機能安全，第1部：一般要求事項

農薬の安全性評価 事例ファイル21

戦後の日本では，食糧の増産が緊急課題だった．住友化学は，肥料の増産に注力するとともに，稲の主要害虫のニカメイチュウに卓効を示す農薬，パラチオンを海外から導入し，製造をはじめた．しかし，この農薬は人体にきわめて有毒だったので，誤った使用による事故が後を絶たなかった．

同社研究陣は，新たに，人体に対し低毒性の農薬を開発する方針を打ちだした．当時，そのようなことが可能だと信じる者は少なかった．合成，薬効評価，安全性評価のチームからなるプロジェクトが結成された．化学会社では，合成や薬効評価の仕事が主流で，安全性評価は，光のあたらない縁の下の仕事とみなされていた．京都大学出身の宮本純之が安全性評価の担当を命ぜられた．

合成担当の西沢吉彦(のちの専務取締役)は，先行文献にもとづいていくつかの仮説を立て，パラチオン分子の修飾にとりくんだ．化合物を合成しては，薬効評価と安全性評価に回した．地道で根気のいるスクリーニングが続いた．そしてついに，ニカメイチュウに対して強力な殺虫力を示し，マウスに対してきわめて低毒性の化合物を見いだした．1959年のことだった．のちにスミチオンと命名された殺虫剤の誕生だ．初めは，みな半信半疑で，何かの間違いではないかという者もいた．宮本は，幅広く昆虫や動物についての実験を積み重ね，当時のかぎられた実験設備で，粘り強くデータの再現性を確認し，この薬剤の選択的作用は間違いないと断定した．

宮本は，さらに，なぜ昆虫に対する殺虫力が高く，温血動物に対する毒性が低いかという作用機構の解明に突き進んだ．アイソトープを使い，薬剤が体内でどのように変化し，どの部位に作用するか，追跡検討を行った．農薬の生体内運命の調査と作用機構の解明を行ったのは，宮本が初めてで，文字どおり世界のパイオニアとなった．

その後，社内で開発された農薬は，必ず人や環境に対する影響を，宮本が開発した手法で評価し，基準に合格したもののみが上市を許されるようになった．せっかくよく効く新しい農薬を発明しても，2年も3年もかかる慢性毒性試験や生殖毒性試験などで不合格となり，努力が水の泡となった農薬候補は枚挙に暇がなかった．合成研究者や営業担当者から，宮本の妥協を許さぬ厳しい安全性チェックに対して，「宮本よ，お前はアメリカのEPA(環境庁)か」と非難されたこともあったという．しかし，このおかげで，住友化学は市場から，「住友の農薬は安全」とのゆるぎない評価を勝ちとった．

宮本は，ピレスロイド系農薬・スミサイジンの開発においても，その妥協を許さぬ徹底解明の姿勢を遺憾なく発揮した．その結果，薬剤の投与量には，生理活性が現れない閾値があることも見いだした．この研究は，国際的に高く評価され，農薬の世界でノーベル賞といわれるバーディック・アンド・ジャクソン賞を受賞した．その後，宮本は，IUPAC(国際純正応用化学連合)の環境と化学部会長として，国際舞台でもその見識と手腕を発揮し，外因性内分泌かく乱物質(いわゆる環境ホルモン)についての科学的知見を再評価する膨大な研究を指揮した．

2003年，宮本は，長年の活動の総決算として，化学物質を市民に正しく理解してもらうことを目的に書き下ろした『反論！化学物質は本当に怖いものか』(化学同人)の最終ゲラを見終えたところで，出版を待たず72歳で他界した．壮絶な生涯だった．住友化学は，強烈な信念の研究者，宮本を，最後まで役員待遇で遇した．

〔『住友化学』**11**，特・51(1961)；『化学』**18**，304(1963)より〕

リスクへの対応

リスクアセスメントの結果にもとづき，リスクへの対応にあたっては，通常，次のいずれかを選択する*28.

*28 ISO 31000には，この5手法を含む以下の7手法が掲げられているいる．①リスクの回避，②リスクをとるまたは増加させる，③リスク源の除去，④起こりやすさの変更，⑤結果の変更，⑥リスクの共有，⑦リスクの保有．

① **リスクの保有**（Risk Retention）：予想されるリスクが小さいので，あらかじめ格別な対処はしないで，リスクが顕在化してから対処する．おとなしい子犬の散歩がその典型だ．一般には口輪をしないで散歩をさせ，万一噛みつき事故が起きれば責任をとる．

コラム06 DDT，禁止と再評価

DDTは1939年，スイスのガイギー社で開発された．第二次世界大戦中に，南方戦線で多くの連合軍将兵をマラリアから守ったことから，いちやく注目された．戦後の混乱期の日本でも，悪性伝染病の蔓延を抑えるのに大きく貢献した．その後も，世界中のマラリア蔓延地域の住民に，大きな福音をもたらした．その功績に対して，発明者のP.ミュラーはノーベル医学生理学賞を受けた．

DDTは安価で，あらゆる害虫によく効くが，人畜には無害という，たいへん優れた殺虫剤だった．農業・林業用にも広く使われ，大量のDDTが製造された．1960年ごろには，使用量がアメリカだけで年間8万トンにも達したという．

そのころから，自然界の生物相に不吉な兆候が見えはじめた．1962年に出版されたレイチェル・カーソン(アメリカの女性生物学者)の"Silent Spring"『沈黙の春』*1は，農薬とりわけDDTの自然破壊について人類に大きな警鐘を鳴らした．これを契機として，広く環境への悪影響が危惧され，DDTの使用を控える動きが広まった．

それに符合して，マラリア感染者は再び増加に転じた．とりわけ，サハラ砂漠以南のアフリカでは，急性マラリア患者が毎年5億人も発生し，落命する多くは5歳以下の幼児だという．

2006年，世界保健機構（WHO）のマラリア対策部長 古知新博士は，環境保護者に向かって，「環境の保護と同様に，アフリカの赤ん坊を救え」と訴え，過去30年間にわたるDDT使用禁止政策から，DDTの限定使用に大きく方針を変更した*2.

年1，2回，専門家が一軒一軒巡回し，DDTを屋内の壁に残留するように噴霧する．蚊は，壁に止まる習性があるので，DDTによる忌避効果と殺虫効果により，蚊を撲滅する．

リスク対策をとることにより，新たなリスクをもたらすことがある．どのような結果が生じるか，その時代の美しい言葉に惑わされず，視野を広げて粘り強くリスクの評価を行う必要がある．

なお，DDTには，新たな耐性蚊が現れているともいわれ，さらに強力な薬剤が求められている．また，日本の企業により，殺虫剤入りの蚊帳がアフリカのマラリア対策に供されているのも注目される．

（朝日新聞などによる）

*1 新潮文庫(1974)
*2 WHOプレス発表(2006.9.15)

② **リスクの削減**（Risk Reduction）：①の場合ほどリスクが小さくないので，そのまま放置せず，何らかの新しい対策をとって，予想される被害の規模を小さくしたり，発生確率を下げたりして，リスクを削減する．たとえば，危険物の取り扱い量を減らして，爆発が起きても問題のない規模にまで抑える．リスクを予見して対処した「電子材料用高純度原料中の不純物」,「日本エアシステム（JAS）エンジン緊急点検」などの事例がある[*29]．

*29 → 事例研究 II-2-1（p.120），事例研究 II-2-2（p.121）

③ **リスクの分散**（Risk Separation）：同一事故で，多くの資産が同時に損失を被らないように，同一場所，同一時刻に集中させないで分散させる．同じ製品の製造工場を九州と東北に建てるとか，同じ飛行機に乗らないなど．

コラム07　将来リスクが予想されるナノ技術

2001年ごろから，ナノ材料の研究開発は各国の戦略的な研究分野となり，研究費の拡大により研究者・技術者の数も増加している．この分野で扱う材料の寸法は，およそ100ナノメートル（nm = 10^{-9} m）以下のオーダーだ．

われわれが日常扱っているアルミニウム製の1円玉には特段，危険性はない．しかしアルミニウムを微粉末（100 ～ 0.1 μm 以下の径）にすると，静電気などの着火源と酸素があれば，粉じん爆発を起こす．これは粒子の場合，比表面積［＝（表面積）/（体積）］が，粒径が小さくなるにつれて大きくなり，表面特性がより効いてくるためだ．このように粒子を超微細化すると，物理的・化学的性質が激変する．

これまで積極的に開発されてきたナノ材料の例としては，グラフェン，フラーレン，カーボンナノチューブなどの炭素材料，金，銀，白金などの粉末やナノワイヤーなどの金属材料，酸化チタン，酸化亜鉛などの金属酸化物などがある．ディーゼル車の排気ガス中の粒子もナノ物質が主成分だ．

ナノ材料は電子材料，医薬品，化粧品など広範囲の社会生活に展開されてきている．しかし，リスクを伴うかもしれない影の部分も同時に考慮する必要がある．ナノ材料の粒子径は，ウイルス（直径：約数十～数百 nm）や赤血球（直径：約 7 μm）と同様に毛細血管（直径：5 ～ 10 μm）よりも小さいため，容易に体内を循環することを考えると，ナノ材料が経皮吸収や暴露吸収などによって健康におよぼすリスクの予測は難しい．径が 20 ～ 350 nm 程度の天然鉱物のアスベスト（石綿）繊維[*1]は，肺癌や中皮腫の誘因となることが指摘され，先進国では使用が禁止されている．

ナノ材料に関する取扱いについては，2009年に厚生労働省，経済産業省，環境省がそれぞれ労働者保護，事業の健全な発展，環境保全の立場から指針を公表している．量子的領域が関わるナノ材料の物性には未解明なことが多いため，予防原則の立場で指針がつくられている．新しい知見が得られるつど，迅速な対応をとる必要がある．

*1　事例ファイル 18（p.99）参照

④ **リスクの移転**(Risk Transfer)：リスクが顕在化した場合，対応するだけの力がないので，対応能力がある組織・機関にリスクを移転する．たとえば，リスクが顕在化した場合は高額となるリスク対策を，少額の保険料を払って，保険会社に引き受けてもらうなど．

⑤ **リスクの回避**(Risk Avoidance)：生命にかかわるとか組織の存亡にかかわるなど，重大な事態が予想されるリスクを伴う活動の場合，これを回避する．すなわち，リスクが大きすぎるので課題そのものを中止する．紛争地域への旅行の中止や赤字事業の売却などがこれに該当する．

本書には多くの事例を載せているが，誤ったリスクの評価を行ってリスクを保有した例としては，フォード・ピント事件*30がある．リスクマネジメント意識が欠如していたために大きな問題に発展した例は，協和香料化学事件*31や雪印乳業食中毒事件*32などに見られる．同様な例として，津波によって原子炉が冷却不能に陥るリスクが話題になりながら，リスクの削減にとりくまなかった「東京電力福島第一原子力発電所事故」の事例がある*33．

最近，人の健康や環境保護の面から国の政策や企業の事業活動に「予防原則」*34を適用することが提唱されている．これは，広範囲で，深刻かつ不可逆なリスクが予想される場合のリスクマネジメントの方策の一つで，政治的あるいは経営的な判断にもとづいて実施される．たとえば，コラム05で述べたEUのREACH規則の施行や事例ファイル25(p.147)で紹介したS. C. Johnson社の脱フロン化へのいち早いとりくみなどがあげられる．

*30 → 事例ファイル03(p.18)

*31 → 事例研究II-4-2(p.165)

*32 → 事例研究II-4-3(p.166)

*33 → コラム01(p.25)，事例研究II-2-3

*34 Precautionary Principle．人の健康や環境に対する深刻かつ不可逆なリスクがあると予想される場合は，因果関係について十分な科学的確実性がなくとも，完全な科学的証拠が揃うのを待たずに，費用対効果を考慮したうえで，事前に予防的措置をとること（日本化学工業協会，平成13年3月）．一方，環境を重視する立場から，費用対効果を無視しても事前に予防的措置をとるべきとの強硬な主張もある．〔大竹千代子・東賢一『予防原則　人と環境の保護のための基本理念』(合同出版，2005)などによる〕．

リスクの評価と工学倫理

技術に携わる人は，高度な知識と知恵を総動員して技術開発を推進する．その過程で，さまざまなリスクが見えてくる．このリスクの内容を知ることができるのは，自分と，共同研究者とその周囲の人，および一部の上司にかぎられる．世の中に大きな影響をおよぼす恐れのあるリスクを，開発に携わっている者だけが知ることができるのは，ある意味で技術者の特権だ．それゆえ，技術者には高度な倫理性が要求される．リスクの評価を的確に行い，巧みに対処して，致命的なリスクを回避しなければならない．これこそ，社会から負託を受けた技術者の使命だ．

リスクが秘密のベールのなかでこっそり保持されていたら，危険きわまりない．開発に先立って，リスクを組織のなかに開示し，関係者と協議し，周囲の協力を得てリスクの評価を行わなければならない．

課題を推進していく途上で，重大な被害が起きるかもしれないというリスクを見つけたときこそ技術者の真価が問われる．そのリスクを曖昧にせず，正面から向き合わなければならない．東京電力福島第一原子力発電所の事故では，津波による全電源の喪失というリスクに対する評価やリスク対応が曖昧にされたことが重大な事故につながった．

期限までに供給する責任があるとき，あるいは予算の制約があるときなど，無理を迫られる場合が少なくない．このような場合には，とりわけ慎重な判断が必要になる．まさに技術者としての真価が問われる．

現在の高度に進んだ物質文明を支えているほとんどの技術は，技術者の正しい倫理観にもとづき，適切なリスクの評価を経て実現した．そこでの地道な努力は，当然のこととして受け止められ，新聞などのマスコミで報道されることは少ない．

一方，倫理にもとる事件として大きく報道された事例がある．たとえば，六本木ヒルズ自動回転ドア事故[*35]，三菱自動車欠陥車隠し[*36]，フェロシルト（土壌埋め戻し材）事件[*37]などがあげられる．いずれの事例でも正しい倫理観にもとづいたリスクの評価ができていなかった．p.120からの本章の事例で，リスクの評価にかかわった先人たちを見てみよう．

*35 → web 事例「六本木ヒルズ自動回転ドア事故」

*36 → 事例研究 II-4-5（p.168）

*37 → 事例研究 II-3-1（p.151）

電子材料用高純度原料中の不純物

A社は，電子材料用高純度原料の自家製造を目的として，研究所で工業化の検討をした．3年をかけたラボ実験・ベンチ実験・パイロット実験の末，技術開発上の諸問題をクリアして，待望の現場製造を開始した．研究所員たちは，現場からでてくる技術データをチェックして，所期の計画どおり工場での製造が進んでいることを喜んだ．

製造開始後7日経って，出荷第一便のローリー車が工場の前に待機しているとの知らせが届いた．関係者が待ち望むなか，製品タンクの分析結果がでた．

品質管理者から「製品は製品規格どおりのものだ．しかし，ガスクロマトグラムのチャートに，従来なかった小さなピークがある」との報告があった．念のため，電子材料としての簡易実用性能評価をしたが，特段の異常は見つからなかった．

研究開発担当の技術者は，「当初の設定品質は実現できたし，簡易実用試験でも問題なかった．当然，製品として出荷すべきだ」と主張した．

しかし，電子材料の開発でさまざまな困難を経験してきた研究担当役員が，「電子材料はきわめて精密なものだ．その電子部品の最終工程で使用する薬品の原料となる本製品は，まだユーザーの生産工程で試されていない．この段階で，便宜上の品質規格に合格したからといって，安易に妥協した製品を出荷するな．万一，品質問題が起こると，何百万個もの半導体に影響がでる」と一喝した．

結局，順調に運転していた工場を停止した．

研究所では，ただちに30人の研究員を動員し，微量不純物の同定，微量不純物の合成，現場条件で微量不純物が生成する原因の究明，現場で微量不純物を抑制する方法の確立の4班に分かれて，昼夜兼行で研究を行った．そして，一週間後に原因が解明され，対策技術ができあがった．この技術のおかげで，製品品質に不安がなくなり，事業は順調に発展した．

なお，原因は以下のとおりだった．研究所では3段階ある製造工程を別個に検討した．中間工程で不純物が生成したが，不安定なため，次工程に移るまでの間に消失していた．ところが，工場では連続して運転するため，不純物は消失せず，次工程へ行く．そこで反応し，新たな不純物となって，製品に混入した．

製品規格に合格し簡易実用性能評価でも品質に問題なしと確認されたので，このまま出荷していたら，将来どのようなリスクを背負うことになるだろうか？

材料の製品化にあたって，研究室のデータを生産工場に渡す場合，どのようなリスク評価をしておく必要があるのだろうか？

この事例は，筆者の実体験をもとに作成した．

事例研究 II-2-2　日本エアシステム（JAS）エンジン緊急点検

2004年1月19日，日本エアシステム（JAS社，現日本航空）は，緊急点検のため，国内約400便のうち，異常があったものと同型エンジンを搭載する120便の欠航を決めた．同社は「安全確認を第一に，早期の運航確保に向けて最大限の努力を行いたい」と表明した．欠航は2月7日まで続き，延べ596便，4万人の旅客に影響をあたえ，減収額は5億円と推定された．経緯は以下のとおり．

1月6日，MD81型機が福岡空港を離陸する前にエンジンに異常振動が生じ，運航を中止．7日には同型エンジンを搭載するMD87型機が鹿児島空港を出発後，異常なエンジン振動を起こし，同空港に引き返した．急遽，両機のエンジンをメーカーのP&W社に送り，分解・点検を依頼した．同時に，エンジンの正常性の確認を急ぐべきと判断し，JAS社独自に，エンジン内部の不具合発見に効果のある検査法の開発に着手した．

17日，P&W社から「エンジンを回転させるための空気を取り込む際，空気の流れを安定させるステーターとよばれる翼の一部に亀裂が入っていた」との報告があった．これまで，このような事例は報告されていなかった．

JAS機 エンジン部品破損 点検作業中のMD81型機
提供：読売新聞社

18日，JAS社技術陣は，急いで開発した新検査法で内部不具合を発見できる確証を得，P&W社の同意も得た．夜を徹して同型エンジンを搭載する飛行機を検査し，19日朝までに6機中5機に同様の亀裂を見つけた．JAS社は，ただちにMD81型機とMD87型機の運航を全面中止した．この報告を受け，国土交通省航空局は，同日，次回飛行までにエンジン当該部亀裂の有無を確認するよう求めた「耐空性改善通報」*1 を発行した．

検査の結果，異常のなかった飛行機は，順次，運航を再開し，21日には検査対象の25機について内視鏡などを使った検査をすべて終了した．結果は，18機に，空気の取り入れ口から8番目のステーターで数cmの亀裂が見つかった．

その後のP&W社の調査で，亀裂は過去に金属補修したステーターに生じたことがわかった．圧縮空気が高速で通り過ぎるため細かい振動が加わるが，補修により，しなりが損なわれるなどして，過重な負荷がかかったことが原因と推定された．

前例のない異常に遭遇して，迅速に新検査法を確立し，検査した結果にもとづき，対象全機種の運航停止にふみ切った技術責任者の心情を工学倫理の立場から推量せよ．

本事例のリスクマネジメント経緯を，**図1**（p.110）に従って，解説せよ．

「朝日新聞」；「日本経済新聞」；JAS技術者の話をもとに作成した．

※

＊1　航空機や航空機に搭載する機器の耐空性に問題が発生した場合，対応策として指示される．

東日本大震災と原子力発電所

地震や津波等に代表される自然現象の予測は容易ではなく，設計上の「想定外」の事象が発生して，従来の科学技術だけでは，十分に対応することができないことが多い．

(1)東京電力福島第一原子力発電所の場合

2011年3月11日の，東日本大震災（東北地方太平洋沖地震）に伴う東京電力福島第一原子力発電所の事故は，日本の技術史上最悪の事態に発展した．地震と津波による全電源喪失に端を発して，原子炉の冷却に失敗し，稼働中の1，2，3号機の炉心がメルトダウン（炉心溶融），1，3号機と運転休止中の4号機の原子炉建屋が水素爆発で大破，4号機の燃料プールの周辺部も破損した．大量の放射性物質が放出され，チョルノービリ事故に並ぶレベル7の原子力発電所事故とされた．

急性被曝による死者こそ出なかったものの，16万人もの福島県民が避難生活を余儀なくされた．放射能汚染は周辺地域に甚大な被害を引き起こし，廃炉処理や汚染水対策など，今なお問題解決のための努力がなされている．県外の人たちも原発事故の恐ろしさを思い知らされた．

この事故の最大の特徴は，複数の原子炉が次々と危険な状態になり，危機が増幅されていったことにある．6つの原子炉と7つの使用済み燃料プールが，同じ敷地内に配置されていた．1つの炉の状態悪化による放射線レベルの上昇や，水素爆発による設備の損傷などが，他の炉や燃料プールへの対策を妨げた．そうして，危機は次々と拡大した．容器の破裂によって，大量の放射能が一挙に放出される可能性があったことや，4号機の使用済み燃料プールがむき出しの状態になったことで，危機感はいっそう高まった．

事故の背景には，「長期間にわたる全交流電源喪失は，送電線の復旧又は非常用交流電源設備の復旧が期待できるので考慮する必要はない」という安全設計審査指針に代表される，原子力安全管理体制の形骸化があった． 米国や欧州では，1979年のスリーマイル島事故や2001年の同時多発テロの後，センサー類やベントのためのバルブの改善を含む，いくつかの過酷事故対策が実施されていたが，福島第一原発では十分な対策がとられていなかった．オペレーターたちは誰一人として，それまでIC（非常用復水器)を動かした経験がなかった．全電源喪失への対処の教育，訓練も受けないまま，マニュアルもなく，計器も読めない真っ暗闇のなかで対応を強いられた．その結果，原子炉への代替注水や格納容器のベント作業が遅れ，事態を決定的に悪化させた．

メルトダウン後，消防ポンプによる海水注入が可能になり，炉心の冷却が行われ，最悪の危機は回避された．続いて，大量に発生する放射能汚染

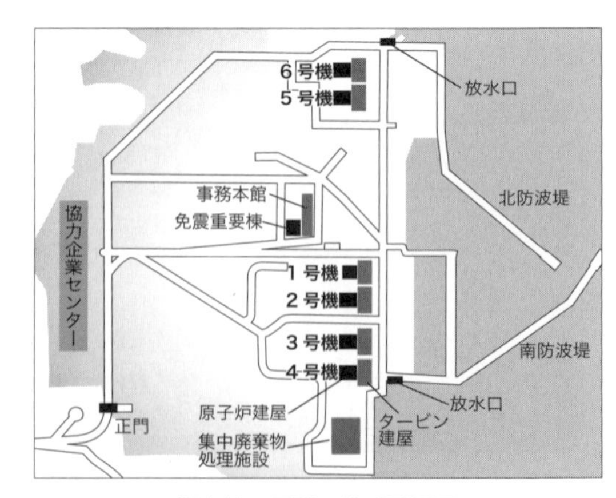

福島第一原発の施設配置図

水の貯蔵場所が問題になったが，緊急に導入された装置を使って汚染水を循環し，セシウム等を除去する態勢が整えられた．それらの結果，2011年12月になって，ようやく冷温停止状態に達したと宣言された．

政府が発表した事故処理工程表によると，2年以内に1～4号機の貯蔵プールにある燃料棒の，10年以内に1～3号機の溶融した燃料の取り出し作業に着手し，30～40年後に廃炉作業を完了することになっている．

事故後に設立された各種事故調査委員会の報告書は，原子力発電を推進していく過程で形成されていった“安全神話”が，安全性向上のための新たな科学的知見や技術革新の成果を生かすことを妨げたと指摘している．安全対策を見直すチャンスが幾度もありながら，「絶対に安全なものに，さらに安全性を高めるなどということは論理的にあり得ない」として，すべて先送りされた．

津波に対する検討はどうだったかも検証された．事故後，東電は「津波は想定外だった」と述べたが，2004年のスマトラ島沖大津波を受けて，2006年に国が東電に対策の検討を要請したほか，東電社内でも，津波のリスクが幾度か議論されていた．2006年，原子力技術・品質安全部設備設計グループの社内研修会で，想定の津波高さ5.7 mを越える津波が襲った場合，5号機を例に分析するよう研究課題が与えられた．それに対して，技術者から「津波の高さが13.5 mになると建屋地下の非常用発電機や直流充電器が浸水し，全交流電源が喪失して原子炉が冷却不能に陥る．津波から施設を守るには，5，6号機の周りに1.5 kmの防潮壁が必要で，費用は80億円かかる」との報告がなされている．

また，2008年，耐震安全性評価の検討を進めるなかで，明治三陸沖津波の波源モデルを福島県沖の海溝沿いにもってきた試算を行い，津波の高さが15.7 mになるとの結果がでた．それを防ぐ防潮堤の設置には数百億円規模の費用と約4年の年月が必要と報告された．このとき検討に携わった原子力立地副本部長と設備管理部長は，「仮の試算であって実際にはこない」ととらえ，せっかくの試算は生かされず，事故を回避する機会は失われた．

防潮堤の設置が困難なら，冷却ポンプや非常用電源を津波の影響を受けない高い場所へ移すなど，それに代わる次善の策を検討するべきだった．

2004年12月のスマトラ沖地震の際，インド・マドラスの原子炉が津波の被害を受け，ポンプのモーターが水没して原子炉が停止する事故があった．また，欧州の原子力発電所の多くが河川沿いに立地し，洪水による浸水が重要なリスク要因と認識し，原子炉建屋や重要機器の水密性を確保する等の対策がとられてきた．このような海外の事例やとりくみを参考にして，規制に反映させることをしなかった，

また，2006年，原子力安全委員会では，国際原子力機関（IAEA）が示した事故時の避難対策の基準が検討されていたが，原子力安全・保安院長の反対で，新基準の導入は見送られた．保安院長は，「JCO臨界事故への対策が一段落して，ようやく国民が落ち着いたときに，なぜまたそのような議論をするのか．寝た子を起こすな」と述べたという．あらかじめ避難指示を出すべき空間線量基準を決めておけば，適宜指示を出せ，住民を混乱に陥れることはなかった．危険を危険として認め，正しく議論する文化ができていなかったことも，被害を拡大させる原因になった．

事故後，政府・国会における議論を経て2012年9月，原子力安全委員会や原子力安全・保安院などに代わる新しい組織として，原子力規制委

員会が発足した．それまで内閣府，経済産業省，文部科学省に分散していた原子力規制を一元的に所管する．環境省の外局組織として設置された．

2013年7月8日には，同委員会が作成した，新しい原子力安全基準が施行された．より厳格な地震・津波対策や過酷事故対策が盛り込まれている．電力各社は直ちに，新基準にもとづく原発再稼動の申請をはじめた．2018年6月現在，わが国の原子力発電所は60基あり，9基が稼働中で，あとは再稼働準備中（新規制基準への適合性審査など）や廃炉など多様な状況になっている．最新の稼働状況は刻々と変わるので，経済産業省・資源エネルギー庁のホームページを参照されたい．

(2)東北電力女川原子力発電所の場合

869年に，東北地方太平洋岸で貞観津波が発生した．この津波の痕跡は，東北電力女川原子力発電所の建設チームが，1990年に同発電所2号機の設置許可申請をするために，地質学的な調査を行った際に初めて確認された．

東日本大震災では女川原子力発電所（福島第一原子力発電所と同じ沸騰水型軽水炉）も，同規模の津波に襲われた．敷地の海抜は13 mなので十分との多数意見の中で，14.8 mの高さに造っておいたことが効果を発揮した．地盤沈下1 mを伴う13 mの津波に辛うじて耐え，非常用発電機への直撃回避につながった．同時に津波の引き潮対策もなされていた．

この津波対策については，東北電力の元副社長で，当時は電力中央研究所・技術研究所所長で，社内の海岸施設研究委員会のメンバーでもあった平井彌之助氏が強く主張した．平井氏は，近郊の津波や地震について文献や記録を調査し，さらに貞観地震において郷里の岩沼から7 km内陸の千貫神社に津波が襲った例を挙げ，この規模の津波に備えることを主張した．反対意見が多かったなかで，その真摯な主張をすくいとったのは彼をよく知る当時の社長だった．

この対応には，今日の電気事業体制を築いた松永安左ェ門翁の哲学「電気事業の基本は，公益事業として供給責任を全うすることに尽きる」が，脈々として受け継がれていた．平井彌之助氏は，結果責任を問われる技術者として，自分の判断で責任を果たす使命感にもとづいて，法令基準以上の対策を行った．

福島原発と女川原発について，それぞれの結果の違いについてどう考えるか？

地震や津波などの自然現象のように不確実な予測しかできない場合，危険なものを安全に扱う技術者の立場に立って，どのようにリスクを想定し関与すればよいのだろうか？

「福島原発事故独立検証委員会調査・検証報告書」(民間)；「東京電力福島原子力発電所における事故調査・検証委員会報告書」(政府)；「東京電力福島原子力発電所事故調査委員会報告書」(国会)；電気学会倫理委員会編『事例で学ぶ技術者倫理－事例集第2集』(2014)；大島達治：私家版「技術放談」(2015)；「朝日新聞」；「毎日新聞」などを参考に作成した．

※

なお，2002年の「東京電力 原発トラブル隠し」はweb事例を，「福島原発」はコラム01 (p.25～27)参照してほしい．

地震への備え(教訓と対策)

1989年10月17日夕刻(現地時間)，サンフランシスコ地方を襲ったM7.1の直下型地震（ロマプリータ地震）では，サンフランシスコ湾を横断してオークランド市内に通じる高さ10 mほどの2階建て高速道路の上層部が，2.5 kmにわたって崩れた．ラッシュアワーで，多くの車が巻き込まれ，およそ40人が亡くなった．

この道路橋の倒壊について，日本の建設省や道路公団(いずれも当時)などの関係者の見解は一様に，「日本の橋は，今回の地震の強さ程度なら大丈夫」だった．理由はさまざまで，①道路橋示方書によって関東大震災（M7.9）クラスでも落ちないように指示してある，②橋の周辺の地盤や過去にどんな震災履歴があるかなどを調べ対処している，③支柱の鉄筋の周りを多数の帯鉄筋で巻いているので支柱の強度が高い，などだった．

ところがその後，1995年1月17日早朝に発生した，淡路島を震源地とするM7.2の直下型地震(兵庫県南部地震)では，阪神高速道路神戸線の高架橋が約635 mにわたって倒壊し，巻き込まれた16人が死亡した．新幹線の高架橋もあちこちで倒壊したが，営業開始前だったので列車事故はまぬがれた．

この事実は土木の専門家に大きなショックをあたえ，道路橋示方書等の基準が改定され，全国で道路橋や鉄道橋の補強工事が大々的に行われた．

その結果，2003年5月26日夕刻に起きた宮城県沖を震源とする三陸南地震（M7.1）では，東北新幹線の高架橋の多くの橋脚が大きく破損したものの，倒壊には至らなかった．早期地震検知システムが有効に働き，列車は安全に停止した．また，2004年10月23日夕刻に起きた，長岡市を震源とする新潟県中越地震（M6.8）では，走行中の上越新幹線が脱線したが，高架橋の橋脚の一部が破損したものの，やはり倒壊はなかった．これらを受けて対策がさらに強化された．

そして2011年3月11日午後，三陸沖を震源とするM9.0の海溝型巨大地震（東北地方太平洋沖地震）が発生した．東北新幹線は，今回も早期地震検知システムが働き，脱線事故は1件も起きなかった．高架橋への被害は，三陸南地震並みだった.高速道路の橋梁にも,大きな損傷はなかった．専門家は，兵庫県南部地震後の補強対策は有効だったとしている．

その後，南海トラフを震源とする巨大地震などのリスクが大きく取り上げられるようになった．道路橋示方書は，新たな知見を取り入れて，2012年2月に再度改定された．2012年9月に改定された防災基本計画では，地震と津波対策の検討にあたり，科学的知見をふまえ，あらゆる可能性を考慮した最大クラスの地震と津波を想定し，その想定結果にもとづいて対策を推進するものとされた．自然災害との戦いは続く．

橋梁の技術者の立場に立って，橋梁の耐震対策をどのように考えるか？

自然現象に対するリスク評価を行った後，組織がリスク対応の意思決定をする際の問題点はなにか？

「朝日新聞」;「科学技術白書24年版」(2012.6)；防災基本計画(2012.9)などを参考に作成した．

※

＊新幹線事故については事例ファイル08（p.30）も参照．

事例研究 II-2-5 東京スカイツリー®建設用タワークレーンの耐震設計

2003年12月，NHKと在京民間テレビ5局が合同で，600m級の新しい電波塔建設計画を発足させた．1958年の東京タワー建設後，都内には超高層建造物が林立し，その影響で電波が届きにくい場所が増えていた．地上デジタル放送の導入を機に，この問題を低減させるのが主な目的だった．工事は2008年7月にはじまった．設計は日建設計，建設は大林組が担当した．新タワーは，公募により「東京スカイツリー」と命名された．

1950年代よりも格段に進歩した技術が，高さ333mの東京タワーより狭い敷地に，高さ634mの自立式電波塔の建設を可能にした．技術の進歩は，鋼材，溶接，設計，工法などすべてにおよんでいた．

地震や強風に対応するため，中央部に鉄筋コンクリート造の“心柱”を設ける新しい制振システムが採用された．これは，日本古来の五重塔に用いられた“先人の知恵”に通じるものだという．

また，施工中，塔の高さが増えるにしたがって，揺れの固有周期が変わることなどから，建設の10段階ごとに振動解析を行い，どの段階で地震に襲われても耐えられるよう対策がとられた．

とくに，地上500mに設置される工事用タワークレーンの安全性の確保は重要な課題だった．一般的なクレーンの強度は，労働安全衛生法にもとづく「クレーン構造規格」に定められているが，東京スカイツリーの場合，最上部に設置されるタワークレーンには，法で定められた以上の力がか

東京スカイツリー建設用タワークレーンの構造
（大林組ウェブサイトより　http://www.obayashi.co.jp/chronicle/c3s4_p3.html）

かることが考えられた．そこで，マストの高さが最大になったクレーンが地震に襲われる場合を想定して，コンピュータ上のモデルに地震動波形を入力して解析を重ねた．その結果をふまえ，マストの外寸法は同じに保ったまま，内部の鋼材数を増やして，強度を25%上げた．技術者たちは，自ら「法令で定められた以上の対策」が必要と判断したのだ．

タワークレーンでは，マストが一定の高さを超えると，「ステー」とよばれるつなぎ梁で塔体とマストを緊結するが，最上部のクレーンには，タワークレーンとしてはまれな制振オイルダンパーを導入した．

建設後，長年にわたって立ち続ける塔本体に，地震に耐える強度が求められるのは当然だが，タワークレーンが利用されるのは，わずか2年程度で，そのうち，マストが長く伸ばされる期間はさらに短い．そのわずかな期間に大地震に見舞われる確率は非常に低いが，必要なコストは決して小さくない．確率が小さなリスクのために，どこまで対策をとる必要があるか？　大林組社内には，「費用対効果からいって，ムダではないか」という声もあった．しかし，安全が優先された．

そして，塔の高さが600 mを超えた後の2011年3月11日，東北地方太平洋沖地震による，震度5弱の揺れが工事現場を襲った．マストと塔体をつなぐ制振ダンパーは，フルストロークで動いて揺れを吸収した．地震を感じたクレーン・オペレーターのなかには，急いで塔体へ逃げた者も，操縦席で揺れが収まるのを待った者もいたが，いずれも極度の恐怖に震えあがった．塔本体は水平方向に5～6 m揺れたが，クレーンの揺れは，制振ダンパーの効果で，方向によって3分の1から3分の2程度にまで低減された．塔体にも人にも，地震による損傷はなかった．

安全に対する配慮はそれだけではなかった．建設現場では，耐震性能と安全性能についての教育が徹底され，緊急時のシミュレーションもくり返し行われていた．大林組の技術者は，「どの段階で地震に遭おうが大丈夫なように確認し合っていたし，クレーンなどの仮設設備にも十分な対策をとっていたので，大きなダメージはないだろうことは，ある程度わかっていた」と述懐している．つまり，すべてが「想定内」だったのだ．

地震対策だけではない．世界一の自立式電波塔建設は，日本の「ものづくり」の底力なしには叶わなかった．建設現場には，「擦り合わせ」「声かけ」「カイゼン」「ジャスト・イン・タイム」など，日本の製造業の現場力を表すキーワードがあふれていた．3年半の工期中，1人のけが人も，大きなトラブルもなく，東京スカイツリーは2012年2月に竣工した．技術者が，最先端技術を駆使し，安全に配慮を尽くし，倫理観をもって建設した東京スカイツリーは，日本の「ものづくり」の集大成ともいえる．

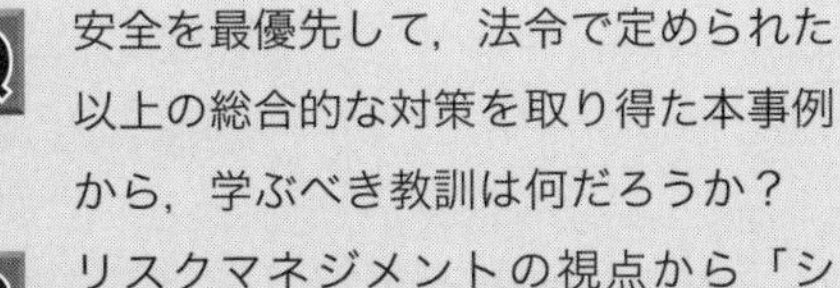
安全を最優先して，法令で定められた以上の総合的な対策を取り得た本事例から，学ぶべき教訓は何だろうか？

リスクマネジメントの視点から「シティコープ・ビル」，「東京電力福島第一原子力発電所や東北電力女川原子力発電所」などの事例と比較してみよう．

東京スカイツリー®

事業主体：東武鉄道㈱・東武タワースカイツリー㈱

参考資料：片山修著『東京スカイツリー六三四に挑む』(2012年，小学館)，東京スカイツリー設計プロジェクト／日建設計　http://www.nikken.co.jp/ja/skytree, 東京スカイツリー建設プロジェクト／㈱大林組　http://skytree-obayashi.com/

3章 環境・資源問題と工学倫理

本章では，技術者が，有史以来，環境・資源問題とどのように向き合ってきたかを中心にふり返る．そのうえで，技術者が遭遇した，あるいは遭遇するであろう倫理問題について考える．

環境・資源・エネルギー問題の概要

工業の発展が生活環境に大きな影響をおよぼすようになり，それをどのように制御するかが，技術者の重要な仕事になった．技術者にとって，現代技術の歴史は，環境問題とのかぎりない戦いの歴史でもあった．

止まることのない人間活動の拡大は，自然生態系の回復力を超える環境破壊をもたらし，人類がかつて経験したことがない困難な問題を突きつけている．オゾン層破壊や地球温暖化問題などは，対象となる空間が国内や地上にとどまらず，地球全体にまで広がる．人間活動の拡大は，「環境問題」だけでなく，急激な人口増加も相まって，深刻な「資源問題」を引き起こした．両者は密接につながり，資源の有効活用，回収と再利用，新エネルギー開発など，新たな課題を提起している．

技術者は，それぞれの立場に応じて，かぎりある資源をいかに有効に使うか，そして「閉ざされた地球環境」をいかに保護し，保全[*1]するかを念頭に，「持続可能な社会」の構築に貢献しなくてはならない．

*1 利用のための自然保護を「保全」（Conservation），自然美やその尊厳を擁護する自然保護を「保存」（Preservation）とよぶ．

歴史からみる環境問題

技術は諸刃の剣だ．技術の進展による経済発展は，わたしたちの生活を豊かにする一方で，人類の存在をも脅かすさまざまな負の側面をもたらしてきた．人類と地球の生態系とのかかわりを歴史的経緯のなかから学び，技術者がもつべき環境に対する倫理を考えていきたい．

環境問題の原点

地球上の生命は，およそ38億年前に誕生したといわれる．今から

20万年前以降に，東アフリカで進化した現生人類(ホモ・サピエンス)は，動物界の一員として狩猟採集を行い，やがて火と道具を手に入れ，およそ1万年前に農耕・牧畜を開始した．人類の地球生態系とのかかわりの原点がここにある．人類はやがて世界各地に古代文明を興したが，自らが引き起こした環境破壊が原因で滅びた文明もあった．

「環境容量」[*2]という考え方がある．環境を損なうことなく受容できる人間の活動，または汚染物質の量を表す．環境容量の限界を越えるとどうなるかの例として，「イースター島の悲劇」[*3]が知られている．

*2 → コラム 08 (p.130)

*3 → コラム 08 (p.130)

ヨーロッパ産業革命の勃興

18世紀後半に起こった産業革命[*4]は，イギリスから世界に波及し，水力や蒸気機関の利用によって「道具から機械へ」という産業・経済・社会の大変革をもたらした．技術者の華々しい活躍がはじまった．原料やエネルギー資源として鉱物や化石燃料を採掘し，利用することにより，人類の生活は飛躍的に豊かで快適なものになった．

*4 The Industrial Revolution. 歴史経済学者アーノルド・トインビー（英）が学術用語として広めたとされる．

一方，大規模な工業化は「人口の都市集中」をもたらし，原料資源の採掘現場や工場にも，市民社会にも，多くの汚染物質や廃棄物がさまざまな形で放出されるようになった．こうした「環境汚染」が，われわれの健康や安全を脅かすようになった．いわゆる「公害」[*5]という人為的な社会災害を生みだし，技術者による環境問題との戦いがはじまった．

*5 「公害」という語が使われはじめたのは，明治10～20年代，大阪府の大気汚染規制府令や河川法の制定以降といわれる．

人口問題への警鐘

地球の有限性を考えるうえで，避けて通れないのが人口問題だ．英国のマルサス[*6]は，1798年に発表した『人口論』で，「人口は制限されなければ幾何級数的に増大する．一方，生活物資は算術級数的にしか増大しない」と述べ，社会に大きな衝撃を与えた．当時の世界の総人口は10億人に達していなかった．このマルサスの洞察は大筋において現代にも通用する．有限な地球に対し，2011年に世界の人口は70億人[*7]を超え，2050年の人口は98億人になると予測されている（**図1**）．地球上のさまざまな資源，水や土地などは有限であり，そこにアクセスする私たちにとって，その利用の仕方に制限がかかってくる．さまざまな場面で「コモンズの悲劇」[*8]が待ち受けている．

*6 経済学者トマス・ロバート・マルサス(1766～1834)は，32歳で『人口論』を発表し，人口抑制の必要性を説いた．

*7 世界のリアルタイム人口の推計（米国勢調査局と国連データから）http://arkot.com/jinkou/ による．

*8 → 事例研究 II-3-3 (p.153)

日本の産業革命と公害問題

日本で最初の大規模な環境破壊は，「鉱業」とその関連産業ではじまっ

コラム08 環境容量の視点から考える

●環境容量(Carrying Capacity)

地球は一惑星として存在し，環境の浄化能力にも自ずから限界が存在する．この限界値を表す指標が「環境容量」だ．これには，環境基準などを設定したうえで許容される排出総量を与えるものと，自然の浄化能力の限界量から考えるものとがある．生態学では，その環境が養うことができる環境資源(森林，水，動物など)の最大値を意味し，環境容量に達した資源は増えも減りもしない定常状態となる．地球上の人口について環境容量を考えるときは，地球が扶養可能な最大個体数を表す．この場合は「人口扶養力」とよぶ．

●イースター島の悲劇

チリ沿岸西方3700 kmの太平洋に，隔絶された小さな火山島がある．1722年の復活祭の日に，オランダ人・ロックフェーン(J. Roggeveen)が島に上陸して見たものは，荒れ果てた土地と，今日ではモアイ像とよばれる600体を越える巨大な石像群だった．

このモアイ像を運ぶため，また人口の増加による食糧確保のための開墾，さらには燃料確保のため，島民は島中の木を切り倒してしまった．花粉分析によると，5世紀に島に初めて人が住み着いたころは，高木を含む豊かな植生があったことが認められている．ロックフェーンが島を訪れたときには，死火山の火口底の茂みを除いて1本の木もなかったことが報告されている．この森林破壊の結果，木の家を造ることができなくなり，人々は洞窟の中で原始的な生活をせざるを得なくなった．また，カヌーをつくれないため漁に出ることができず，木の皮がなくなったため魚を獲る網もつくれなくなった．最後には食糧不足から飢餓になり，「喰人(カニバリズム)」までも招いた．そしてこの文明は，300体以上の未完成の石像を残して突然崩壊し，未開の状態へ逆もどりしてしまった．閉ざされた空間に存在した文明が環境破壊を続けた結果，資源の枯渇でほぼ全滅したという，究極的な資源問題の事例として知られる．

〔参考図書：クライブ・ポンティング著（石 弘之訳）『緑の世界史』（朝日選書，1994）；ジャレド・ダイアモンド著(楡井浩一訳)『文明崩壊』(草思社，2005)〕

●ローマクラブ(The Club of Rome)

1970年にスイス法人として設立された民間組織．天然資源の枯渇，環境悪化，急速な人口増加，軍事破壊力の脅威などによる人類の危機の接近に対し，人類として可能な回避の道を探索することを目的に設立された．「人類の危機に関するプロジェクト」計画を作成し，MITのシステム・ダイナミクス・グループに研究委託した．

メドウズ助教授(当時)を中心とする国際チームが，コンピュータ・モデルを用い，人口，食糧，天然資源，資本，汚染という五つの因子について「世界モデル」の構築を行った．

第一報告書『成長の限界』“The Limits to Growth”（1972年）では，これらの成果をもとに，世界人口，工業化，汚染，食糧生産および資源使用の成長率が現在のまま続くならば，来るべき100年以内に地球上の成長は限界点に達するであろうと警鐘を鳴らした．ただ，こうした成長の趨勢を変更し，将来まで長期にわたって持続可能な生態学的ならびに経済的な安定性を打ち立てることは可能だとしている．人口と資本(サービス，工業および農業資本)が安定した状態，すなわち均衡状態となることを提言した．続編に『限界を超えて――生きるための選択』(1992年)や『成長の限界――人類の選択』(2005年)がある．

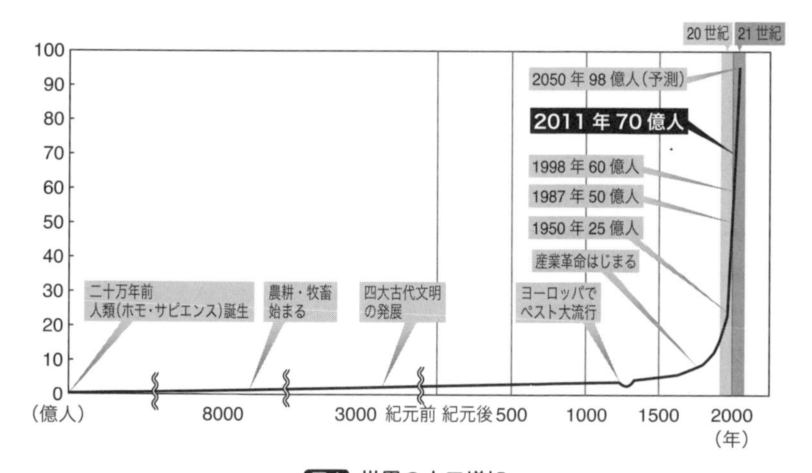

図1 世界の人口増加
国連人口基金東京事務所資料をもとに作成.

た．すでに江戸期から，鉱山開発による鉱毒問題が散見される．そして，日本に産業革命が勃興した明治期以降の殖産興業・富国強兵政策のもと，全国各地で鉱業活動による環境破壊と健康被害が多発した*9.

日本は，明治維新前後から，欧米先進国の技術を精力的に導入した．日清戦争（1894～1895年）前後には，製糸・紡績などの軽工業を中心に日本における産業革命が本格化し，さらに日露戦争(1904～1905年)前後に，軍需部門を中心に重工業が発達した．大正から昭和期に入り，製紙・レーヨン繊維，さらには電気化学や有機合成化学産業がさかんになる．これら第二次産業の多様な発展は，日本各地に工場地帯を形成し，第二次世界大戦を経て戦後の高度成長による大規模な環境汚染や健康被害につながった.

*9 → 事例ファイル22 (p.132)　そのほかいくつかの事例を web 事例「三大鉱害事件」にまとめた．①足尾銅山鉱毒・煙害事件(栃木，群馬)，②日立鉱山煙害事件(茨城)，③別子銅山煙害事件(愛媛).

✿ 公害問題から環境問題へ

第二次世界大戦後の科学技術と経済の発展には，目を見張るものがある．1950年代半ばから未曾有といえる高度経済成長期に入り，環境への配慮よりも国内産業の経済成長が優先され，大規模な公害問題を引き起こした.

化学工場から排出された有機水銀による中毒性神経系疾患の「水俣病」が顕在化し，公害の原点とよばれるようになった．1960年代に入り，四日市コンビナートからの大気汚染が「四日市ぜん息」を引き起こした*10．1960年代は，このほかにもさまざまな産業公害が深刻化した時代でもあった.

*10 → 事例ファイル23 (p.133)

*11 2001年には廃棄物行政も含めて「環境省」へ昇格した

1970年代は，これら公害に対する法規制の制定や「環境庁」*11の発足といった行政による監視や管理の整備が進んだ．あわせて科学技術による公害対策が進展し，1970年代終わりにはその成果が現れた．

1980年代にはいり，有機塩素系薬剤による地下水汚染や，自動車の排気ガスなどによる「光化学スモッグ」の発生という，大規模な都市・生活型公害が大きな問題となった．

1990年代は，「ダイオキシン」「環境ホルモン」といったきわめて低濃

別子銅山――経営者と技術者　事例ファイル22

別子銅山は，元禄3年(1690年)に四国山脈中央部，標高1300 m付近で露頭が発見された．世界的にもまれな高品位の鉱石を産出した．採掘権を得た住友家は，当初は，山中で粗銅までの製錬を行った．明治期に入るや，鉱山支配人広瀬宰平は，フランス人技師を招聘し，別子近代化計画書を作成させた．広瀬は，その通訳として赴任した塩野門之助の才能を見込み，フランスに4年間留学させ，帰国後鉱山技師長として処遇した．以来，塩野は山中での製錬の近代化を進めた．さらに明治17年(1884年)には，製錬所を不便な山中から新居浜海岸に移転させ，技術面の検討も進めて，大幅な増産を実現して期待に応えた．

銅製錬は，硫化鉱を培焼して硫黄分を亜硫酸ガスとして排出するため，煙害をともなった．製錬を山中で行っていた間は，煙害は山中の局部にかぎられた．しかし製錬所が海岸部に進出し，生産量が増加するにつれ，周辺の農作物に煙害が起き，多数の農民から苦情がでた．塩野は技術者としてこれを看過できず，新居浜の沖2 kmにある御代島まで煙道をつけ，その山の頂上に高い煙突を立てて排ガスを排出するよう提案した．

ところが，住友総理事になっていた広瀬は，これをとんでもないこととしてとり合わなかった．このため，誇り高い塩野は，明治20年(1887年)，住友を辞した．

広瀬は，深刻化した煙害問題に対処するため，裁判官を勤めていた伊庭貞剛を住友に招聘した．伊庭はのちに住友総理事を継ぐことになる．伊庭は，技術者として頼れるのはやはり塩野しかいないと考え，明治28年(1895年)，塩野を新居浜へよび戻し，煙害対策を建議させた．

塩野は，煙害を根本的に解決するには，製錬所を新居浜の北方20 kmの燧灘中央部にある四阪島に移すほかないと答申した．そのための予想投資額は，住友の1年の売上高に匹敵した．しかし，住友家十五代当主・吉左衛門友純と伊庭は，「住友の事業は住友自身を利するとともに，国家を利し，社会を利するものでなければならない」との住友家訓にもとづき，四阪島移転を決断した．

四阪島製錬所は，当初予想の約2倍の資金を費やして，明治38年(1905年)に竣工した．塩野は製錬所が完成し操業が順調に進むのを見届けて引退した．住友も農民も，これで完全解決と考えた．

ところが操業開始とともに，煙害は，四阪島を中心とする半円弧上の燧灘沿岸の農村・山林地帯にまで拡大した．製錬所からでた亜硫酸ガスは，期待したように海上大気中で消散せず，気象条件によっては，濃厚な帯状になって風下に流れ対岸にまで達したのだった．

住友は煙害賠償交渉の席で，「亜硫酸ガスの除害方法は，鋭意検討中だが，まだ世界のどこでも技術が完成していない．完成した暁には，たとえ煙害を弁償する額以上であっても，除害設備を設ける覚悟だ」と述べ，技術による解決を約束した．その後さまざまな除害技術が積み重ねられたが，最終的には，昭和14年(1939年)，ヨーロッパで発明されたばかりの硫酸製造技術を取り入れ，排煙から硫酸を回収して肥料を製造することにより，煙害問題を終結させた．煙害で丸裸になった別子の山では，大規模な植林が行われた．温暖多湿の気象条件も幸いして，今では緑豊かな自然が戻っている．

鉱脈は，やがて海面下1000 mにまで掘り進められた．巨大な地圧のため安全な操業が困難となり，さしもの名鉱も，昭和48年(1973年)，283年にわたる歴史を閉じた．

〔『別子300年の歩み―明治以降を中心として』(住友金属鉱山株式会社，1991)などより〕

四大公害病事件　事例ファイル23

●水俣病

メチル水銀に汚染された魚介類の摂取による中毒性の神経系疾患．メチル水銀は強い毒性を持ち，血液脳関門や胎盤を通過し，著しい障害を与える．手足のしびれ，歩行，運動，言語障害などにはじまり，神経障害や四肢麻痺が起きる．

1930年代にチッソ（当時は日本窒素肥料）が熊本県水俣市ではじめた，アセトアルデヒド製造工程の排水が原因．1956年5月に工場の附属病院長が「原因不明の重い症状を有する4患者の発生」を届出．これが水俣病の公式確認のはじめとされる．当初奇病とされ，伝染病も疑われたが，1959年7月，熊本大学研究班の「水俣病は現地の魚介類摂取が原因の神経系疾患であり，魚介類を汚染している毒物として有機水銀化合物が注目される」との発表があり，また厚生省の調査会も同年11月に同様の内容を厚生大臣に答申した．しかし，その後これに異を唱える説が出てきたりして原因究明は混迷をきわめた．政府が水俣病と工場排水に起因するメチル水銀化合物との因果関係を認める統一見解を発表したのは，新潟水俣病の発生（1965年）後の1968年であり，水俣病の公式確認からすでに12年が経過していた．その間に多くの住民がメチル水銀を摂取してしまっており被害が拡大した．この年にチッソはアセトアルデヒドの生産を中止した．これにかかわる刑事，民事，行政訴訟はすべて確定終結している．水俣病の患者認定に当たっては，医学的見地からの水俣病と，補償救済策上の行政側の水俣病審査の判断基準は交わっていない．公式確認から60年以上を経過するが，すべてが終わったといえない状況にある．

近年，国連環境計画（UNEP）の政府間交渉が進められ，2013年秋の熊本で開かれた国際会議で「水銀に関する水俣条約」が採択され，2017年8月に発効した．蛍光灯など水銀を含む製品の製造，輸入を2020年までに原則禁止する．大気や水，土壌への排出も規制する（web 事例「水俣条約の採択」参照）．

●イタイイタイ病

富山県神通川流域で発生した慢性カドミウム中毒による骨疾患．患者が「痛い，痛い」と泣き叫んだことから，イタイイタイ病と名づけられた．カドミウムで汚染された農作物や飲料水を長期間摂取したことが原因だった．

1905年，上流の岐阜県神岡鉱山で三井金属鉱業が亜鉛採掘を開始．亜鉛鉱石にふくまれるカドミウム（亜鉛の1/5量）は，当初は価値が低く，ほとんど廃棄されていた（カドミウムの価値が上がって回収されるようになったのは50年以降）．1920年代に流域でイタイイタイ病の発症が認められた．第二次世界大戦後から57年ごろをピークに発症者が増加．1960年，荻野昇医師らが「カドミウムがイタイイタイ病の発症に関連する」と発表．1966年，厚生省が因果関係を認める公式見解．1968年，一部住民が慰謝料を求めて富山地裁に提訴（第一次訴訟）．第1次から第7次までの訴訟の原告者数は515人．三井金属鉱業は総額14億円を支払い和解した．

●第二水俣病（新潟水俣病）

新潟県阿賀野川下流域で発生した有機水銀中毒．新潟水俣病ともよばれる．上流の昭和電工鹿瀬工場アセトアルデヒド製造工程の排水が原因．1965年，流域で複数の患者を確認．厚生省特別研究班は1967年，「疫学調査結果等を踏まえ，新潟水俣病は，昭和電工鹿瀬工場から排出されたメチル水銀が原因」と報告．その後1999年までに，690人の患者が認定されている．67年，患者が昭和電工に慰謝料を求めて新潟地裁に提訴（第一次訴訟）．1971年勝訴．その後も訴訟が続いたが，最終的には政府主導による和解がなされた．公害病裁判では疫学的因果関係論が定着している．

●四日市ぜん息

三重県四日市の工場群から排出された硫黄酸化物によるぜん息性気管支炎．四日市では，1950年ごろから石油化学コンビナートが形成されはじめた．1959年ごろには，ぜん息症状の患者が多発．1964年には，ぜん息による初めての死者が発生した．

1967年，一部の患者が損害賠償を求めて津地裁に提訴．相手はコンビナートに工場をもつ化学，石油，電力関係6社．被告側は，各工場の排煙は1962年のばい煙規制法の規制値内であり，違法性はないと反論したが，72年原告勝訴．判決は，各企業が法的な規制を守っていても，結果として被害者をだせば過失責任がおよぶとした（共同不法行為）．企業と政府に反省を求めたものとして注目された．被告側は，控訴を断念し賠償金支払に応じた．認定患者は1000人を超えた．

度で作用する特定物質による生活環境汚染が問題となり，さらには「オゾン層破壊」や「地球温暖化」といった地球レベルでの環境問題への対応を迫られる時代になった．

汚染が「公害型から環境型」へと大きく変化し，この変化はまた加害者と被害者の構図を大きく変化させた．環境型では加害者が不特定多数化し，加害者が同時に被害者の立場にも置かれるようになった．

科学技術の進展が公害や環境問題に与えた影響も大きいが，その解決策にもやはり科学技術に負うところが大きい．さまざまな経験から，製品・サービスの提供にあたっては，その企画・開発段階から製造・販売・廃棄，さらに原材料調達や物流に至るまでのライフサイクル全体にわたり，環境への多面的な配慮を行っておくことが大切なことだと学んだ．化学系企業の具体的行動の事例として，II部1章（p.100）のGSCやRCの活動などを参照してほしい．

地球レベルで考える環境問題

1962年，海洋生物学者レイチェル・カーソンは，『沈黙の春（Silent Spring）』*12 を著し，DDTをはじめとする有機合成農薬が環境を経由して生体に毒性をおよぼすと警告した．第二次世界大戦後，「合成化学製品」が大量に使用されてきたことに初めて警告を発した．その内容は，一部に過激な表現があるものの当時としては画期的で，現在でも環境問題を学ぶ者にとってのバイブルとなっている．

*12 → コラム06（p.116）

世界における科学技術および経済発展が人々の生活に負の側面を示し始めたことから，1972年に，ストックホルムで「かけがえのない地球（ONLY ONE EARTH）」をテーマに国連人間環境会議が開催され，『人間環境宣言（ストックホルム宣言）』が採択された．その精神は，その後の環境に係るさまざまな条約に引き継がれている．

同年に，ローマクラブ報告書『成長の限界』が発表された．環境保全のためには人口増加や経済発展を抑制しなければならないとの考え方が主張され，世界に広がった*13．

*13 1990年代には「環境トリレンマ」という概念も登場した（図2）．

1984年には，国連に「環境と開発に関する世界委員会」が設置され，その成果は1987年に『Our Common Future（我ら共有の未来）』（ブルントラント報告書）としてまとめられ，「持続可能な開発（Sustainnable development）」，すなわち経済発展と環境保全の両立を可能にしようとする概念が提示された．この概念は，1992年のリオ・デ・ジャネイロでの『環境と開発に関する国連会議（地球サミット）』で世界的に定着す

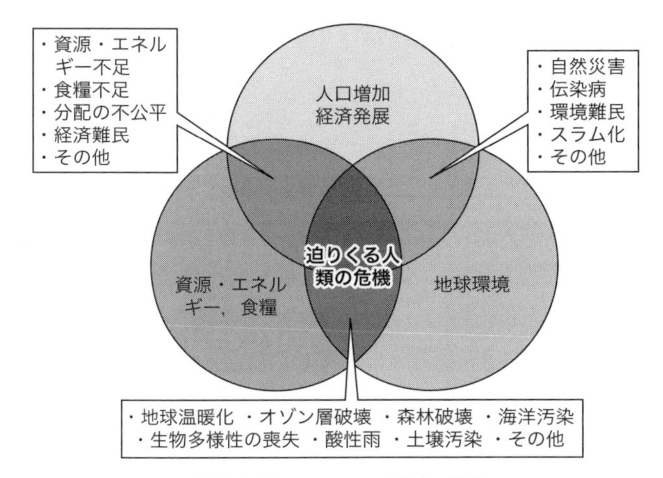

図2 環境トリレンマ問題の構造
電力中央研究所資料をもとに作成．

ることとなった．同時に，この会議で「リオ宣言」および「気候変動枠組条約」，「生物多様性条約」が合意され，それらの達成に向けた努力が今も続けられている．

環境問題の事例に学ぶ工学倫理

わが国では，前項の環境問題にかかわる国際条約の締結に伴い，国内法の整備や，2006年の「公益通報者保護法」*14の公布など，社会の意識変革が進んだ．

一方で，2000年を境に環境問題にかかわるさまざまな不正や不祥事が明るみに出てきた．大手電機メーカーの太陽電池出力偽装（2000年），三井物産子会社のディーゼル車排ガス浄化装置の性能偽装（2004年），複数の企業で工場の排水や大気データをねつ造・改ざんする事例（2005～2006年），製紙会社18社による古紙配合率の偽装（2008年）など，いずれも環境にかかわる技術者の倫理を疑わせる悪質な事例が相次いだ．これらはほんの一部だ．このような不正は，よりよい生活環境を求めた法規制やその推進のための補助金行政を裏切り，さらには社会を欺き，技術革新の進展にも水を差す結果となった．その他にも多くの事例が「内部告発」により露見している．

近年，国内外の自動車メーカーによる排ガス不正*15や燃費不正が社会問題となり，技術者倫理が問われている．一方で，地球環境や資源・エネルギー問題の克服をめざした環境にやさしい自動車開発が世界で進んでいる． 有害物を排出せず，大気汚染を引き起こさないEV*16（電

*14→Ⅰ部5章（p.43）

*15→事例ファイル25（p.146）

*16　EV：Electric Vehicle

*17 FCV：Fuel Cell Vehicle

気自動車）やFCV*17（燃料電池車）のような技術が，未来の自動車の姿を変えようとしている．

環境を考える三つの主張

科学技術の発展とその利用は，私たちの身近な生活空間から地球生態系にいたるさまざまな環境問題と密接に関係している．

*18 元日本哲学会会長，京都大学名誉教授．生命倫理学を日本に導入．環境倫理についても積極的に発言し，『新・環境倫理学のすすめ』（丸善，2005）など著書多数．

環境問題に対する倫理的配慮として，加藤尚武*18は以下に示す「三つの主張」を提唱している．この内容は，環境に配慮した持続可能な社会をめざす技術者の活動の基本となる視点として，たいへん理解しやすい尺度といえる．

(1) 地球の有限性

地球は，太陽からのエネルギーを除けば閉じられた球体であり，そこに存在する資源も有限である．

(2) 世代間の倫理

現在の世代には，未来の世代の生存条件を保証するという責任がある．

(3) 生物種の保護

人間は単独で生きていくことはできず，地球上のあらゆる生物種や生態システムが全体として相互に連関しあいながら存在し，すべてに存在の権利がある．

資源とエネルギー問題

資源やエネルギー問題に視点を移す．地球という閉ざされた世界の天然資源は，当然ながら有限だ．「石油」などの化石資源だけでなく，「鉱物資源」や「食料資源」，そして「水資源」などの枯渇が大きな課題になっている．

鉱物資源などの枯渇問題

有用な鉱物資源の多くは有限（枯渇性）で，ある地域に偏在していることが多い．それらの埋蔵量のうち，経済性のある可採年数（R/P，**表1**）*19は，採掘技術の進歩と需給の経済要因などによって変動するが，遠くない将来に資源が枯渇するおそれはある．

*19 可採年数R/Pの定義は「可採埋蔵量/年間生産量」．

表1 主要鉱物資源の可採年数（2013年ベース）（年）

銅	鉛	亜鉛	ニッケル	金	銀	鉄	アルミニウム
39	16	19	30	19	20	27	212

Mineral Commodity Summaries 2014 をもとに作成.

そのため，鉱物資源は資源ナショナリズムを生み，資源は絶えず国際紛争の火種となる．先端技術分野で欠かせない希土類元素（レアアース）について，近年の事例をあげる．

2010年，日本の尖閣諸島国有化問題を端緒に，世界最大の埋蔵量をもち輸出大国でもある中国は，日本にレアアースの実質的な禁輸措置を講じた．世界の最先端技術に必須なレアアースの価格は高騰し，日本の得意とする産業の基幹材料の供給が逼迫し，生産の危機に直面した．国を挙げて他国での供給元の確保，事前の保安備蓄の対応でこの危機を乗り超えた．この事情は，1970年前後に起こったエネルギー危機，いわゆる「石油ショック」(p.138)の再現ともいえる資源問題だ．技術者は，絶え間ない代替材料開発や，その生産技術の向上を期待される．

一方，日本近海は海底鉱物資源の宝庫でもある．排他的経済水域（EEZ）*20は，約447万 km^2 と国土の約12倍におよぶ．この海底には熱水鉱床，マンガンノジュール（マンガン団塊），レアアース泥等の豊富な鉱物資源の存在が確認されている．経済的に採掘ができるようになれば，日本が鉱物資源大国になる可能性もあり，技術開発に大きな期待がかかる．

きわめて有限で稀少な資源を確保するために，循環型リサイクルの地道なとりくみがある．身近には，パソコン，スマホ等の小型家電からレアメタル，貴金属などが地道に回収されている．日本は「都市鉱山型の資源大国」*21だといわれる．稀少資源の有効利用を目的として，2013年に「小型家電リサイクル法」が施行され，この資源の回収を義務づけた．

*20　EEZ：Exclusive Economic Zoneとは，天然資源や自然エネルギーに関する「主権的権利」や環境保護・保全などの「管轄権」がおよぶ水域のこと．

*21 → web資料「都市鉱山レアメタル回収への挑戦」

世界と日本のエネルギー消費の変遷

世界の人口増加と経済成長は，急激なエネルギー消費の増大をもたらしている．**表2**からわかるように，石油換算の一次エネルギー*22消費は，1965年から年平均2.6％で増加を続け，2015年には130億トン（toe）*23を越えた．この50年間で，3.5倍の驚異的な伸びだ．この間に，人口の増加は33億人から72億人と2.2倍になった．途上国を含めたグローバルな産業の発達と，エネルギー多消費の生活様式が，人口の増加以上にエネルギー消費を加速させていることがわかる．

*22　一次エネルギーとは，エネルギー資源のうち，加工前に自然界に存在するもの．

*23　toe：原油換算トン（tonne of oil equivalentの略）

表2 世界の一次エネルギー消費量の推移（石油換算）

年度		石炭	石油	天然ガス	原子力	水力	再エネ他	合計
1965年	(百万 toe)	1,401	1,525	587	6	209	1	3,730
	(%)	38	41	16	0.2	5.6	0	100
2015年	(百万 toe)	3,840	4,331	3,125	583	893	364	13,136
	(%)	29	33	24	4.4	6.8	2.8	100

BP：Statistical review of world energy 2016 をもとに作成.

世界の消費エネルギーの構成は，化石燃料がいまだ全体の86%を占め，その内訳は，石炭(29%)，石油(33%)，天然ガス(24%)となっている．化石燃料は二酸化炭素を発生し，地球温暖化の主要因となっている．化石燃料以外の，水力や原子力，さらに再生可能エネルギーなどを加えた新エネルギー導入が進んだが，これらの一次エネルギー消費全体に占める比率は約14%であり，期待されるほどには大きくない．

枯渇性資源の有効利用は，技術者の最大の課題の一つになった．事例として，技術者の挑戦の歴史を学んでほしい*24.

1975年前後の中東戦争の影響をまともに受けた日本は，経済の高度成長のさなかに二度の「石油ショック（oil crisis）」*25 を経験した．輸入原油の価格高騰と供給逼迫で，経済に大パニックを引き起こした．2017年時点で日本は，全国に国家備蓄，民間備蓄，産油国共同備蓄を合わせた約8100万klの石油を確保している．石油と石油ガスを合わせて15ヵ所ある「国家備蓄基地」*26 に約200日分を蓄え，あらたな危機に備えている．

*24 → web 資料「環境・資源問題に対する技術者のチャレンジ」

*25 **第1次石油ショック**：1973年，第四次中東戦争が勃発．OPEC諸国が原油価格を2倍とした．**第2次石油ショック**：1978年，イラン革命により需給逼迫，世界の原油価格が急上昇した．

*26 国家石油備蓄（10ヵ所），国家石油ガス備蓄（5ヵ所，地下岩盤備蓄を含む）．

技術開発からみたエネルギー資源の持続可能性

将来のエネルギー資源の選択は，枯渇性，大気汚染や地球温暖化などの課題を総合して判断される．

新たな化石燃料として，シェールガスやシェールオイル，メタンハイドレートなど「非在来型化石燃料」が注目されるようになった．これらの推定埋蔵量は石油の数倍といわれている．シェールは，エネルギー密度や資源化コストなどの経済性の観点から，これまで商用化されなかった．採掘技術の進歩により採算性が改善し，大産出国のアメリカは原油の輸入国から輸出国になった．

一方，日本の海底には国内天然ガス消費量100年分以上のメタンハイドレードが存在すると推計されている．しかし，現在の採掘技術では採算性に乏しく，新たな技術開発が期待されている．

コラム09には，石炭火力の現状と可能性を示す．技術者として，自らがめざす技術とその実現性を考察してほしい．

再生可能エネルギーの普及と展望

再生可能エネルギー（再エネ）[*27]とは，「再エネ法」[*28]で化石系資源以外の「電気エネルギー源として永続的に利用することができると認められるもの」として，太陽光，風力，水力，地熱，バイオマスなどが規定されている．化石資源の枯渇問題や原子力発電の安全性へのリスクを考えると，再エネへの転換がきわめて重要な選択肢になる．

*27 Renewable Energy

*28 電気事業者による再生可能エネルギー電気の調達に関する特措法

表2から，世界での再エネの伸び率は高く，原子力に迫っていることがわかる．ドイツでは，最初に電力のFIT制度[*29]を導入し，2015年には再度「脱原発」を決め，2035年には自然エネルギーによる発電を60％に増やすことを目標としている．ドイツの地政や隣国との特別の背景もあるが，主力電源を風力や菜種油由来のバイオ燃料（BDF）とし

*29 → コラム10（p.140）

コラム09　石炭火力発電と「CCS」技術

1．石炭火力発電技術の現状

福島原発事故による電力需要のひっ迫や燃料コスト上昇から，国内外で大型石炭火力発電の計画や建設が目白押しになっている．石炭は偏在性が少なく，その賦存量（炭素換算の資源量）が最も多い．可採年数は，低品位炭（褐炭）も含めると300年を超え，一次エネルギー資源として最も大きな存在であることに間違いない．日本が世界に誇る高効率の超臨界・複合型石炭火力発電（USC，IGFCなど）は，高度な省エネ技術により，石油ガス並の高効率システムとして実用化がすすむ．国内での新増設とともに，とくに電力需要の高い途上国へのインフラ輸出が計画，実行されている．

もちろん，電源種別のCO_2発生量は，石炭火力が最も多い．石炭火力発電100万KWのCO_2排出量は，原発に較べて年間約400万トンも増える（環境庁試算）．石炭火力の推進については，EUを中心とした先進国間でも，また日本政府内でも賛否が割れている．

2．CCS技術との融合は可能か

CCSはCarbon dioxide Capture and Storage（二酸化炭素の回収・貯留）の略である．CCS技術の開発と実証試験が，日本も含めた世界中で進んでいる．

EU（英仏独など）では，CCS Readyという制度設計と実施準備を進めている．CCS設備の設置を前提として，大規模火力発電などの排出源の設計・建設の段階から，CO_2回収設備を設置するための用地確保等の準備を行う制度だ．国内では，長岡（新潟）でのCO_2圧入実証試験（1万トン規模）に続き，苫小牧での大型実証試験（10万トン/年）が進行中だ．

技術の進歩によって経済性が克服できれば，石炭資源も持続的な低炭素化社会の一員となりうる．

たり，下水汚泥や農畜産系のメタン発酵による「バイオガス」を都市ガスや自動車燃料に利用するなど，再エネへの転換が進んでいる*30.

*30 → web 資料「ドイツにおける電力エネルギー事情」

食料資源，水資源と科学技術の支え

日本の食料自給率は，1965年の73%から2016年度には38%*31にまで低下した．ドイツやイギリスのおよそ半分でしかない．アメリカやフランスは自給率120～130%で，食糧の大きな輸出国だ．自給率算定の方法は異なるが，日本は先進国のなかで最低水準にある．

*31 日本の自給率は農水省指導の「カロリーベース」の表示．生産額ベースの表示では66%．

急激な人口増加を支えるための食糧増産には，科学技術が貢献した．1906年にドイツで開発された「ハーバー・ボッシュ法」による空気中の窒素のアンモニアへの固定化技術は画期的な発明だった．アンモニアから得た化学肥料(硝酸態窒素)は，農作物の収穫量を飛躍的に伸ばした．

農業史を概観すると，生産性の低かった伝統農法は，農業工学（灌漑や農業機械など）の発展，農薬開発や品種改良，遺伝子組換えによる高収量品種の導入などにより，単位面積当たりの穀物収量が大幅に上昇した．それが，急激な人口増加を支えてきた．日本には，食糧自給という安全保障面から，農業の近代化，栽培技術開発，備蓄対策などの課題がある．水資源に関する諸問題については，コラム11（p.141）を見てほしい．

コラム10 再エネ普及のためのFIT制度を知る

日本では，再エネ導入を促進するための手段として，2003年に最初の政策「RPS制度（再生可能エネルギー利用割合基準制度）」を導入し，電力会社による再生可能エネルギーの「余剰電力買取」を義務づけた．2012年には再エネ発電の普及と事業性を高めるため，「固定価格買取り制度（FIT：Feed-in Tariff)」を設け，電力会社が，国民負担で再エネ全量を買取る仕組みをつくった．この制度によって，日本での太陽光や風力による再エネ電力の普及が急速に進んでいる．

日本の発電量の構成では，水力（9%）を除いて，再エネは6％（2016年速報値）にまで高まり，「電気利用者の賦課金」は，年間総額2兆円を越えた．先進国の再エネ普及のシナリオは，地政学的背景や産業構造により異なる．また，太陽光や風力発電などには，安定的供給やその他多くの技術的課題がある．そのため，技術者には，立地や規模によるコスト要因以外の，効率向上，出力変動対策，既設電力系統との連携など，実用上の課題克服に大きな役割が期待されている．

資源循環型社会の概念と倫理問題

先進国では，生活の豊さを求めて大量生産と大量消費の経済活動を加速させ，大量の廃棄物を生み，その廃棄や処分が大きな環境問題になった．産業の仕組みを人間の身体にたとえて，原料や製品さらにエネルギーなどを社会に供給する産業を「動脈産業」，その廃棄物などを回収し，浄化や再生する産業を「静脈産業」とよぶ．動脈と静脈の協働，すなわち「資源循環型社会」(Sound Material-cycle Society)の構築が不可欠だ．

循環型社会の制度化の流れ

1991 年，「再生資源利用促進法」が資源の有効活用や再利用の視点か

コラム 11　水資源の有限性

地球は約 14 億 km^3 の水によって表面の70%が覆われ，そのうち 97.5%は塩水だ．淡水（真水：fresh water）は残りの 2.5%にすぎない．その上，アクセス可能な河川・湖沼・地下水といった淡水はわずかに 0.01%．開発途上国や新興国などでは，水不足と汚染の問題が深刻だ．

●食糧生産国での「水ストレス」と仮想水

A・アラン（ロンドン大学）が導入した概念に「バーチャルウォーター（仮想水，virtual water)」という視点がある．食料を輸入する国が，その輸入食料を自国で生産するとどの程度の水が必要かを推定した*．食料輸入は，その生産段階での水も輸入することだ．海外から日本に輸入された仮想水量は，2005 年で約 800 億 m^3 で「水の輸入大国」といえる．国内で使用される生活・工業・農業用水の年間総取水量とほぼ同じだ．

米国の世界資源研究所(WRI)は，日常生活に不便を感じる状態を「水ストレス」と名づけ，その目安を年 1700 トン/人以下としている．水ストレスがきわめて高い水不足や，飢餓状態にある世界人口は 8 億人以上いる．この裏側には，水資源の少ない低開発国や途上国などが外貨獲得のために生産物を輸出する状況も隠れている．

●淡水化技術と日本

海水の淡水化(脱塩)の方法は，フラッシュ法・イオン交換法・逆浸透(RO)膜法など多様だ．

1950 年には，米国政府が将来の水不足を解決するために，海水淡水化の研究開発に国家予算を計上した．1960 年には，スリラジャン(UCLA/NRC)らが，酢酸セルロースを素材とする逆浸透膜による海水淡水化を初めて実用化した．日本では，1970 年代，海外からの技術導入と並行して，東レ，東洋紡，日東電工などの各メーカーが独自に優れた「膜モジュール」の開発に成功した．さらに，膜素材を改良し，透水性能の効率を高め，アラブや世界の海水淡水化市場で大きなシェアを確保している．日本企業の挑戦については，web 事例「世界の淡水資源問題に挑戦する日本企業」を参照してほしい．

*たとえば，トウモロコシ 1 kg 生産には，灌漑に 1.8 トンの水が必要．牛肉 1 kg 生産には，（飼料由来の水摂取などから）20 トンの水が必要（環境省発表より）．

ら制定され，さらに2001年「資源有効利用促進法」として大幅に改訂された．1993年の「環境基本法」の理念に則り，2000年に「循環型社会形成推進基本法（以下，基本法）」が施行された．この基本法では，循環の実施手順として「優先順位」を初めて法定化し，①発生抑制，②再使用，③再生利用，④熱回収，⑤適正処分，と定めた．

個別のリサイクル法としては，容器包装リサイクル法（1995年），家電リサイクル法（2001年），食品リサイクル法（2002年），建設リサイクル法（2002年），自動車リサイクル法（2002年），さらに小型家電リサイクル法(2013年)など，再資源化の法律が整備されている．

循環型社会の概念とは

基本法では，「循環型社会」を，天然資源の消費を抑制し，環境への負荷ができるかぎり低減された社会と定義している．その実現のために，いくつかの要点がある．廃棄物管理と資源循環のポイントは「3Rイニシアティブ」と「3P（汚染者負担原則，Polluter-Pays Principle）」だといえる．

「3R」は日本が提案し，2004年のG8サミットで合意された，「持続可能な開発のための科学技術」の指針にその要点が示されている．

① Reduce : 排出物・廃棄物量の最小化
② Reuse : 排出物・廃棄物の再利用
③ Recycle: 排出物・廃棄物の原料化と再利用

コラム12 国連の持続可能な開発目標 「SDGs」

SDGs（エスディージーズ）は，Sustainable Development Goalsの略記．2015年に「持続可能な開発のための2030アジェンダ」として国連で採択された．貧困の撲滅と，持続可能な社会の実現をめざす．スローガンは「No one will be left behind（だれひとり取り残さない）」．2016年～2030年までの国際目標として，17のグローバル目標（ゴール），169のターゲット(達成基準)，230の指標から構成される．飢餓（食糧），エネルギー（環境），水資源や気候変動などに関する目標をかかげ，発展途上国のみならず，先進国がとりくむべき普遍的活動をめざしている．地球環境や気候変動に配慮しながら，持続可能な暮らしや社会を営むため，世界各国の政府や自治体，非政府組織・非営利団体だけでなく，民間企業や個人などにも共通した目標だ．「食品廃棄を半減させる」など，日常生活でもとりくめるものが多くあるが，日本には貧困対策やクリーンエネルギーなどの分野で課題があると指摘されている．

1972年，OECD理事会が「3P」を採択した．この考え方は，環境政策における責任分担の考え方の基本とされ，汚染された環境の復元や公害防止に必要な対策と費用は，汚染源の排出者が負担すべきとする．

適切な「中間処理」と「最終処分」とは

家庭や企業から出る廃棄物の多くは，「廃棄物処理法」（2017年改正）で管理されている．事業者から出る「産業廃棄物（産廃）」は，焼却などの「中間処理」のあと，おもに陸上埋め立で「最終処分」される*32．日本は国土が狭く，廃棄物の「最終処分場」の能力の残余年数は全国平均では10年前後で，深刻な状態が続いている．処分地不足の問題は，分別回収した廃棄物の再資源化による減量や，臨海部での「海面埋立処分場」の拡張で緩和されたが，依然として厳しい状況が続く．

過去には「し尿や産廃」の海洋投棄や洋上焼却処分などが許容されていたが，海洋の汚染を防止するために「ロンドン条約」（1972年）が締結され，海洋処分は原則的に禁止されている．

*32 廃棄物処理法には，土壌還元と海洋投棄処分があったが，2007年に海洋投棄は禁止された．放射性廃棄物は原子力規制法により，廃棄の事業管理は原子力発電環境整備機構（NUMO）が実施する．

技術者の使命――廃棄のコンプライアンスと土壌汚染などの事例

廃棄の問題については，国内外を問わず，不適正な処理や不法投棄などの非倫理的事例に事欠かない．製造業には，環境の管理と廃棄の業務があり，技術者は廃棄問題に必ず直面する．廃棄物の処理や処分には，廃掃法に決められた「廃棄物処理マニフェスト*33」の厳守が要求される．産廃は排出者の責任だ．「不法投棄，不法焼却，不法輸出」などの法律違反があれば，関係する技術者は訴追され，法人と個人の両罰や併科（二つ以上の刑罰を同時に課す）の刑事責任を問われる．

*33 産廃の収集・運搬・中間処理・最終処分などを処理業者に委託する場合，排出者は処理業者へ マニフェストを交付し，適切に処理が行われたことを確認するための制度．

巨大な不法投棄が今も続いている！ 事例ファイル24

事業者や悪徳な産廃処理業者による大規模な不法投棄が，あとを絶たない．「香川県豊島事案」とよばれる大規模な不法投棄がよく知られている．

瀬戸内海の豊島（香川県）で，1975年に事業申請され，違法な産廃処分事業が約15年間続いた．産廃のシュレッダーダスト，廃油や汚泥などが不法に投棄され，最終的には91万トンにのぼった．業者はもとより，認定や指導・監督を怠った自治体も責任が問われた．再処理のために全ゴミを掘起し，高度な溶融処理による減容・無害化などに，2017年秋までの約14年の歳月を費やした．これまでに730億円の税金が投入され，処理施設解体から跡地の除染や地下水浄化対策に，なお4年以上の期間を要する．

全国の大規模な不法投棄事案の処理対策に対し，国庫補助などの財政支援策として，時限立法の「特別産廃・特別措置法」を施行した．しかし，大規模な事案が次々と顕在化し，特措法は平成35年（2023）まで延長された．1993年には，廃棄物清掃法改正により，産業廃棄物の「マニフェスト制度」が義務づけられた．

製造工場の土壌汚染は，化学工場のみならず，金属精錬や石炭ガス製造工場の跡地などにも起こる．過去の不完全な廃棄物管理による土壌や地下水の汚染が，紙面をにぎわしている．跡地の再開発時に，重金属類や揮発性有機化合物（VOC）による土壌汚染や地下水汚染が数多く発見されている．

2003年に「土壌汚染対策法」が施行された．汚染の把握，健康被害の防止や浄化対策を目的として，「3P原則」が適用される．法令違反事件の場合，企業経営者や関与した技術者は，重い社会的制裁を受ける．

✿ 国家間の廃棄物移動の禁止――バーゼル条約

廃棄物による環境問題は，国際的だ．有害廃棄物が国境を越えて移動することを規制するために，1992年「バーゼル条約*34」が発効した．その契機は，1976年のイタリアでの農薬工場爆発事故（セベソ事故*35）だ．ダイオキシン類などの大規模な暴露被害に加え，大量の汚染土壌が不法に国境を越え，7年後に北フランスで発見された．日本では1992年に，バーゼル条約に対応するバーゼル法「特定有害廃棄物等の輸出入等の規制に関する法律」を定めている．

*34 有害廃棄物の輸出入国の書面での同意，不法取引の処罰，非締約国との廃棄物の輸出の原則禁止などを定めた．

*35 1976年，イタリア・セベソの枯葉剤TCP等の農薬工場で発生した爆発事故．ダイオキシン類が大量飛散し，暴露事故としては最大規模となり，居住禁止・強制疎開などの措置が取られた．事故を機会にECはセベソ指令を定めた．

国内外で起きた土壌汚染問題の事例として，資源リサイクルに名を借りた廃棄物の不法処理にあたる「フェロシルト事件」（事例研究Ⅱ-3-1），世界最大の土壌汚染といわれる「ラブキャナル事件」（事例研究Ⅱ-3-2）を挙げる．

地球規模の環境問題

21世紀は「環境の時代」ともいわれる．近代産業が急成長し，人口増加とともに生活圏はますます拡大した．環境問題も，国境を越えた「酸性雨」から，「オゾン層破壊」や「地球温暖化」まで，地球規模に拡大した．

✿ 大気汚染問題――自動車排ガス不正事件からの考察

世界での自動車の普及，すなわち都市部でのモータリゼーションは異常なほどの高まりだ．自動車利用には地域性はあるが，環境とエネルギーに関する問題は世界共通の重要課題だ．大気汚染の原因は，産業革命当初の工場排ガスなどの「固定発生源」にはじまり，自動車などの「移動発生源」にまで拡大した．

自動車の排気ガス規制は，1963年の米国カリフォルニアの「州規制」

にはじまる．全米での規制は次第に厳しくなり，1970年には有名な「マスキー法」(大気清浄法)の制定となった．

日本のメーカーの技術者は，これらの世界の要求に応えた．ホンダによる画期的なエンジン開発*36 や，優れた排ガス後処理システム（三元触媒など)の開発など，誇るべき技術の歴史をもっている．

*36 CVCC エンジン (Compound Vortex Controlled Combustion) は，1972年，本田技研(ホンダ)が開発した複合渦流調整燃焼方式の低公害エンジン．排ガス後処理装置を装備せずに，世界で最初に厳格な米国「マスキー法」に合格した．

※

世界全体の四輪車生産台数は，2016年には年間約9500万台となった．欧州の先進国では，新車や輸入車に対して，段階的に電気自動車（EV）への移行を義務づける方向にある．中国は世界の約30%の台数（2800万台）を生産し，また，世界最大の市場でもある．その中国では，大気汚染対策の一つとして，自動車の燃費規制や排ガス規制に加え，化石燃料を直接には使用しない次世代型のエコカー（新エネルギー車）の導入方針を決めた．

世界最大の自動車企業フォルクスワーゲン(VW)は，中国でも外資系最大のサプライヤーだ．そのVWが2015年，ディーゼル車の排ガス不正事件を起こした*37．対象車両は世界で1100万台と報道され，経営者，技術者の責任が問われている．

*37 → 事例ファイル 25 (p. 146)

「オゾン層破壊」――地球規模の環境対策

F. S. ローランド博士*38 (米) は，1974年に，フロンガスが成層圏オゾン層の破壊をもたらしているとの論文を発表した．フロン類は,冷媒・洗浄剤・発泡剤・噴射剤など広範囲に使用され，化学的に不活性で安全な物質と信じられていた．これが大気圏外でオゾン層を破壊し，太陽光の紫外線がオゾンに吸収されなくなり，皮膚がんなど，人の健康被害を起こすことがわかった．

*38 CFC などのフロンガスのオゾン層破壊を発見し．世界の排出規制を導きノーベル化学賞(1995)を受賞.

1985年に，オゾン層の保護を目的とする国際的な枠組をきめる「ウイーン条約」が採択され，「特定フロン」(CFC)*39 の生産と使用削減が合意された．1987年には，オゾン層の破壊物質に関する「モントリオール議定書」が採択された．その結果,塩素を有する「代替フロン」(HCFC)を含めて,フロンの回収と再生,破壊や使用の全廃化が世界で進んでいる．

*39 特定フロン（CFC：第1世代)，代替フロン（HCFC：第2世代)，新フロン（HFC：第3世代）は，オゾン破壊係数（ODP）や地球温暖化係数(GWP)が異なる．

さらに，フロン類は，「地球温暖化係数」が高い．国内外の経営者や技術者がフロン類の改良や利活用に積極的に対応してきた．事例ファイル26 (p.147)やコラム 13 (p.149)で見てほしい．

地球温暖化問題——京都議定書からパリ協定へ

化石燃料の消費で，大気中の二酸化炭素が急激に増え，森林や海洋による吸収が追いつかない．森林面積の減少も追い討ちをかけている．人為的な要因で「温室効果ガス（GHG）*40」が，対流圏に滞留し，気候変動（地球温暖化）を起こしている．大気中の二酸化炭素濃度は，産業革命ごろまではおよそ280 ppmだった．21世紀の現在では 約400 ppmのレベルに達し，約200年間で，40%以上も増加した．

*40 GHG：Green House Gas．京都議定書では6種類を指定した（二酸化炭素，メタン，一酸化二窒素，HFC類，PFC類，SF_6）．

(1) IPCCの役割と温暖化の現状評価

1988年に設立されたIPCC *41（国連気候変動に関する政府間パネル）は，「人為起源」による気候変化とその対策に関して，科学的，技術的，社会経済学的な見地から包括的な評価を行っている．そのうえで政府推薦の専門家の学術論文や観測データをもとに，科学的評価や気候変動対策をまとめ，「政策決定への要約」（SPM *42）として国連や各国政府に強いメッセージを発信している．最新版にあたる「第5次評価報告書

*41 IPCC：Intergovernmental Panel on Climate Changeは，1988年に設立．本部はジュネーブ．ノーベル平和賞（2007）を米国元副大統領アル・ゴアと共同受賞

*42 SPM：Summary for Policymakers．政策決定者向けの要約．

フォルクスワーゲン“排ガス不正事件” 事例ファイル25

2015年9月，フォルクスワーゲン（VW）のディーゼル車が，米国の排出ガス規制を不正に潜り抜けていたことが明らかになった．VWは莫大なリコール費用を負担することになった．そのうえ，2018年4月，米国政府から147億ドル（約1兆5千億円）の制裁金を課せられた．さらに同年5月，先に引責辞任したVW元最高経営責任者が，大気浄化法違反で起訴された．

※

ディーゼル車の排ガス不正を見つけたのは，米国の大学の研究者だった．州の検査をパスしたVW車に，日本製の車載型計測器を取り付けて路上測定を行ったところ，排出NOx濃度が基準値の最大40倍という驚くべき結果がでた．室内のローラー上での試験では基準値を下回り，問題はなかった．路上と室内の大きな違いは何か，カリフォルニア大気資源委員会（CARB）が独自に調査を行い，車に不正なソフトウェア“Defeat Device”（無効化装置）が搭載されていることを突き止めた．

室内検査ではハンドルはほとんど動かない．不正ソフトが運転データから検査中と判断すると，排ガス処理装置がフル稼働して基準値をクリアする．一方，路上走行中と判断すると，排ガス処理の機能を落とし，有害物質をほぼ無処理で排出する．これで燃費をよく見せるという手法だった．

※

ドイツの大手自動車部品メーカー・ボッシュが開発したソフトだが，検査逃れの目的にも使用できる．ボッシュはVWに対し，市販車には搭載しないよう警告する文書を送っていたとの報道もあった．

アメリカ・デトロイト連邦地裁は，2017年8月に排ガス不正に加担したVW元技術者に禁固刑と，罰金20万ドルの判決をいいわたした．VWの子会社のAudiでも同様の不正が発覚し社長が逮捕された．BMWとダイムラーベンツでも不正が発覚し，リコールが命じられた．これら世界的企業の悪質な不正は，世界中の人たちに衝撃を与え，環境問題に係わる技術者に対する深い不信を生んだ．

〔NHK「クローズアップ現代」（2015.1）；ジャック・ユーイング著『フォルクスワーゲンの闇ー世界制覇の野望が招いた陥穽ー』（日経BP社，2017）より〕

(AR5)」によると，現状評価の重要な要点は二つにまとめられる．

①「地球温暖化」が「人間活動の人為的要因」で起こっている確率は95%以上．
②「観測事実」から，温暖化についての現状は「疑う余地がない」．

(2) 温暖化の基本対策は二つ

①「緩和」(Mitigation)：温暖化ガスの排出削減対策
②「適応」(Adaptation)：気候変動の影響による被害の回避や軽減対策

これまではおもに「緩和」対策が中心だったが，今後は「適応対策」を積

S. C. Johnson 社とフロンガス　事例ファイル 26

現在の S. C. Johnson & Son, Inc. は，1886 年創業のアメリカ企業で，おもに家庭用化学品の製造販売を行っている．19 世紀末に床磨き用ワックスの通信販売に成功して以後，大企業に成長した．アメリカの世界企業のなかでは珍しく，今も創業者一族がファミリー経営を続け，現在の社主は 5 代目になる．

同社は，早くから理想主義的な経営理念を掲げてきた．創業以来，ワックス用原料として南米産カルナバ椰子の油を使用していた．3 代目ジョンソンは，増加を続けるカルナバ油の輸入が，現地の熱帯雨林に影響をおよぼしていないか心配になり，1935 年，自ら飛行機を操縦して南米奥地に飛び，何ら心配ないことを確かめた．

同社は，第二次世界大戦中に，南方の戦場の兵士をマラリアから守るために開発されたエアゾル殺虫剤を，戦後いち早く家庭用に売りだした．殺虫剤以外にも，いろいろなエアゾル製品を開発し，世界最大のエアゾルメーカーになった．これらの製品は，噴射剤として，フロンを使っていた．同社は，世界最大のフロンユーザーの一つになっていた．

1974 年，それまでまったく安全な夢のガスと信じられていたフロンが，オゾン層を破壊する恐れがあるとの論文が発表されるや，4 代目ジョンソンは，ただちに同社の全エアゾル製品からフロンをなくすと宣言した．アメリカ政府がフロンの使用を禁止する 3 年前のことだった．ほかのエアゾルメーカーは，ジョンソンの一方的な決定を非難したが，同社の世界各地の研究者たちは，非常な困難を乗り越え，1 年以内に社主の約束を実現した．

そのほかにも，製品から有機溶剤を追放したり，工場からの排出物をなくしたり，環境の保全に最大限の努力を率先して続けた．4 代目ジョンソンは，地球環境会議などにも自ら参画した．その貢献が国際的にも高く評価され，1992 年には，国連生涯環境賞という特別賞を受賞した．同社は，そのほかにもさまざまな社会貢献に力をつくすなど，株主の利益を優先せざるを得ない一般の企業とは一線を画した経営を続けている．

化学者でもある 5 代目ジョンソンは，独自の製品安全プログラムを公開するとともに，合成化学物質を否定する風潮に対し，公に反論を展開している[*1]．

事例研究 I-8-5「家庭用カビ取り剤と PL 法」(p.80)で取り上げたジョンソン(株)は，同社の日本法人．

*1　https://www.scjohnson.com/ja-jp/our-purpose/commitment-to-transparency/everything-is-chemistry-why-sc-johnson-is-tackling-negative-perceptions-about-synthetic-chemicals (retrieved 2018.12.30)

極的に進める必要がある．日本は2018年度に，「気象変動適応法」を成立させた．将来への影響の科学的知見にもとづき，高温耐性をもつ農作物品種の開発・普及，魚類の分布域の変化に対応した漁場の整備，堤防・洪水調整施設等の推進を着実に行う．

(3) 温暖化対策の基点となる「京都議定書」

1992年，地球サミットで「気候変動枠組条約」として温暖化対策の基本理念が採択された．1997年の第3回締結国会議（COP3）では，拘束力をもつ削減数値目標を定める「京都議定書」(京都プロトコール)が採択され，GHGガス排出量の削減目標を決めた．加盟する先進国のみが削減義務を負い，中国などの新興国や途上国には削減の拘束はなかった．具体的な対応策として，開発途上国への資金と技術の支援と，「京都メカニズム」とよばれる市場経済的な「柔軟性措置*43」が取り上げられた．

*43 京都メカニズムにおける，①共同実施(JI)，②クリーン開発（CDM)，③国際排出量取引(IET)，④植林活動など，海外で実施した排出削減量等を，排出権(クレジット)として排出量を取引し，自国の排出削減の達成に換算できるとした運用措置．

京都議定書で定めた実施期間（2008～2012年）中の削減対策にもかかわらず，世界のCO_2換算排出量は，1990年（議定書基準年）の“209億トン”から，2014年には“330億トン”に増えた．この24年間で，温暖化ガスの排出量は約60％も増加した．京都議定書の大きな不備は，CO_2排出量の多い米・中・印が参加しなかったことだった．

(4) 新国際条約「パリ協定」とその課題

2015年秋，第21回締約国会議（COP21）がパリで開催された．COP3から18年を経て，新しい枠組みの国際条約「パリ協定」（Paris Agreement)が採択された．二つの協定を**表3**で比較した．

パリ協定の最大の課題は．GHGガスの削減が義務でなく，「自主目

表3 温暖化対策 ―京都議定書とパリ協定―

	◇京都議定書	◆パリ協定
採択年	1997	2015
対象国	先進国のみ（米国:初期から離脱） （新興国が非対象：中・印など）	先進国，途上国を含む 196カ国・地域（EUなど）
全体の目標	・加盟先進国 ・第1約束期間(2008～2012) ・1990年比，▲約5％削減	・産業革命前からの地球気温上昇を，2℃未満に維持．1.5℃に抑える努力をする
各国の削減目標	・日本▲6%，米国▲7% ・EU▲8%など ・途上国に義務なし	・長期目標作成，報告，国内対策の義務 ・5年ごとに更新する ・目標達成を，義務としない
途上国支援	・京都メカニズムの運用 ・市場経済的「柔軟性措置」の実施（CDMなどの経済・技術支援)	・先進国の資金拠出義務化 ・途上国の自主的な資金拠出

標（誓約）」であることだ．さらに，排出量世界2位の米国政府が協定脱退を表明した．また，全参加国が自主削減目標を達成したとしても，今世紀末には，世界の平均気温は3℃近く上昇すると予測されている．

コラム13　地球温暖化ガス「フロン」――ある日本企業の特許戦略

日本企業ダイキン（D社）は，国内で初めてフッ素化学にとりくみ，独自技術で1800種類以上のフッ素化合物を世界に送り出してきた．1951年には日本初のエアコンを開発し，フロンガスやフッ素製品なども世界中に提供している．フロンガスはもともと「地球温暖化係数（GWP）」の非常に高い化学物質であり，オゾン層を破壊する性質をもつ．D社はパイオニア企業として，「オゾン層破壊係数（ODP）ゼロ」で，さらに地球温暖化係数（GWP）が低い第3世代フロンの新冷媒「HFC32」（R-32）を開発し，国内外の特許を取得した．R-32のGWPは，同じくODPゼロの「HFC-R410」の1/3（係数値：675）だ．2000年ごろから，空調機の冷媒を破壊係数ゼロのHFC冷媒へ代替をはじめた．

※

特別に有用な特許は，自社での専用実施や有償譲渡とするのが通常のビジネスモデルだ．2011年にD社は，国内では「有償のライセンス」とし，アジアなどの新興国には基本特許を「無償ライセンス」にすることを選んだ．さらに2015年から「HFC-32の単独冷媒の空調機の製造・販売に関する延べ93件の特許」（本特許）を，全世界にも無償開放することを決定した．地球温暖化への寄与を優先し，近江商人の「三方よし」*のビジネスモデルを選んだのだ．

*「売り手よし」，「買い手よし」，「世間よし」の，三つの「よし」をいう．

コラム14　環境管理の国際規格「ISO 14001」

ISO 14001は，「持続可能な開発」を実現するために，1992年の「地球サミット」を契機として，1996年「環境マネジメントシステムに関する国際規格：ISO 14001」として定められた．この規格は，環境の保全と汚染の予防をはかるシステムを提供することにある．ISO 14001には，組織が自主的に環境管理のシステム（環境監査，評価，環境ラベル，LCAなど）を構築できる手法が示されている．法的拘束力はなく，第三者機関によって審査と認証を取得する．環境の配慮に積極的にとりくんでいることを示す手段となり，社会からの評価が高まる．公害防止や環境保全は，立法や規制のみでは達成できないので，その実践と歯止めのしくみとして活用できる．国内認証取得件数は約2.4万件（JAB, 2017.10）．

環境・資源問題の未来に向けて

本章では，環境・資源問題の歴史を振り返りながら，社会や技術者がそれぞれの時代の問題に，どのようにとりくんできたかを見てきた．話が広がりすぎたかもしれない．一度もとに戻って考えてみよう．工学倫理の基本は，「技術は危険なものを安全に使いこなす知恵だといってよい」「強力な技術ほど危険だといってよい」というものだった．

視点を変えて見てみよう．人類にとって，環境・資源・エネルギーほど大切で強力なものはないが，使い方を間違えると，これほど危険なものもない．さらに視点をかえると，地球にとって，人類は，恐ろしく強力で危険なものだということになる．

この章で議論してきたこととは裏腹に，直近の世界には，自国第一主義や覇権主義の嵐が吹き荒れている．このまま行くとどうなるか，SFパロディー風に見てみよう．何世紀先か何十世紀先，高度な文化をもった宇宙人が，われわれの星にたどり着いた．彼らが見たものは？　すべての大陸を覆う砂漠，至るところに林立する巨大建造物の廃墟，そして，かぎられた高地の洞窟で原始生活を営む少数のヒトだった．宇宙人は太陽系のこの惑星をイースター星と名づけ，巨大建造物をモアイとよんだ……[*44]．

*44 → コラム08の「イースター島の悲劇」(p.130)

私たち現代人には，人類がそのような悲劇的結末に向わないよう，環境トリレンマを克服して，この地球を次世代につないでゆく義務がある．すでに学んだとおり，国内・国際政治に依存する部分も大きいが，われわれ技術者には，今後とも，環境・資源問題を正しく認識し，社会の要請と粘り強く向き合う，強い意志と行動力が求められる．技術者群には，国内・国際政治を動かす力量も求められる．

若い工学生たちにも，新しい戦いに加わってほしい．

事例研究 II-3-1　フェロシルト“不正処理事件”

「フェロシルト」は，酸化チタンの国内トップメーカー石原産業（株）が開発した土壌埋戻し材．工場からでる大量の廃硫酸を含む鉱石残渣を変成し製品化した，赤土のような固形物．2003年9月には，工場立地のある三重県がフェロシルトを「リサイクル製品」に認定した．2001年から三重，愛知，岐阜，京都の1府3県で，造成地などの盛り土用の埋戻し材として，約72万tが使われた．

※

2003年4月，愛知県瀬戸市の大きな造成地に，約10万tの埋戻し材がもち込まれた．それ以来，下流の蛇ヶ洞川の流水が，大雨が降るたびに赤茶色になる異変が発生した．2004年12月の市の調査で，人体に影響はない程度の微量の放射線が測定された．2005年6月には岐阜県が，フェロシルトが埋められた県内3ヵ所の調査結果を発表．土壌から環境基準を超える有害な六価クロムが検出され，地域住民の不安に拍車をかけた．

申請外の工場廃液を混入して廃液処理費用を浮かせていたことや，県に提出するサンプルを別の試作品とすり替えていたことなどが明らかになった．2005年11月，県の問題検討委員会は，廃液以外の混入がなくても，フェロシルト製造過程で六価クロムが生成することを明らかにし，「技術者ならわかったはずだ」と指摘した．

廃棄物処理法違反容疑で立件され，工場幹部や関係者が逮捕された．会社はフェロシルトを1t 150円で売るにあたり，業者に3000～4000円の運送費を支払っていたことを認めている．1tあたり1万円近い産廃の処理費と比較すると，コスト減になるという．実質的には，いわゆる「逆有償」で，製品でなく産業廃棄物と判断された．フェロシルトをふくむ汚染土壌の量は約80万t，回収が必要な量はそれ以上になるという．

石原産業は，巨額の撤去回収費（489億円）を計上した．廃棄物処理法違反の罪で，会社と工場幹部が両罰の判決を受けた．技術者の元副工場長は2年の実刑判決を受けた．一方，株主代表訴訟により元工場長，元副工場長，および元社長を含めた関係者に総額485億円の賠償支払いを大阪地裁が命じ，その後大阪高裁で，内容は非公開だが減額して和解が成立した．なお，2015年3月までに，すべてのフェロシルトの撤去は完了している．

石原産業四日市工場で高く積まれた，回収された「フェロシルト」（提供：時事）

多くの公害関連法や廃掃法には，両罰（法人，個人の両方）と直罰（当事者に懲役や罰金）の規定がある．現場の技術者は，法の罰則規定で直罰対象になりうる．あなたは技術者としての役割や責任を十分に理解していますか．

「朝日新聞」；「日本経済新聞」；鳥羽至英著『内部統制の理論と制度』（国元書房）などを参考に作成．

ラブキャナル“土壌汚染事件”

ニューヨーク州ナイアガラフォールズ市にラブキャナル（Love Canal）という運河があった．1970年代，周辺の住民に流産や先天的異常が多発した．運河は車社会の発達で使われなくなっていたが，次のような事実が判明した．

おもに農薬の製造をしていたフッカー社の工場が，1947年ごろから11年にわたり，化学薬品をふくむ廃棄物をその水路に投棄した．のちの会社側の発表では廃棄物は2万t以上にのぼった．当時の法律には違反していなかったというが，その後，運河は埋め立てられ，市がその土地を買い上げて学校や住宅などの公共施設をつくった．

1976年ごろになり，住民は州およびEPA（連邦環境保護庁）に被害調査を請求した．その結果，流産が1000人あたり350人の高率に達することがわかった．行政による調査の結果，高濃度のダイオキシンをはじめ，BHC，PCBなど82種の化学物質が土壌，大気，水質から検出された．小学校は一時閉鎖，住民の一部は強制疎開，一帯は立入禁止となり，国家緊急災害区域に指定された．その後も非移住者に先天性異常や肝臓障害，腎臓障害，神経症，がんなどが多発し，EPAが再調査を行った．調査結果は衝撃的なものだった．住民の多くに染色体異常が認められ，多くの異常妊娠などが発生していた．1980年，当時のカーター大統領は，新たに710家族，2500人に移住勧告をだした．

疫学調査や染色体異常の評価をめぐって，科学者の間で議論をよんだ．この事件は，アメリカ中が化学物質による土壌汚染に対して大きな関心を払うきっかけになった．この事件を契機に，連邦議会は土壌汚染対策では国際的に知られる通称「スーパーファンド法」(1986年)を制定した．

①「スーパーファンド法」

「包括的環境対策補償・責任法」と「スーパーファンド修正および再授権法」の二つの法律の総称．語源は，汚染責任者の特定までの間，浄化費用を石油税などの信託基金(スーパーファンド)から支出する制度に由来する．汚染の調査・浄化はEPAが行うが，浄化の費用負担を有害物質に関与したすべての潜在的責任当事者が負うという責任範囲の広範さに特徴がある．

②日本の法律「土壌汚染対策法」

先駆けとなる法律に，1970年，イタイイタイ病の発生を契機に定められた「農用地汚染防止法」がある．スーパーファンド法に対応する包括的な法律として，2002年に「土壌汚染対策法」が定められた．

自分の所属する大学や企業からでる廃棄物の管理や処理の実態をあなたはどの程度認識し，また適切に管理していると思いますか．

以下の文献などをもとに作成した．
- 綿貫礼子・河村宏編『ダイオキシンの汚染のすべて』（技術と人間，1984）
- 原田正純著『環境と人体』（世界書院，2002）

環境は誰のものか

◆ 有限な資源（牧草地）の管理をめぐる寓話

複数の牛飼いたちが，ある牧草地を「コモンズ（Commons，共有地）」とし，共同経営で放牧をしている．牛飼いたちは，牧草地に自由に出入りできる「オープン・アクセス」としての権利をもつ．

ある牛飼いが，牧草地に入れる牛を１頭増やすと，それによる牧草地の維持管理のコストや損害は牛飼い全体で等分され，過放牧による全体のコストは牛飼い全体で等分される．したがって，その牛飼いだけが飼育を増やした１頭分の利益を独占する．他の牛飼いにとっての利益は薄まるものの，総利益が総費用を上回るあいだは，みなどんどん自分たちの牛を無制限に増やし続け，牧草地に牛を入れることになる．究極的には，牧草地は回復不能なほど荒廃してしまうことになる．

〔“コモンズの悲劇（The Tragedy of the Commons）”*1 より〕

◆ 考　察

個人個人の牛飼いにとって，牛を牧草地に追加して入れるのは合理的な判断と行動だ．しかし，牛飼いという集団全体としてみると不合理な結末となる．すなわち，コモンズとしての環境容量*2（carrying capacity）を超えると，コモンズにアクセスするすべての人たちにとって取り返しのつかない状況に陥る．

◆ 環境・資源問題の視点から

このような事例を環境・資源問題に多く見ることができる．組織や個人の近視眼的な欲望が，共有資源の乱獲や過剰な利用を招くことがある．先の例は小さなローカル・コモンズだが，地球環境レベルにまで広げたグローバルなコモンズでも同様のことが起こりうる．

大気も水も土地もコモンズといえる．工場からの排煙や排水は，大気や，河川や海の水に対して無視できるほどの量の場合は問題なかった．しかし，空気や水の汚染が無視できなくなり，市民生活等に影響をおよぼすとき，「汚染者負担原則」にのっとり，その原因を生みだした企業等に，社会が負わされる費用を負担させることを「外部不経済の内部化」いう．炭素税，環境税などがこれに当たる．ただ，環境にどのように価格をつけるのかという難しさがある．グローバル・コモンズとしての地球上に住む私たちは，全員が牛飼いの１人１人なのだ．

私たちの身近には，どのようなコモンズがあるだろうか．そして，それらのコモンズにおいて“コモンズの悲劇”が起こる要因と，その予防策・解決法について考えてみよう．

---

*1　1968 年 G. Hardin（アメリカの生態学者）が，*Science* 誌 162 巻に発表した論文の引用．多数者が利用できる共有資源が乱獲されることによって，資源が枯渇してしまうという経済学的な教え．

*2　コラム 08（p.130）参照

4章 技術者と法規

*1 法規は，国会で制定される法律だけでなく，政令，省令，条例，国際法などをふくむ広い概念(p.160 参照).

「本章では，法規[*1]と工学倫理とのかかわりを考え，法規が技術者に求めていることは何かを学ぶ.

最初に，技術関係の法規は貴重な知恵の集積であることを学ぶ．次に法規が技術者に求めている注意義務について考え，高度の専門職である技術者に対する期待の大きさと，その使命の重さについての理解を深める．そのうえで，技術者を取りまく法規について概観する．技術者として直面するであろう，法規を守ることの難しさと悩みについても考える．法規にもおのずから限界があり万能ではない．これを補うための自主活動の一端も紹介する.

法規は貴重な知恵の集積

*2 多くの技術関係の法規がある．その一端をp.160に紹介しているので参考にしてほしい.

技術関係の法規[*2]は技術者の参画がなくてはつくれない．官公庁には技術の専門家がたくさんいて，官公庁以外の技術者とともに技術にかかわる法規の立案や運用に参画している．法規の文面の作成には法規の専門家が関与する.

法律は，最終的には国会の議決で制定されるが，その立案にあたっては，関連業界や消費者，公衆の意見も考慮される．専門家による審議会での審議のほか，広く一般の意見をインターネットなどで募集することも行われている．既存の法規の運用にも，官公庁だけでなく企業などの技術者が多数かかわっている.

*3 科学技術の発展を積極的に促し，公共の利益に寄与させることを目的とした法律もあることを忘れないでほしい．その代表的なものが「科学技術基本法」だ.

技術関係の法規には，技術が高度化するなかで，社会との調和をはかり，社会に貢献していくために，本書の多くの事例に見るような，過去の事故や苦い経験を教訓につくられてきたものが多い[*3]．その作成過程で技術者のさまざまな知恵が折り込まれた．これらの法規は，厳しい規制ばかりしているように見えることもある．しかし，法規は，技術の進歩が社会に大きな貢献をしていることを評価し，今後の技術の発展を期待してつくられていることを忘れてはならない．技術関係の法規は，「危険なものを安全に使いこなす」ことの専門職である技術者が参画してつくってきた貴重な知恵の集積だ．このことをよく理解して法規を積極的に活用してほしい．

法規は最低限の決まり（ルール）

いまさらいうまでもないが，現代社会は法規を遵守することを前提に成りたっている．あとで述べるように，多種多様な法規が技術者を取りまいている．これらの法規は遵守しなければならない最低限の決まりだ．法規で定められた項目を守っていれば，何をしてもよいと安易に考えてはならない．次つぎと開発される複雑・高度な技術を，法規によってすべて網羅することはできない．これから起こるかもしれないすべての事態を想定して，法規の基準を定めることも不可能だ．過大な想定をして過大な規制をかけると技術の進歩を妨げることにもなる．技術者は，真摯なプロの目で深くものごとをとらえ，法規に定められていなくても必要なことを実行していかなければならない．これは，法規から求められる注意義務(p.157 参照)にもかかわることだ．

法規は知らなかったでは済まされない．技術者は自分の専門分野の法規についてよく理解[*4] しておく必要がある．法規は遵守しなければならないことは当然だが，法規の専門家などによく相談することも大切だ．そして法規に不合理な点があると信じれば，積極的に法規の改定について意見を述べていく気概[*5] が求められる．

I 部 4 章 (p.40) で述べたように，「技術者は社会に対し特別の責任を負う専門職」というプロ意識をもたなくてはならない．このことは技術者と法規とのかかわりを考えるうえでも，きわめて大切なことであり，改めて心に刻みつけてほしい．

法規の大切さを考えてみよう

一度原点に戻り，法規の大切さについて，道路を通行する場合を例に考えてみよう．人や車がたまにしか通らない道では，交通ルールの必要性はほとんどないだろう．しかし，多くの人や自動車が通る道路では，道路交通法の決まりがないと，人も自動車もそれぞれが自分勝手な方法で通行して事故や争いが起こる可能性が高い．通行そのものもスムーズにいかず混雑をきわめるだろう．交通のルールが定められることにより，一人ひとりに多少の不便があっても，全体としては安全でスムーズに通

*4　法規は，技術の進歩や社会の変化につれて改正される．事件や事故にともなって改正されることも少なくない．技術者は法規の改正にも注意を払わなくてはならない．改正も知らなかったでは済まされない．改正に先立つ「社会の議論」にも注意が必要だ．
→コラム 15 (p.156)

*5　社内の担当部署に，業界団体へ意見としてだしてもらうよう求めることも一つの方法だ．また，官公庁との折衝の際に意見を述べたり，法規制定時にインターネットなどで募集されるパブリックコメントで意見を述べたりする方法もある．

行できる.

現代技術は複雑で高度なものとなっており,混雑した道路にたとえられる.これに対応して,さまざまな法規が定められている.そしてそれらを守ることによって,技術が安全に利用され,社会が発展してゆくことが期待されている.

技術者は自動車の運転者にたとえられる.自動車はとても便利なものだが,一つ間違うと大きな危険をもたらす.したがって運転者には,運転操作はもちろん,道路交通法についてもくわしい知識をもち,それを守ることが強く求められている.同じように,技術者にも,高度な専門

コラム 15 法律は変わる

法律がどのように変わるか,高圧ガス保安法を例に見てみよう.

1991年10月,大阪大学基礎工学部の学生がプラズマCVD(化学蒸着)装置で実験中,モノシランの容器が爆発した.同時に都市ガスおよび有機塩素系溶剤に引火して火災が発生した.実験中の学生2人が死亡,5人が軽症を負った.原因は,逆止弁内のOリングの劣化により,亜酸化窒素が逆止弁を逆流し,各ガス共通のパージラインを経由して,モノシラン容器に流入したものと判明した.

高圧ガス保安協会では,半導体製造に使われるガスのうち,毒性,可燃性,自然発火性,支燃性,自己分解性,窒息性などの危険性がとくに高い37種のガスを対象に,「特殊材料ガス災害自主基準」を定めていた.通産省(現経済産業省)は,関係者への周知徹底を都道府県に対して通達していた.それにもかかわらず,特殊材料ガスの事故が増加傾向にあることから,法律化が検討されていた.大阪大学の事故を受けて,国会への法案提出が早まった.同年12月には,「高圧ガス取締法の一部を改正する法律」として可決成立した.

37種のガスのうち,モノシランなど,自然発火性,自己分解性,強い毒性などを有する7種を,新たに「特殊高圧ガス」に指定した.これにより,消費量や濃度を問わず,ガス検知警報設備の設置を義務づけるなど,厳しい技術基準が課せられるとともに,都道府県知事への届出が必要になった.同法では,同類だが消費の実体のないテルル化水素などは「特殊高圧ガス」にふくまれない.また同様に危険だが,高圧ガスの定義に入らないジクロロシランについても,自主保安に期待することになった.法律による規制がないからといって安全だとはかぎらないことを知ってほしい.

この「高圧ガス取締法」は,「一律取締型規制」から「規制緩和推進計画」の基本方針に沿いつつ,さらなる高圧ガス保安レベルの維持・向上のため,1997年3月「高圧ガス保安法」へと大幅な改正が実施された.自主検査・民間業者による検査の採用,圧力単位の国際単位への変更,諸手続きの簡略化,地震対策の充実,技術上の基準の見直しなどが新たに盛り込まれている.

このように,法律は,科学技術の進歩や社会情勢の変化によって,新たに生まれ,改正されて,社会の秩序維持に貢献している.

〔経済産業省ウェブサイト;第122回国会商工委員会第2号(1991年12月17日)議事録;失敗知識データベースなどによる〕

知識に加えて，関連する法規についてもくわしい知識をもち，それを守ることが強く求められる．

コンプライアンス

ここで，コンプライアンス（compliance）という言葉を理解してほしい．法令遵守と訳されたために，単に法規を守ることだけを指すと思われるかもしれないが，法規を守るだけではなく組織内のルールや社会規範*6 を守ることも含まれる．

法規などを守っていれば起こらなかったであろう，JCO の東海村核燃料工場臨界事故*7，協和香料化学事件*8，雪印乳業食中毒事件*9 などが 1990 年代の終わりから続発した．これらの企業は，社会を不安と混乱に陥れたため，法的制裁を受ける前に社会的制裁を受け，事業を存続することができなくなってしまった．

企業など事業者は，一般社会からコンプライアンスを強く求められ，これが事業存立の基盤であることを再認識させられた．そして個々の企業や業界で倫理規定を定め，その徹底をはかるための組織をつくり，経営層だけではなく構成員一人ひとりにいたるまでコンプライアンスを推進する体制がとられるようになってきた．

社会に対し特別の責任をもつ技術者は，企業など所属する事業体のコンプライアンスについても重要な役割を果たさなければならない．これは，自分が所属する組織あるいは所属する部署の上司をはじめ，同僚・部下など関係ある人たちに対する責任でもあるといえよう．

***6　社会規範**
人と人との関係にかかわる行為を律する行動や判断の基準．

*7 → 事例研究 II-4-1（p.164）
*8 → 事例研究 II-4-2（p.165）
*9 → 事例研究 II-4-3（p.166）

法規から求められる注意義務

法規を守るということは，工場排水の場合には水質汚濁防止法，建築の場合には建築基準法など，それぞれの分野や場面に対応する法規を守ることだと思っていないだろうか．それはそれで大切なことだが，全分野にまたがる基本的な法規として刑法と民法とがあることを忘れてはならない．刑法は，犯罪とそれに対する刑罰を規定した法律で，民法は財産や身分上の関係など国民相互の関係全体につき一般的なことを定めた法律だ．

故意の場合は当然だが，注意義務を怠って過失*10 で人命や財産に損害をあたえた場合でも，刑法や民法の規定により処罰されたり損害賠償

***10**　過失とは注意義務を怠り，本来気づくべきことを気がつかず，また，行うべきことを行わないことをいう．必要な注意を怠り，過失により損害をあたえた場合には，法によって責任を問われることになる．

を請求されたりする．過失に関係する基本的な規定が，刑法では211条，民法では709条に定められている[*11]．

よく新聞やテレビで業務上過失という言葉を見聞きするだろう．仕事をしているときに本来期待されている注意義務を怠ると，これらの法規で過失と認定される．

＊11　刑法211条と民法709条
＊**刑法211条**　業務上必要な注意を怠り，よって人を死傷させた者は，5年以下の懲役若しくは禁固又は100万円以下の罰金に処する．重大な過失により人を死傷させた者も，同様とする（以下略）．
＊**民法709条**　故意又は過失によって他人の権利又は法律上保護される利益を侵害した者は，これによって生じた損害を賠償する責任を負う．

注意義務

ここで注意義務についてもう少し掘り下げてみよう．過失の有無についての判断の前提として求められる注意義務の程度や内容は，一律に決められているものではない．

その人の職業や専門知識あるいはその人の立場や地位によって，通常期待される注意を怠ると過失と認定される．人命，身体や財産に損害をあたえる危険性の多い行為をする者ほど，その注意義務は重く見られる．刑法では業務上過失により人を死傷させた場合には，一般の過失による場合より重い刑を課すことになっている[*12]．

＊12　たとえば，過失により人を死亡させた者は，50万円以下の罰金（刑法210条）となっている．ただし重大な過失による場合は業務上過失と同じ（＊11「刑法211条」参照）．

くり返し述べてきたように，技術者は高度の専門知識をもち，危険なものを安全に取り扱う専門職であるから，仕事をするに際して高度の注意義務を果たすことが求められる．技術者に対する期待はとても大きいのだ．

予見可能性と結果回避義務

注意義務は二つの要素から成りたっている．一つは，あらかじめ知ることができるものは予見しておく義務があるという「予見可能性」．もう一つは，回避が必要と予見された事態（結果）には，それを避けるための対策をとる義務があるという「結果回避義務」だ．

技術者として予見しておくことが当然であるのに，それを怠った場合は注意義務違反となる．また，予見はしていても必要な対策をとらなかった場合にも，注意義務違反として過失を問われることになる．

判例に見る注意義務

これまでに裁判で技術者の責任が問われた事件では，具体的にどのような注意義務を技術者に求めているのだろうか．

裁判事例として掲げた，社会的に注目された次の三つの事件を見てみよう．ここでは事例の簡単な紹介にとどめるが，p.164からの事例をよく読んで参考にしてほしい．技術者の責任の大きさと社会の技術者に対する期待がよくわかると思う．

森永ヒ素ミルク事件[*13]（1955年に発生）：製造したドライミルクにヒ素が混入していたため乳幼児が多数死傷した事件．工場長と製造課長が起訴された．判決では，工場長は事務系であり，非常に高度の専門的知識を求めることはできず，また一般的な指示をあたえるにとどまっていたとして無罪．技術系最高責任者の製造課長には予見の可能性があり，かつ結果回避義務を怠ったとして実刑．

*13→事例研究Ⅱ-4-4（p.167）

東海村核燃料工場臨界事故[*14]（1999年に発生）：JCO東海事業所で，硝酸ウラニル溶液を生産中に発生した国内で初めての臨界事故．従業員2人が大量の中性子線を浴び死亡．原子炉等規制法（略称）で許可された手順を守らなかったために起きた．6名の技術者が注意義務を怠ったとして業務上過失致死罪．

*14→事例研究Ⅱ-4-1（p.164）

雪印乳業食中毒事件[*15]（2000年に発生）：品質の悪い脱脂粉乳を原料として製造された「低脂肪乳」を飲んだ多数の人が食中毒を起こした事件．温度管理をはじめ安全衛生上の注意を怠ったとして，原料工場の工場長と粉乳係主任が業務上過失傷害で有罪．工場長は日報改ざん指示などにより食品衛生法違反でも有罪．停電により冷却が困難となり，管理不備もあって毒素を産生したのが原因．

*15→事例研究Ⅱ-4-3（p.166）

技術者を取りまく法規の概観

技術者は自分の関係する分野の法規について知識と関心をもたなければならない．このことはこれまでの学習で理解できたと思う．近代国家は法にもとづき運営される法治国家だ．あらゆる事柄に法規がかかわるものと認識しておくことが肝要だ．科学技術ももちろん例外でない．

科学技術を取りまく法規は多岐にわたる．科学技術の発展促進を目的とした法規もあるが，公共の利益を守るために，基準を定めて行動を規制するものが多々ある．ここでは，技術者倫理とかかわりが深い規制法[*16]を中心に，技術者を取りまく法規について概観する．

*16 規制法という概念は，必ずしもはっきり定義されたものはない．一般的に，行動を具体的な項目を定めて禁止したり，基準などを設けて制限したりすることを，法の目的達成の主な手段としているものを指すと理解してほしい．

関係する法規には大きく分けて国内法，国際法と外国法がある．グローバル化時代の現在では，国内法についての知識だけでは不十分だ．

本章の目的は，法規の内容を解説することではない．説明は，倫理とのつながりを考えるうえで必要な範囲にとどめる．

国内法の体系

日本では，憲法を頂点として国会で決められる法律を中心とする法体系が整備されている[*17]．法律を施行するのに必要な基本的事項を内閣が定めたものが政令で，さらに法律や政令を施行するのに必要な具体的な事項を各省の大臣が定めたものが省令だ．これらは官報で公示される．法規の内容を具体的に知るためには，法律だけではなく政令や省令まで調べなければならない．さらに地方自治体が制定する条例がある．国の法律だけではなく，条例を守る義務もあることを忘れてはならない．

また，判例あるいは社会規範が，法規を解釈する際の判断基準として用いられていることも知っておいてもらいたい．

*17 **日本の法体系**
- **憲法** 国の最高法規
- **法律** 憲法にもとづき国会の議決を経て制定
- **政令** 法律の施行に必要な基本的事項を内閣が制定した命令
- **省令** 法律や政令の施行に必要な具体的事項を各省の大臣が定めた命令
- **条例** 憲法および法律にもとづき地方自治体の議会の議決を経て制定

技術者に関係のある法規

技術にかかわる法規はとても多いが，前にも述べたように，貴重な知恵の集積であることを忘れないでほしい．技術関係の法規については，全分野に共通のものと特定の分野を対象とするものがある．その例を**表1**と**表2**に示す．個々の内容については解説しないが，技術者の注意義務が多岐にわたることが理解できるだろう．また，業務を行うために必要な国家資格を定めたものが多い．

表1 全分野に共通な法規の例

・製造物責任	製造物責任法
・安全衛生	労働安全衛生法，毒物及び劇物取締法
・保安防災	消防法，高圧ガス保安法
・環境保全	環境基本法，大気汚染防止法，水質汚濁防止法，化審法（略称），化管法（略称）
・資源利用	リサイクル法（略称），省エネ法（略称）
・交通	船舶安全法，道路交通法，航空法
・知的財産	特許法，著作権法，不正競争防止法
・情報	個人情報保護法，不正アクセス禁止法

表2 特定の分野を対象とする法規の例

薬機法（略称）	電気事業法
農薬取締法	電気通信事業法
食品衛生法	ガス事業法
火薬類取締法	建築基準法
飼料安全法（略称）	鉱山保安法
家庭用品品質表示法	原子炉等規制法（略称）
	鉄道営業法

国際法

国家と国家（国際機関）の間の合意によるもので，代表的なものに条約がある．条約など国際法の定めを国内で実施するためには，通常，対応する国内法を制定[*18]するか国内法のなかに対応する規定を設ける．

現代では，法規の制定にあたっても国際的調和が必要になってきている．とくに技術的な法規は，国境のない技術に立脚しているので国際的調和の必要性が高い．しかしながら，各国の利害がぶつかることになる

*18 国際法と国内法の関係の例
- 特許協力条約
  →特許協力条約にもとづく国際出願等に関する法律
- 化学兵器禁止条約
  →化学兵器禁止法

ので，必ずしも調和がとれているとはいえないのが実情だ．

国際的な事情を無視した国内法を制定すると，国際貿易を阻害する関税以外の障壁として国際問題となったり，また日本の法規にもとづいた製品などが，他国の法規には適合せず輸出も困難になったりすることが起こりうる．

外国法

それぞれの国にその国の社会的，歴史的，経済的な背景にもとづいた法規の体系がある．日本の法規の体系とは必ずしも一致しない．たとえば，アメリカは各州の独立性が高く，法規においても州法の位置づけが高いといわれる．また，EU 加盟国の法規を理解するためには，EU 法との関係を知る必要がある．

技術者が世界中の国々にでかけて仕事をするのがあたりまえの世の中になった．技術者や企業の国籍を問わず，相手国の価値観を尊重しなくてはならない．そのためには相手国の歴史，文化，社会，習慣を知ることが基本になる．そうすることによって，初めて相手国の法規も本当の意味で理解できるようになるだろう．相手国の技術者社会の慣行を理解することも必要になる．法規の問題についても話し合うことが大切だ*19．

*19→ I 部 5 章「国際的な舞台でのとりくみ」の節（p.45）

法規を守るための悩み

技術者の日常の業務は，法規を離れては考えられない．法規を守ると納期に間に合わない，仕事が煩雑になる，コストがかかりすぎるなど，法規を遵守するための悩みもしばしば生じる．第三者から見れば簡単なことでも，当事者としてその場に直面すると，それまでの経緯や自分自身の立場が複雑にからみ，大きな葛藤が起こるのが現実だ．

事例研究 II-4-7「法規を守るための悩み」は，技術者 OB の経験にもとづく仮想事例だ．自分自身が当事者になったらどのように行動するか考えてみてほしい．正解は一つではない．

法規を守らなかった場合に，どのような事態が起こる可能性があるかを検討してみることも重要だ．自分自身の立場だけではなく，公衆の立場，顧客の立場，事業者の立場，上司・同僚・部下の立場，関係部門の立場なども考えた複眼的な視点をもって行動しよう．

たくさんある関係法規を全部理解しておくことは難しい．自分に関係の深い法規をよく理解しておいて，そのほかのものは必要に応じて調べるのが現実的だろう．自分だけで判断するのではなく，その法規の専門家などによく相談することが大切だ．

法規を守って仕事をうまく進めていくうえでも，p.65の「実践的技術者倫理」で述べている事柄を心がけることはとても有効だ．

法規の限界と自主的活動

技術関係の法規は，そのほとんどがすでに発生あるいは経験した事故や災害を教訓として，それらの再発を防止することを目的に制定されたものだ．しかし制定にあたっては，法的な強制をともなうので，その原因の科学的な解明を求められることが多く，法制化が遅れる場合がある．また，利害が複雑にからみあう現代では，新しく法規を制定するにしても，長期間を要したり，技術の進歩を妨げたり，行政費の著しい増大を招いたりすることが懸念される場合もある．

法規であらゆることを規定するのは不可能だし，非効率でもある．このような法規による規制の限界やすき間を埋めるのに，さまざまな基準・規格[*20]，自己責任と自主規制にもとづく自主的活動，官庁による行政指導[*21]などが有効に働いている．

規格には，標準化のおよぶ範囲によって，企業の社内規格，業界などで決められる団体規格，国家的規模で行われるJIS規格[*22]，さらに，国際的機関によって制定され，国際的に適用されるISO規格[*23]などがある．これらのうち，JIS規格は法律にもとづいて制定される標準であり，任意規格の性格をもつが，強い効力をもつこともある[*24]．最近の傾向として，法規への積極的な引用が行われるようになってきている[*25]．

I部5章の「国際的な舞台でのとりくみ」のところでもふれたが，日本では，官庁による行政指導や，業界団体による自主規制[*26]が法律の穴埋めをすることも多い．法規で規制するよりも，迅速で柔軟な対応が可能になる場合も多いが，馴れ合いの原因になる危険もある．

近年，世界的な規模でとりくまれてきている自主的活動の代表的な例として，「化学産業界のレスポンシブル・ケア活動（RC活動）」[*27]，「国際規格（ISO規格）の制定と活用」[*28]などがある．

次に，最近とくに重要視されてきたのが「情報公開」と「説明責任」だ．

情報公開については，行政機関，民間企業などを問わず重要な課題と

＊20 規格：生産や使用に便利なように，主として生産品に対して定めた技術的な標準のこと．この標準化は，物質の形状・重さ・成分，行為についての動作・方法・資格，計量単位・用語などを対象に行われる．

＊21 行政指導：行政機関が一定の行政目的を達成するため，相手方の一定の行動（作為または不作為）を期待して，法的拘束力のない勧告，指導，要請などを行う行為をいう．欠陥医薬品排除，物価抑制，大型店舗の出店抑制など，日本の行政の特色でもある．

＊22 JIS規格（日本工業規格：Japanese Industrial Standards）は，日本の鉱工業製品（医薬品，農薬，化学肥料，農林物質を除く）の品質の改善，性能・安全の向上，生産効率の増進などの目的で，工業標準化法（1949年制定）にもとづいて制定された工業標準で，日本の国家規格の一つ．鉱工業製品の種類・形状・寸法や品質・性能，安全性とそれらを確認する試験法や要求される規格値などを定めている．工業標準化法は一部改正され，標準化の対象にデータ，サービス等を追加して産業標準化法に変わり，日本工業規格は日本産業規格となる（2019年7月施行）．

＊23 →コラム04（p.97）

＊24 →事例ファイル01（p.10）

＊25 JIS規格それ自体は，強制規格ではないが，建築基準法（建材からのホルムアルデヒド放散量の基準値など），消防法（消防設備等の技術基準値など）などの法規や政府調達に関する技術基準に積極的に運用されている．

＊26 →事例研究I-8-5（p.80）

＊27 RC（Responsible Care）活動：化学産業界が製品の開発から廃棄にいたるまで，ライフサイクル全般にわたって環境・安全・健康に配慮することを経営方針で公約し，自主的に環境・安全対策を実行していく活動（p.100参照）．

なってきた．その背景には，相次ぐ不祥事，NGO *29 などの市民活動の活発化，IT 技術の高度化による情報通信手段の進歩などがある．このため市民などから，各組織体の活動に関する情報公開を要求する流れが急速に高まってきた．たとえば，土壌汚染を発生させた場合には問い合わせがあってから発表するのではなく，企業側から自主的に汚染の実態とその対応について公表し，理解を求めるようになってきている．

専門分化が進んだ科学技術の分野においては，技術者が情報を公開し，理解してもらうことで，「説明責任」を果たすことが重要だ．積極的な「情報公開」により「公衆の受容と理解」を得るように努めなければならない．

また，社会生活のなかでの情報不足による不安と危機意識を除くために，リスクを生じさせる側が情報を開示するだけではなく，双方向の情報交換を行う「リスクコミュニケーション」*30 が重視されている．化管法（PRTR 法）*31 のような「リスクコミュニケーション」を促進する法規も制定されている．

*28 →コラム 04（p.97）

*29 NGO は英語 non-governmental organization の頭文字をとった略称で，日本では「非政府組織」と訳されている．政府や企業から自立して開発問題，人権問題，環境問題，平和問題などに「非政府」かつ「非営利」の立場から取り組む市民主体の組織を「NGO」とよんでいる．

*30 リスクに関する正確な情報を行政，事業者，国民，NGO などの利害関係者が共有しつつ相互に意思疎通を図ること．

*31 化学物質排出把握管理促進法の略称．有害化学物質の取り扱い者がその排出・移動量を国に登録．国はその情報を国民に開示する．PRTR（Pollutant Release and Transfer Register：環境汚染物質排出移動登録）が骨格をなすので PRTR 法ともいう（p.99 参照）．

東海村核燃料工場臨界事故

1999年9月30日，茨城県東海村の核燃料加工会社「ジェー・シー・オー（JCO）」東海事業所で，核分裂が持続する臨界事故が発生．事故は，実験用原子炉に用いる硝酸ウラニルの生産施設で起きた．国内で初めての臨界事故で，原子力の安全性に対する信頼を大きくゆるがした．

直接の作業を行っていた従業員３人が大量の中性子線を浴び，のちに２人が死亡した．周辺住民，防災関係者，従業員など数百人も被ばくしたが，軽微で健康障害の恐れはないとされている．この事故で，同社は事業を継続することができなくなった．

この事故は，作業を容易にすることを重視し，原子炉等規制法（略称）にもとづいて許可された手順を無視して作業を行ったために起きた．ウラン化合物を溶解する作業を，国から認可された「溶解塔」という装置で行うと作業効率が悪くなるため，簡便なステンレス製バケツを用いた手作業で行った．その後，混合・均一化する作業を，別の目的で設けられた「沈殿槽」とよばれる装置を用いて行った．その際のウラン溶液の総量が，臨界事故を防ぐために決められていた，この槽での制限量を大幅に超えていた．

この施設では，以前から，作業性がよくないため，許可された手順を無視した作業が行われていた．しかも，その作業を専門技術者や工場幹部が承認した手順書がつくられていた．

事故当日，さらに作業を容易にしようと，新たな方法を取り入れ，臨界事故を起こした．のちの裁判の判決では，事故の背景を，おおよそ次のように述べている．

JCOは，1984年に，１回の取り扱い量を遵守する前提で国から加工事業を認可されたが，当初からそれを遵守しようという意識を欠いていた．しかも，作業員らに，保安上必要な指示や臨界などの教育訓練はほとんど実施していなかった．この臨界教育軽視の風潮が意識を低下させ，末端作業員から幹部まで，臨界事故の危険性をほとんど意識しないまま日常の職務にあたっていた．長年，会社全体を支配してきた安全軽視の姿勢の表れというべきで，厳しく責められなければならない．

同判決で，会社と事業所長以下６人が有罪となった．会社には，原子炉等規制法違反と労働安全衛生法違反で罰金100万円（当時の最高額，現在は１億円）が科せられた．従業員（あるいは社員）の被告は，全員が臨界事故発生を防止すべき注意義務を怠ったとして，業務上過失致死罪に処せられた．幹部は，原子炉等規制法違反と労働安全衛生法違反にも問われた．職責に応じて禁固２～３年（執行猶予３～５年）の判決を受けた．

法律違反，正当な技術的判断の欠如，作業員への安全教育の怠慢など，技術者倫理が踏みにじられたことによる事故だった．

2003年３月３日 水戸地裁判決；資源エネルギー庁ウェブサイト（2005.12.31時点）；「朝日新聞」などをもとに作成．

協和香料化学事件

食品香料の製造・販売を行っていた協和香料化学(本社：東京都，事業所：茨城県)が，食品添加物として認可されていない成分を使用していたとして告発された．東京都に寄せられた情報が発端で，2002年5月に茨城県が立入調査をし，食品衛生法違反が明るみにでた．そして3ヵ月後には廃業に追い込まれ，社員全員解雇，創業45年の社歴に幕を閉じた．

食品香料は，目的とする香りを得るためにいろいろな成分を配合してつくられる．食品香料の配合には，食品衛生法により食品添加物として認可されている成分を使用しなければならない．協和香料化学が食品香料の製造に使用していた成分には，食品添加物として認可されていない成分が5種類(アセトアルデヒド，プロピオンアルデヒド，2-メチルブチルアルデヒド，イソプロパノール，ひまし油)ふくまれていた[*1]．

社長は事態発覚後，「2000年夏に経営会議で指摘があり初めて知った．開発担当者に代替品の開発を指示したが，それができるまではと，違法と知りながらも使っていた．原料を変えると品質が保てず，顧客離れにつながる恐れがあった．欧米では認可されているとか，微量だからという認識の甘さがあった．違法物質の使用はすぐやめさせるべきだった．意見をいいにくい社風があったと思う」と述べている．

これらの違反5成分は，欧米では香料成分として認められており，国際的な食品添加物の評価機関であるJECFA[*2]でも，香料としての使用に安全上問題はないと評価されている．厚生労働省や茨城県も，香料に含まれている程度の量なら人体に影響はないと発表した．

協和香料化学の製品は，日本製菓業界の約70社で使用されていたため，各報道機関が全国に大々的に報道した．違反成分を含む香料を使用していた多数の会社が自社製品の回収を余儀なくされた．協和香料化学は信用を失墜し，膨大な損害賠償を求められたため廃業に追い込まれた．また社長以下関係者5人が，食品衛生法違反で略式起訴され10～20万円の罰金を支払うよう命令された．

この事件は，たとえ実害がなくても，法規に違反すれば社会から非難され企業の存立が不可能になることを示した．コンプライアンスの重要性を再認識させたものといえよう．

「朝日新聞」；「読売新聞」；「毎日新聞」；「日本経済新聞」などの記事をもとに作成．

※

*1　調合方法がノウハウで使用成分は公表されていない．食品用香料の使用量は食品に対して，1000分の1～10,000分の1程度以下．

*2　Joint FAO/WHO Expert Committee on Food Additivesの略．国際連合食糧農業機関（FAO）と国際連合世界保健機関（WHO）の合同食品添加物専門家委員会

雪印乳業食中毒事件

2000年夏，雪印乳業大阪工場で製造された「低脂肪乳」を飲んだ多数の人が下痢や嘔吐の症状を起こした．公表が遅れたたため被害が拡大し，発症者は1万数千人におよんだ．

北海道にある同社の大樹工場が製造し，大阪工場に供給した原料の脱脂粉乳が原因だった．調査の過程で両工場の衛生管理の不備が次々と明らかになり，関連法規違反，食品衛生の基本の無視など，企業倫理，技術者倫理が厳しく問われることになった．その結果，牛乳部門は販売不振に陥り，雪印乳業本体から分離せざるをえなくなり，他企業と統合されていった．

食中毒が起きたのは，原料の脱脂粉乳にふくまれていた毒性の強いエンテロトキシンA型が製品「低脂肪乳」に混入していたためだった．

大樹工場での脱脂粉乳の製造時に，停電で冷却が困難となったのが発端で，管理の不備もあって黄色ブドウ球菌が工程内で急激に増殖した．その黄色ブドウ球菌がエンテロトキシンA型を産生し，それが原料脱脂粉乳中に混入した．

この事件の責任を問われ，大樹工場長には，業務上過失傷害で禁固2年（執行猶予3年），食品衛生法違反で罰金12万円，そして粉乳係主任には，業務上過失傷害で禁固1年6月（執行猶予2年）の判決が下された．

黄色ブドウ球菌が検出されたものと同型のバルブ
提供：時事

以下に，判決で述べられた量刑の理由を要約する．

業務上過失傷害について

両被告は，食品製造にかかわる者にとって最も基本的な注意義務である製品の安全に対する注意を怠った．また雪印乳業は，以前にも温度管理の不適切で黄色ブドウ球菌の増殖による食中毒を起こしている．それにもかかわらず，温度管理をふくむ安全衛生への注意を怠った両被告の注意義務違反の程度は大きい．

大樹工場の最高責任者である工場長は，停電事故の際の不適切な対応だけでなく，その後も毒素がふくまれた脱脂粉乳を漫然と出荷させた．

主任は，大樹工場の脱脂粉乳製造に関して，製造現場では直接従業員を指揮監督する立場にあるのに，製造現場において適切な判断を行わなかった．

食品衛生法違反について

工場長は，大阪工場が製造した乳飲料による食中毒により，大樹工場に保健所の立入検査があると考えて，脱脂粉乳の製造に関する日報などを改ざんさせ，それを保健所に提出したことなど，その責任は重い．

「毎日新聞」；「産経新聞」；2000年12月厚生省・大阪市原因究明合同専門家会議「雪印乳業食中毒事件の原因究明調査結果について」などをもとに作成．

森永ヒ素ミルク事件

1955年，森永乳業徳島工場製の粉乳にヒ素が混入していたため，岡山県をはじめ西日本一帯に130人の死者と1万人を超える発病者をだした．死者や発病者の多さに加え被害者が乳幼児であったため，たいへんな社会問題となった[*1]．

原因は粉乳の溶解度を向上させるために，添加剤として0.01%使用した第二リン酸ソーダ（アルミナ製造の際の廃棄物からの回収品）に，ヒ素が4.2～6.3%含まれていたことにあった．第二リン酸ソーダの調達に際し，徳島工場は銘柄の指定や品質規格の設定を行わないで，第二リン酸ソーダと品名のみを指定して発注し，しかも納入品の品質検査もしていなかった．しかし第二リン酸ソーダの使用開始から事故にいたるまでの2年間は，何も問題は起こっていなかった．

この事件の責任を問われ，徳島工場の当時の工場長と製造課長が業務上過失致死傷の罪で起訴された．1973年に下された判決では，事務系の工場長が無罪となり，製造課長には技術系の責任者として禁固3年の実刑がいい渡された．

判決理由の概略は次のとおり[*2]．

① 食品製造業者は，その食品が人体にまったく無害で安全であることを保証して販売する立場にあり，使用する原材料が無害で，製造工程で有毒物が混入しないようにする義務を負っている．したがって，製造の指揮監督者には事故の防止に万全を尽くす注意義務があるにもかかわらず，この義務を怠ったことが中毒事故を招いた．

② 成分規格が保証された局方品（日本薬局方に定められた規格に適合する品質のもの）や試薬を注文したり，あるいは規格を定めて発注したりするか，無規格品の場合には受け入れ検査をしていれば，事故は防ぐことができた．製造課長にはこれらを実施させる監督上の責任があった．

③ 工場長は事務系なので，非常に高度の専門的知識を求めることはできない．また，その職務範囲は一般的な指示をあたえるにとどまるものであった．

また，判決のなかで「法が禁止していないことは何をしても過失がないとはいえない」と述べている．

品名だけでの取引などは，現在では考えにくい．事実関係は50年前の事件であることを前提に見てほしい．

1973年11月28日徳島地裁判決（判例時報721号，p.7）；ひかり協会ウェブサイト　http://www.hikari-k.or.jp（2005.10.13時点）などをもとに作成．

※

*1　1968年に被害者の中枢神経系や皮膚に後遺症があることが明るみにでた．被害者の救済のために，1974年，被害者を守る会，国，森永乳業の三者の合意によって（財）ひかり協会が設立され，現在も活動している．

*2　判決では，第二リン酸ソーダ製造業者の不徳義が発端となっていること，会社の管理検査体制の不備や行政当局の指導監督の不行き届きがあったことなども認めている．

三菱自動車欠陥車隠し

1990年代初めごろから，三菱製大型トラックで，ハブ(車輪と車軸を結合する部品)の破断によるタイヤ脱落事故や，クラッチハウジング（エンジンと変速機を結合する部品）の破損による事故が，それぞれ数多く発生していた．社内の技術陣は真の原因をほぼ特定していたが，ヤミ改修ぐらいで封印したり，ユーザーの整備不良として片づけたりしていた．

2000年7月には内部告発で，三菱自動車の乗用車部門とトラック・バス部門（現在の三菱ふそうトラック・バス)による大規模なリコール(無償回収，修理）隠しが発覚した．社長，本部長からなる調査委員会が設けられたが，上記欠陥車問題は上層部には上げられず，隠ぺいされたままだった．

2002年1月横浜市内で，走行中の三菱製トレーラーからタイヤが外れ，直撃を受けた主婦が死亡，子供二人がけがをする事故が起きた．翌月，国交省から安全対策を求められた際，前会長らは，技術的根拠がないにもかかわらず，整備不良による摩耗がハブ破損につながるという虚偽のデータを示してリコールを回避した．

2002年10月には，山陽自動車道インターチェンジ出口で，三菱製の大型冷凍車が壁に激突，39歳の運転手が死亡した．クラッチハウジングが輪切り状に破断，はずれたプロペラシャフトでブレーキ管が壊され，ブレーキがきかなくなったのが原因だった．

2004年3月にはハブのリコールを，5月にはクラッチ系統のリコールを届け出，三菱は最近初めて認識したと公表した．

同月，三菱ふそう前会長が「道路運送法違反容疑(虚偽報告)」，三菱自動車元市場品質部長が「部品欠陥を放置した業務上過失致死容疑」で逮捕され，6月には三菱自動車の元社長も逮捕された．2008年1月，横浜地裁は「不特定多数人に対する未必の殺人事件にも比肩する組織犯罪」として，有罪判決を下した．また三菱自動車は度重なるクレーム隠し事件で，ブランドイメージが低下し，一時は会社存亡の危機に陥った．

2012年12月，同社はまたしても，リコールに積極的でないとして国交省の立ち入り調査を受けた．

歴代トップが「風通しのよい風土をつくり，透明性を高める」とくり返しいっていたが，対外的なジェスチャーにとどまり，そこから先に踏み込んでいなかった．全社一丸となって改善のしくみを具体的に動かしていくことが，いかに重要かを社会に示した．工学倫理的には，専門技術者が10数年にわたる不具合を熟知しながら，漫然と放置していた責任が問われる．

「朝日新聞」などをもとに作成．

三井物産 排ガス浄化装置虚偽申告事件

2004年11月，ディーゼル車排気ガス中の粒子状物質除去装置（DPF）を，性能を偽って販売していたと，三井物産が公表した．

DPFは，東京都などが2003年10月からはじめた，気管支ぜん息などの原因といわれる粒子状物質の規制に対応するために使用されている．三井物産のDPFは，粒子状物質の捕集率が都の基準値の7〜8割しかないのに，都の基準に適合しているように虚偽の試験データを作成し認定を受けていた．その事実が同社の定例内部監査の過程で発覚した．

公表時点での販売台数は約2万1500台で，市場の3分の1を占めていた．国や東京都などの補助金の対象にもなっていた．

三井物産では，1998年からDPFの開発に注力してきたが，技術開発は簡単には進まなかった．当時，粒子状物質の捕集率を上げるとフィルターが目詰まりし，熱で溶けてしまう問題に直面していた．

三井物産によると，データのごまかしは3回にわたり行われた．1回目は2002年2月の指定承認申請時で，申請仕様のDPFではなく，性能が高くでる他の仕様のDPFについてのデータを用いた．2回目は，2002年7月のDPF形状変更時で，フィルターを多く重ねた場合の試験データを提出して，基準値をクリアしたように見せかけた．さらに2003年1月には，東京都職員立ち会いのもとで実施された排気ガス測定実験において，実験データの数値をその場で意図的に読み替え，基準値をクリアしたように見せかけた．

三井物産は，同社の社員と子会社の副社長らの4人が関与していたとして，懲戒解雇などの処分を行った．東京都など1都3県は詐欺容疑で刑事告発した．2005年10月に，三井物産の元先端技術室長と子会社の元副社長に対して，懲役2年(執行猶予3年)の判決がいい渡された．

三井物産は，購入代金の返済，無償交換，補助金の弁済などが300億円を超えるとしており，同社の信用も著しく損なわれた．

同社によると，虚偽データ作成の動機と背景は，各人のおかれた立場により異なるが，

① いち早く東京都の指定をとって，市場における優位性を確保したいと思ったこと．
② 指定承認を前提に必死に営業活動を行っていたこと．
③ 東京都の「DPF装置の早期・大量販売」への期待を感じていたこと．
④ 性能基準の未達成が発覚すると事業も失敗に終わると思ったこと．
⑤ DPFの事業は大きな事業で，すでに多数販売しており，認可をとらないとたいへんなことになると思ったこと．
⑥「今後も発覚しないのではないか」という思いがあったこと．
⑦ 子会社に転職してきたばかりで，親会社の三井物産の社員の指示に抗しがたかったこと．

などであった．

三井物産ウェブサイト(2005.12.31時点)；「朝日新聞」；「毎日新聞」などをもとに作成．

法規を守るための悩み

日常の業務は法規を離れては考えられない．法を遵守するための悩みもしばしば生じる．ここに掲げる仮想事例は，いずれも技術者OBの経験にもとづいたものだ．これを読んで，以下の点について考えてほしい．

①当事者なら，どうすればよいのか？
②どうすればそのような事態を避けられるか？
③法規を守らなければどうなるか？

仮想事例1

機械工場で働いているAさんは，明日の朝に納入することを約束した部品を残業でつくっていた．顧客からは納期厳守の要望が来ていた．ところが部品をつくる機械の安全装置が故障して作業ができなくなった．安全装置をすぐに修理することはできないが，故障した安全装置を取り外すと簡単に作業を続けることができる．しかしこの安全装置は，作業員の安全を守るため労働安全衛生法で設置を義務づけられたものだった．

仮想事例2

Bさんは，化学品会社で排水処理部門を担当している．ある日の生産会議で工場長から「急に500tの注文が入った．ぜひ受注したいが，各部門は対応可能か」と質問があった．Bさんは排水処理に精通していたので，頭のなかで考えて対応可能と答えた．会議では，翌日から生産を行うこととなり，営業から顧客に伝えた．Bさんは，その日の夕方，うっかりして他の製品の生産時の排水と勘違いしていたことに気づいた．注文品の場合の排水性状では水質汚濁防止法の排水基準を守ると200tしか生産できない．

仮想事例3

Cさんは，電器会社の家庭用品研究部門で働いている．Cさんが，会社の期待を担って開発した新製品の販売がはじまった．広告宣伝が大々的に行われて販売も順調だった．ある日ふとしたことで，計算間違いで法規に定められた安全基準を下回る設計をしていたことに気がついた．欠陥を公表すると製品の回収や生産設備の改造などで多額の損害がでてしまう．一方，この計算間違いは，事故につながる可能性は非常に低く，黙っていれば簡単にわかるようなものではなかった．

仮想事例4

Dさんは，工場の設計部門にいる．新工場の建設費が高く，なんとしてでも建設費を20%削減するようにいわれている．いろいろと検討したが，法規で定められた安全対策費が大きくてとてもそこまで削減できない．法規には適合しそうにないが，同様の効果が期待され，建設費の安い方法が頭に浮かんだ．

仮想事例5

Eさんが勤めている会社が，ある外国の会社のプラントを建設することになった．担当のEさんはその国の法律も調べ，環境対策のための設備をつけたプラントを提案した．ところが，相手の会社の担当者からは，設備費が高くてどうにもならない．法律のことは何とかするから，環境対策設備はカットしてほしいといわれた．

5章 知的財産権と工学倫理

本章では，知的財産権制度と工学倫理のかかわりについて学ぶ．最初に知的財産権とは何かを説明する．次に，知的財産権制度について学ぶ．そのうえで，知的財産にかかわるさまざまな倫理問題について考える．

知的財産権の概略

人間の知的活動によって生み出されたアイデアや創作物などには，財産的価値を持つものがある．そうしたものを総称して「知的財産」と呼ぶ．

知的財産の中には，法律で権利として保護されているものがあり，それらの権利を「知的財産権」と呼ぶ．おもな知的財産の定義と関係する法律を以下に示す[*1]．

＊1　法律の全文は「法令データ提供システム」http://law.e-gov.go.jp で読むことができる．

特許法，実用新案法，意匠法，商標法の四法を産業財産権法（工業所有権法）という．これら四つの法律にもとづく権利は，知的財産権の主要部分なので，技術者や研究者にとってたいへん重要な意味をもつ．さらに，半導体集積回路の回路配置や植物新品種や営業秘密に関する権利も法律によって保護されている．

おもな知的財産の定義と関係する法律

「発明」とは，自然法則を利用した技術的思想の高度な創作をいう．　→**【特許法】**

「考案」とは，自然法則を利用した技術的思想の創作をいう．　→**【実用新案法】**

「意匠」とは，物品の形状，模様もしくは色彩またはこれらの結合したもの．　→**【意匠法】**

「商標」とは，商品や役務（サービス）を示すマーク（“標章”という）であり，文字，図形，記号，立体的形状もしくはこれらの結合，またはこれらと色彩との結合したもの．　→**【商標法】**

「著作物」とは，思想または感情を創作的に表現したもので，文芸，学術，美術又は音楽の範囲に属するものをいう（「実演」，「レコード」，「放送」および「有線放送」を含む）．
※最近では，ソフトウェアのプログラムも著作物として扱われている．　→**【著作権法】**

「営業秘密」とは，秘密として管理されている生産方法，販売方法その他の事業に有用な技術上または営業上の情報であって，公然と知られていないものをいう．　→**【不正競争防止法】**

知的財産権制度の目的

産業財産権(工業所有権)制度の目的は，新しいアイデア・技術などの知的財産を権利として保護し，研究開発への意欲を向上させ，取引上の信用を維持することにより，「産業の発達」に寄与すること．一方，著作権制度の目的は，「文化の発展」に寄与することで，産業財産権制度とは異なった目的をもつ．

図1に，知的財産権の種類と関係する法体系を示す．

知的財産権の二面性

知的財産権制度には「保護」の側面と「利用」の側面があり，これら二面は相反(トレードオフ，Trade-off)の関係にある．ここで特許を例に「保護」と「利用」の制度的な均衡について説明する．

「特許権者（発明を特許出願し特許登録を受けた者)」と「国と社会」とは特許発明を介して，give & take の関係にある(**図2**)．「特許権者」は発明を社会に開示する(give)代償として一定期間特許権を得る(take)．「国と社会」は「特許権者」に特許権をあたえる(give)代償として，開示された発明をもとに，次の技術開発ができる（take)．さらに，特許権存続期間終了後，技術は社会全体のものになる（take)．この関係は特許ばかりではなく，実用新案，意匠，著作についても成りたつ．ここで重

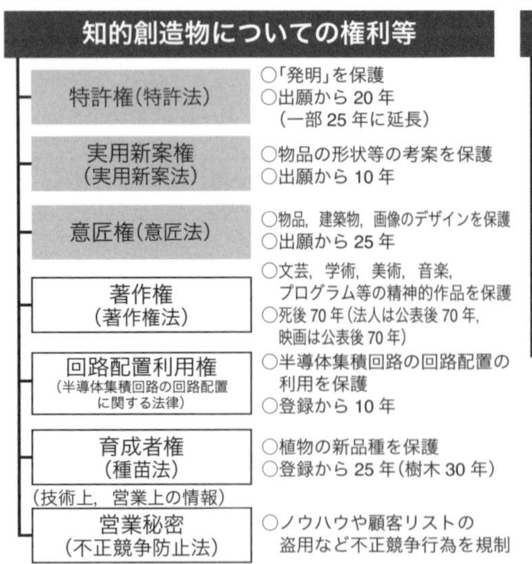

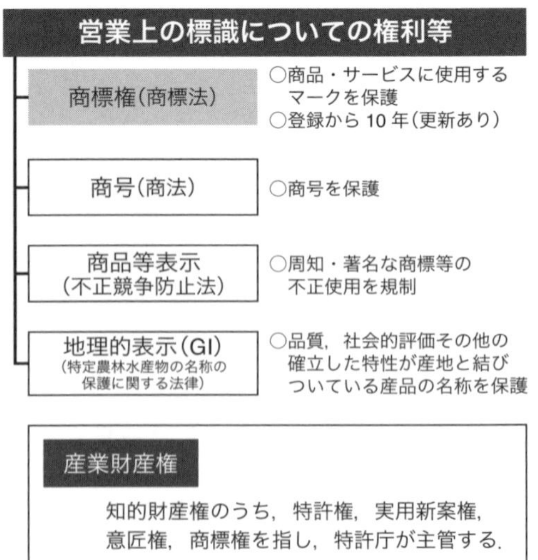

図1 知的財産権の法体系

特許庁ウェブサイト「知的財産権制度の概要・知的財産権について」をもとに作成．

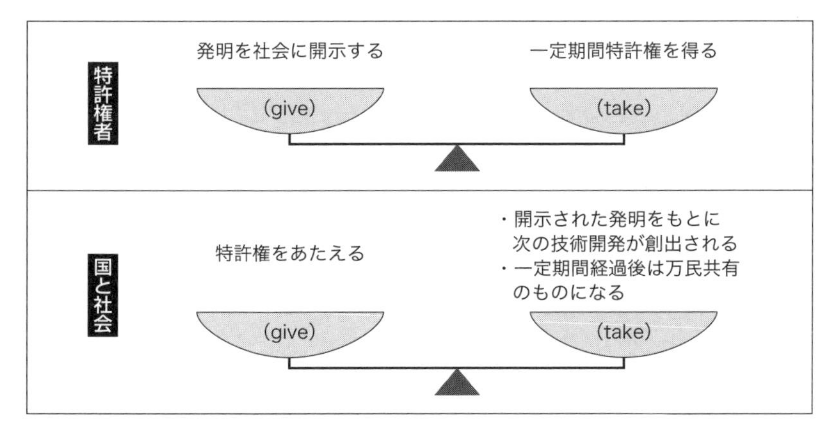

図2 制度の二面性（give & take）

要なのは give & take のバランスをとることだ．**図1** に示した知的財産権の存続期間は，国が定めた，それぞれの権利の give & take がつり合う点と考えられる．

知的財産権の国際協定

知的財産権保護に関する国際協定の歴史は古く，「工業所有権の保護」に関するパリ条約（1883 年：明治 16 年），「著作物の保護」に関するベルヌ条約(1886 年：明治 19 年)にはじまる．

しかし，その後の国際市場の拡大につれて，偽ブランド商品や海賊版 CD などの流通が広まり，国際貿易において甚大な被害をおよぼすケースが増大した．知的財産権の保護・行使の強化を求める先進国は，1970 年に世界知的所有権機関（WIPO：World Intellectual Property Organization)を設立した．

さらに，近年になり，通商問題に端を発して，1994 年の GATT ウルグアイラウンド*2 で貿易関連知的財産権 (TRIPS) *3 協定が採択された．国際的な自由貿易維持のために，加盟各国に対して，知的財産権の十分な保護や権利行使手続きの整備を義務づけ，協定を守ることを求めた．

日本の知的財産権政策

日本では，1885 年(明治 18 年)，特許庁初代長官の高橋是清がヨーロッパから特許制度を導入し，専売特許条例(特許法)が制定された*4．その際，最初に特許出願を行った者に特許権を与える「先願主義」が採用された．

*2　1986 年 9 月にウルグアイで開催された GATT〔関税と貿易に関する一般協定，現在の WTO（世界貿易機関)〕による多角的貿易交渉．1994 年のマラケシュ宣言により終結した．製品だけでなく，サービスや知的財産権などをふくむ貿易ルールについて合意がなされた．

*3　TRIPS：Trade-Related Aspects of Intellectual Property Rights

*4　特許第 1 号は，明治 18 年 7 月 1 日東京府堀田瑞松により出願された「堀田式錆止塗料とその塗法」だった．

1899年(明治32年)に,日本はパリ条約に加盟し,特許についても国際化を果たしたが,外国からの技術導入促進がおもな目的だった.日本は「欧米に追いつき追い越せ」を経済基本政策として,欧米より品質や機能が優れた製品で国際競争に挑んできた.そのような背景のもと,世界に誇る多くの発明家を輩出した(**表1**).

当時,日本の知的財産政策では,欧米の基本特許(コンセプト)の権利範囲を文言どおりに解釈する方法でできるだけ制限し,日本人の得意な改良技術の特許化ができるようにしてきた.しかし,1980年ごろからはじまった欧米,とくにアメリカの知的財産権の保護強化策*5 等により,欧米から基本特許を導入することが容易でなくなっただけでなく,特許の請求範囲を拡大解釈する均等論*6 を実質的に導入せざるを得なくなるなどの修正を余儀なくされた.その為,「日本発の基本技術(特許)の必要性」が国家レベルで認識されるようになった.

1995年,科学技術基本法が成立し,1999年,産業活力再生特別措置法により日本版バイ・ドール制度*7 が成立した.さらに2002年6月には知的財産戦略大綱が発表され,同11月には知的財産基本法が制定され「知的財産立国」が宣言された.

2012年には,山中伸弥教授がノーベル医学生理学賞を受賞した.iPS細胞技術は,世界的に広く認識され,実用化への期待が高まってい

***5** この保護強化策を「プロパテント政策」とよぶ.たとえば,ミノルタ社は,自動焦点機能を搭載した一眼レフカメラをヒット商品として販売していた.ところが1987年,米国ハネウエル社が「この自動焦点技術は自社の基本特許を侵害している」と,連邦地裁に訴え,1992年,一部ではあるが懲罰的賠償を勝ち取った.その直後,両社は和解し,ミノルタ社は和解金166億円を支払ったとされる.その後,自動焦点カメラを製造していた日本のほとんどの企業は,ハネウエル社に,特許ロイヤルティとして,総額150億円を支払ったといわれる.

***6** 特許請求の範囲に記載された文言を忠実に解釈すればふくまれないようなものを,均等物であるとして権利範囲にふくめる解釈をいう.均等論が適用されると,特許請求の範囲が文言によって示された範囲よりも広くなる.

表1 日本の工業所有権制度100周年記念行事(1985年)で選ばれた日本の偉大な発明者10名

発明者	発明内容	特許番号(年)	
豊田 佐吉	木製人力織機	1195(1891)	豊田自動織機製作所創業者
御木本 幸吉	養殖真珠	2670(1896)	ミキモト創業者
高峰 譲吉	アドレナリンの単離	4785(1901)	三共の初代社長
池田 菊苗	グルタミン酸ソーダの単離,製造法	14805(1908)	味の素から発売 創業者として処遇されている
鈴木 梅太郎	ビタミンB_1の発見,製造法	20785(1911)	(財)理研財政に寄与 日本農芸化学会創設 消化酵素ジアスターゼの単離も
杉本 京太	邦文タイプライター	27877(1915)	日本タイプライターを創立
本多 光太郎	永久磁石KS鋼	32234(1918)	東北大学金属材料研究所設立 東北大学総長,東京理科大学初代学長
八木 秀次	八木アンテナ	69115(1926)	八木アンテナ初代社長
丹羽 保次郎	写真電送方式	84722(1929)	日本電気の技術者 東京電機大学初代学長
三島 徳七	MK磁石鋼	96371(1932)	東京鋼材,ボッシュ社に特許供与

る．しかし，2007年に山中教授の最初のiPS細胞に関する特許出願が公開された後，アメリカのみならず，韓国や中国，シンガポールなどのアジア諸国もiPS細胞分野に参入し，多くの関連特許が出願されている[*8]．新技術の国際競争力確保のためには，特許海外出願を始めとする国際知財戦略を立て，その技術に関する基本特許のみならず応用技術までふくんだ広い特許権を，国際的に確保することが必要な時代になった．

知的財産権をめぐる国際問題

アメリカの知的財産権政策

アメリカは知的財産権の世界的標準化を主張しながらも，特許に関しては発明の証拠書類さえ整っていれば特許権を認める「先発明主義」という特異な制度を維持していた．さらに知的財産権の擁護，強化を通じて対外的な国際競争力を確保する政策（プロパテント政策[*5]）を1980年代から推し進めてきた．

しかし，近年になって，突如として特許が成立する「サブマリン特許」[*9]，特許侵害訴訟を仕掛ける「パテント・トロール」[*10]の台頭，トロン事件（事例ファイル26参照）を例とするゆきすぎなども認識され，アメリカの特許政策に対する国内外からの批判が相次いだ．このため，2011年9月に「先願主義」への転換法案がオバマ大統領により署名され，2013年から完全実施された．

知的財産権の南北問題

先進国と発展途上国との経済格差は，いわゆる南北問題を生んでいるが，知的財産権に関しても，さまざまな南北問題が存在する．

開発途上国（南）が，先進国（北）の知的財産権に縛られ不利益を受けているという問題だ．たとえば，エイズ治療薬の価格問題がある．南アフリカや南アメリカなどでエイズ患者が急増しているが，その治療薬は先進国で開発され，特許で守られて高価なため，開発途上国では十分な投与ができないという事態が発生し，結果的に知的財産権が開発途上国の国民の命を救う機会を奪うという結果になっていた．

南アフリカ（1997年）やブラジル（1998年）は，ジェネリック薬の輸入や自国生産により，無償あるいは8～9割引で患者に供給をはじめた．1998年，これに対し製薬会社団体が特許権侵害として提訴したが，国境なき医師団やNGOなど世界世論の猛反発もあって，2001年訴訟を

*7 バーチ・バイ（Birch Bayh），ロバート・ドール（Robert Dole）の両上院議員が提案者となって1980年に成立した「1980年特許商標法修正法」の通称．「国の資金援助で生まれた発明の利用促進」「研究開発のとりくみに中小企業の参加を促進」「非営利組織や中小企業で生まれた発明の利用促進」などが目的の法律．アメリカの大学研究の成果（特許）が企業に移転するきっかけになった．

*8 iPS細胞の産業化にあたっては，国際的な知的財産権問題が生じる可能性も十分考えられることから，京都大学iPS細胞研究所では，知財管理を行う専門部署を設け，この問題にとりくんでいる．

*9 アメリカでは1995年まで，特許の有効期間が特許登録日から起算されていた．また，2000年の公開制度導入までは，特許が登録されるまで，その内容は公開されなかった．そのため，対象となる技術が世の中で広く使われるようになってから，突如として特許が成立・公開されて効力を発揮することがあり，「サブマリン特許」とよばれた．レメルソン特許（製品の損傷検査のために電子画像を自動解析する方法および装置）が有名．また，類似事例としてキルビー特許（モノリシック半導体集積回路．→ web 事例「キルビー特許」）が知られる．最近は，出願手続懈怠の原則（The Doctrine of Prosecution Laches）によってサブマリン特許の無効判決が続いていた．

*10 patent troll（trollは北欧伝説における洞穴や地下に住む怪物のようなもの）．自らは特許にもとづく製造や販売をしないが，買い集めたり委託されるなどした特許権により，高額な和解金やライセンス料を得ようとする者．善意の権利行使と区別が難しい場合もある．

取り下げた．

2000年，国連人権小委員会は，“知的財産権は公共の利益の制限を受けるべきであり，TRIPS協定（p.173）が創出する知財保護の各国政府合意の一部は国際人権法に抵触する”と決議している[*11]．

*11 山根裕子著『知的財産権のグローバル化 医薬品アクセスとTRIPS協定』（岩波書店，2008）

多くの国際的な取り決めは先進国に都合がいいように決められがちだが，先進国およびその技術者には，権利を露骨に主張するのではなく，知的財産権の保護が，先進国だけでなく開発途上国の利益にも結びつくような，人道的・倫理的な判断をすることが求められる．

知的財産権の帰属問題

開発途上国から入手した生物資源（微生物などの遺伝資源）を利用してなされた発明の帰属問題がある．

いくつかの途上国は，「各国の遺伝資源の商業化を可能にする特許制度こそが，不当な搾取の根源である」とし，「発明から得た利益を，資源提供国にも適切に分配すべきだ」と主張して，「先進国が資源を自国から無断で持ち出すことを防ぎ，利益を途上国と公平に分け合う」という国際ルールを定めた．これが「生物多様性条約第10回締約国会議/名古屋議定書」だ．2014年に発行し，約100の国や地域が批准し，日本も2017年に批准した．

トロン事件 事例ファイル27

トロン（TRON：The Real-time Operating System Nucleus）は，当時，東京大学の助手だった坂村健氏が考案し，1984年に無料公開した小型コンピュータ用汎用OS．あらゆる用途に適用できる画期的な統一OSだった．さまざまな応用を考えるために，産学協同プロジェクトが組織され，アメリカをふくむ多くの企業が参加した．パソコン用ソフトの開発も行われた．ようやくBASICが登場した時代だったが，トロンのパソコンは「窓」で動く画期的なものだった．文部省（当時）が計画していた全国中学校の情報処理教育の標準ソフトの有力候補にもなった．ところが当時，日米間は自動車を中心とする貿易摩擦で緊張していた．1989年，アメリカ通商代表部（USTR）は，この文部省の計画を貿易障壁の一つだとして，トロンPCをスーパー301条（包括通商・競争力強化法）の対象に指定した．驚いた日本政府が，業界のトロンPC開発に圧力をかけたため，せっかくの産学協同開発が国際政治の犠牲になって頓挫してしまった．トロンとは対照的に，マイクロソフト社はOSを非公開にしたまま，PC用ソフトの市場を事実上独占し続けている．トロン事件は，Windowsが発表される6年も前のことだった．

しかし，トロンは死んではいなかった．トロンの応用はPC以外のあらゆる分野に拡大し続けている．すでに，家電製品や自動車の組込型マイクロコンピュータ制御の基本ソフトとして，世界最大のシェアをもっている．最近，日本の小惑星探査機「はやぶさ」が，10年近く宇宙を飛んで地球に帰還したことが話題をよんだが，「はやぶさ」をコントロールするコンピュータも，トロンで動かされていた．今やマイクロソフト社が提携を申しでるまでになった．

また，知的財産権の内容が国によって異なっていると，国内では守られている権利が，外国では保護されないということになる．たとえば，日本では，産業上利用可能性の審査基準で，医療行為を保護対象から除外する旨が記載されているが，アメリカでは，人間や動物を治療する発明も有用性がある限り保護対象に含まれる．中国では，疾病の診断や治療方法，動物と植物の品種，コンピュータ・プログラムを記録した記録媒体などは，特許の保護対象外とされている．

職務発明と職務発明制度

職務発明とは

従業者(企業などに勤務する研究者や従業員)が，使用者(企業など)の業務範囲内で，かつ職務として行った発明を「職務発明」という．

従来，職務発明をした従業者には，① 特許を受ける権利があり，② 使用者にその権利を譲渡したときは，「相当の対価」(譲渡対価)を受ける権利があった*12．

一方，使用者は，① 職務発明を使う権利をもつとともに，② あらかじめ特許を受ける権利を職務発明者から譲り受けることを予約できた．

しかし，特許法には「その対価の額については，その発明により使用者等が受けるべき利益の額およびその発明がされるについて使用者等が貢献した程度を考慮して定めなければならない」とあるのみで，具体的な対価の決め方はあいまいなままだった．

この特許の対価をめぐる議論のきっかけをつくったのが，2003年のオリンパス事件最高裁判決だ*13．この判決は，「企業が従業者に発明の対価をすでに支払っていたとしても，その対価が相当性を欠く場合には，従業者は裁判所において追加払いを請求することができる」ことを認めた．「大手企業が標準的な発明補償規程を整備し，それにもとづき支払った対価が裁判所により覆された」という事実は，企業の特許実務に大きな衝撃を与えることになった．

この判決以降，相当の対価をめぐる訴訟が相次いだ*14．2001年8月，カリフォルニア大学サンタバーバラ校教授の中村修二氏は，以前勤めていた日亜化学を相手に，勤務中に取得した「青色発光ダイオードの製法」の特許対価として200億円を請求した．この特許対価請求訴訟に対し，2004年に東京地裁が，日亜化学に請求どおりの200億円を支払うように命令した“青色LED訴訟”判決（最終的には，東京高等裁判所の和

*12　日本のこれらの法令は特異であり，世界のほとんどの国では職務発明による特許出願権は(譲渡契約がなくとも)使用者に属し，特別な発明には追加報酬の形で対応している．最近，日本でも職務発明の帰属を世界標準に合わせるべく，2015年に特許法の一部が改訂され，2016年4月1日に施行された．なお，日本でも職務著作権は使用者に帰属している．

*13　原告は，ビデオディスク装置の研究開発部に在籍していた昭和52年に，「ピックアップ装置」という名称の発明をした．彼はこの発明に関して，会社規定にもとづき，計211,000円の補償金と報償金を受けていた．この裁判で最高裁は，「この発明により会社が得た推定利益5000万円から 会社の貢献度95パーセントを引き，原告の受けるべき職務発明の対価を250万円とし，同金額から既払分を控除した残額228万9000円を会社が原告に支払うべき」という判決を支持した．

*14　特許庁ウェブサイト www.jpo.go.jp/iken/pdf/syokumu_3d/paper05.pdf 参考資料Ⅳ．「主な職務発明対価請求訴訟」
→ web 資料「職務発明の譲渡対価に関するおもな訴訟と判決結果」，事例ファイル28(p.178)

解勧告で，利息を合わせて8億4000万円で和解[15]は，マスコミ等でも大々的に報道され，この分野に世間の耳目を集める呼び水となった．

*15 和解内容としては，一審裁判で争われた“404特許”を含め，中村氏が関与した特許195件（実用新案4件を含む），特許出願中の技術112件，文書化していないノウハウすべてに対し，相当の対価を6億857万円(遅延損害金を含まず)と算出したといわれている．この和解に際して，東京高裁が公表した考えには次のような記載がある．「相当の対価は，従業者等の発明へのインセンティブとなるのに十分なものであるべきであると同時に，企業等が厳しい経済情勢および国際競争の中で，これに打ち勝ち，発展していくことを可能とするものであるべきである」．

職務発明制度の現状

元来，従業者は，使用者に比べ交渉力が弱く，不利な立場になりがちだ．それゆえ，従業者の発明が使用者等によって適切に評価され，報いられることを保障することにより，従業者と使用者との間の利益調整を図り，発明への“やる気”を喚起しようとするのが職務発明制度の本来の趣旨だ．

特許の帰属と相当の対価をめぐる問題に対応するため，特許法の一部が改訂され，2016年4月1日に施行された．

以下にその主な内容を示す．

(1) 権利帰属の不安定性問題への対応

従業者がした職務発明に対して，契約等においてあらかじめ定めたときは，その特許を受ける権利はその発生時から使用者に帰属することにした．

(2)「相当の対価」の見直し

「相当の対価」を，「相当の金銭その他の経済上の利益」（相当の利益と略す）と変更することにより，従業者は特許を受ける権利を使用者に譲渡した場合に，使用者から，金銭のみならず，ストック・オプションの

発明者の名誉　事例ファイル28

2012年4月25日，知財高裁において，元東芝社員の天野真家氏（現在湘南工科大学教授）が株式会社東芝に日本語ワードプロセッサの特許譲渡対価を求めて訴えていた裁判で，和解が成立した．その内容は公開されていないが，天野氏は「具体的にはいえないが，内容には完全に満足している」と記者会見で述べた．

2007年12月，天野氏は日本語ワードプロセッサには不可欠な基本特許である，①局所意味分析を用いた「かな漢字変換装置」と②短期記憶を用いた「同音語選択装置」を発明したのは自分であるとして，その対価（約2億6千万円）を求めて東京地裁に提訴した．

2011年4月，東京地裁は発明者4名として出願された2件の特許のうち，①は天野氏単独発明だと認定したが，②は共同研究者2名もかかわり天野氏の貢献度は7割だったとして，東芝に対し643万円を支払うよう判決した．天野氏はこの裁判は「自分の発明がなぜ他人のものになったんだという思い」から，「真実と名誉のための裁判」であるとして，知財高裁に控訴していた．

天野氏の上司であった森健一氏が2006年「日本語ワードプロセッサの研究開発」で文化功労者に選ばれ，「日本語ワードプロセッサの生みの親」といわれているが，裁判では森健一氏の技術的貢献は皆無と認定された．この裁判で天野氏は「日本語ワードプロセッサの父」との名誉を得たともいえる．

発明者でない人物を発明者として特許申請した東芝に問題があるが，残念ながら過去の日本ではよくあることだった．なお，文化功労者には，その後も変更はない．

ほか，研究設備の充実，留学機会の付与等のさまざまな経済上の利益を受けることができることにした．

(3) 法的予見可能性の向上

「相当の利益」について，“あらかじめ適正と認められる契約等”で定めた場合には，定めた契約が尊重されるという原則が明示されたことにより，特許の有効期限を通じて，将来どの程度の「相当の利益」が発生する可能性があるかを，発明者も企業も互いに予測できるようになった．

他の先進国の例をみると，イギリス，フランスなどは，職務発明の特許権を使用者に帰属させ，従業員には対価の請求権を認めている．ドイツは，従来の日本と同様，従業員に特許権を認めている．アメリカは，給与の中に特許譲渡の対価も含めた雇用契約が一般的だ．トラブルになることはほとんどない．

不正競争防止法

不正競争防止法は，1934年に，パリ条約（工業所有権の保護に関する条約）を批准するために制定されたもので，知的財産法の一部分をなす．公正な競争を阻害する行為を禁止することによって，適正な競争と公正な市場を確保し，国民経済の健全な発展に寄与することを目的としている．

我が国では，競争事業者間で行われる不正行為に対する罰則は，民法による損害賠償請求が基本で，差止請求は原則的に認められていなかった．しかし，事後の損害賠償請求のみでは救済として不十分なことから，1990年の不正競争防止法改正により，損害賠償請求権に加えて，差止請求権も認められるようになった． また，民法では，損害賠償請求の為には，被害者の特定が必要だが，この法では不正競争行為を全体的に捕捉し，「公益に対する侵害の程度が高いもの」については刑事罰の対象としている．

✿ 不正競争防止法の概要

不正競争防止法[*16]では，おもに次に挙げるような行為が禁止され，違反者に対して民法にもとづいた処置のみならず，罰金，懲役等の刑事的処置を課すことができる．

(1) 周知表示混同惹起行為[*17]：人々に広く認識されている他人の商品の表示と同じ，あるいは似た表示を使用して，その他人の商品と自

*16 経済産業省知的財産政策室編纂テキスト「不正競争防止法 2016」より．

*17 周知表示というのは，全国的に知られている必要は無く，一地方であっても足りる．また，混同を生じさせる行為というのは，混同が生じる恐れがあれば足りる．

分の商品との混同を生じさせる行為

(2) 著名表示冒用行為：すでに全国的に知られている有名な他人の商品の表示を，自己の商品の表示として勝手に使用し，著名表示が有している顧客吸引力に「ただのり」する行為

(3) 形態模倣商品の提供行為：他人の商品の形態をまねた商品を市場に出し，その商品と市場で競争する行為

(4) 営業秘密の侵害行為：保有者から不正な手段によって営業秘密*18を取得し，使用し，あるいは第三者に開示する行為．さらに，その営業秘密にもとづいて製造した商品を販売，輸出，輸入し，またはインターネットや企業内 LAN などの情報通信網を通じて提供する行為

(5) 技術的制限手段を無効化する装置および役務の提供行為：技術的な制限方法により視聴や記録，複製ができないように工夫されているコンテンツの視聴，記録，複製，あるいはプログラムの実行を可能にする装置またはプログラムを販売する行為，さらに「プロテクト破り」をサービスとして提供する行為

(6) ドメイン名の不正取得等の行為：不正に利益を得る目的で，他人の特定商品表示と同じ，または類似のドメイン名*19を使用する権利を取得，保有し，あるいは，取得したドメイン名を商標権者等に対して不当に高い価格で買い取らせようとしたり，そのドメイン名を使用したりする行為

(7) 誤認惹起行為：商品やサービスまたはその広告に，その原産地，品質，内容等について誤認させるような表示をする行為，またはその表示をした商品を販売する行為

(8) 信用毀損行為：競争関係にある他人の営業上の信用を害する虚偽の事実を通知したり，広めたりすることにより，自分が有利な地位を得ようとする行為

(9) 代理人等の商標冒用行為：本来，商標権は商標登録国においてのみ効力を有するのが原則だが，海外ブランドの代理人が，そのブランドを無断使用して，商品を販売，輸出，輸入等をする行為

近年の不正競争防止法に係る違反事件に対する判決例を**表2**に示した*16.

*18 不正競争防止法上では営業秘密とは，① 秘密として管理され，② 生産方法，販売方法その他の事業活動に有用な技術上または営業上の情報で，③ 公然と知られていない，のいずれの条件も満たすものと規定されている．設計図や顧客名簿，製造ノウハウに関するデータなどが該当する．

*19 ドメイン名とは「インターネット上の住所表示」を意味する．広いインターネットのなかで間違いなく目的の場所にたどり着くためには，一つしかない住所表示が必要だ．インターネット上コンピュータ同士の場所の特定は，一般的には IP アドレスで行われるが，数字の羅列のみの IP アドレスでは人にとってわかりにくいため，理解しやすい文字列のドメイン名を IP アドレスに対応させて使っている．ドメイン名は，ホームページアドレス（URL）やメールアドレスの一部として使われる．

表2 不正競争防止法違反事件の判決例

事件の類型	事件名 裁判所(判決日)	判決の概要
周知表示混同惹起行為	ソニー：ウォークマン事件(千葉地裁H8.4.17)	ソニー（株）の有名な商品表示の「ウォークマン」と同一の表示を看板等に使用したり「有限会社ウォークマン」を商号として使用したりした業者に対し，その表示の使用禁止および商号の抹消請求が認められた．
著名表示冒用行為	三菱信販事件(知財高裁H22.7.28)	三菱の名称および三菱標章(スリーダイヤのマーク)が，「三菱グループおよびこれに属する企業を示すものとして 全く著名だ」として，信販会社，建設会社や投資ファンドへの使用を差し止めた．
営業秘密の侵害行為	(知財高裁H23.9.27)	石油精製業等を営む会社の営業秘密だったポリカーボネート樹脂プラントの設計図面等を，その従業員を通じて競合企業が不正に取得し，さらに中国企業に不正開示した事案．その図面の廃棄請求，損害賠償請求等が認められた．
技術的制限手段無効化装置提供行為	(宇都宮地裁H24.8.14)	違法コピーソフトを携帯型ゲーム機「プレイステーション・ポータブル」で起動させることができるプログラムの記録媒体を販売した者に対し，懲役2年(執行猶予4年)・罰金200万円が科された．
ドメイン名不正取得等の行為	Dentsuドメイン名事件(東京地裁H19.3.13)	原告の商号の「電通」と類似する「dentsu.org」など8つの「dentsu」を含むドメイン名を取得・保有し，原告に10億円以上で買い受けるように通告してきた被告に対し，ドメイン名の取得，保有および使用の差止めと登録抹消申請，損害賠償(50万円)が命ぜられた．
誤認惹起行為	「ミートホープ」事件(札幌地裁H20.3.19)	食肉加工事業者が鶏や豚肉などを混ぜて製造したミンチ肉に「牛100%」等と表示し，取引先十数社に出荷して，代金約3900万円を詐取した行為につき，商品の品質・内容を誤認させるとして不正競争防止法および刑法（詐欺罪）違反として元社長に対し，懲役4年の実刑が科せられた．
信用毀損行為	(大阪地裁H27.3.26)	家具の考案について実用新案権を有する被告が，競争関係にある原告の取引先に対し，技術評価書(進歩性がない旨の評価を受けていた)を提示することなく，原告の商品が実用新案権に抵触している旨などの通知をした行為について，競争関係にある他人の営業上の信用を害する虚偽の事実の告知に該当すると判示された．

不正競争防止法と企業秘密の保護

不正競争防止法は，時代の変化や技術の進歩に応じて頻繁に改訂されている．企業(営業)秘密侵害問題も，取り締まりの重要な対象と位置づけられ，2003年の刑事罰導入以来，処罰対象範囲の拡大，法定刑の引き上げなど，数次にわたって罰則が強化されている．

アメリカでは知的財産，とくに遺伝子関連技術の国外流出を防ぐための法制が張りめぐらされており，アメリカで研究に従事した日本人が研究成果を盗んだとして訴えられる事件が実際にあった*20．職務中の研究成果や発明は，ノウハウもふくめ使用者に属すと考えられている．「就業の自由」は存在するが，退職後すぐの就業には，前職と同一と思われる業態は避け，身につけた技能を生かしながら，新しいアイデアを生み出す努力が必要だ．

近年，通信教育大手ベネッセコーポレーションの事例を代表とする大

＊20 遺伝子スパイ事件
1999年，理化学研究所にポストを得て，米国から帰国した日本人研究者が，米国の研究機関で自身が作成したアルツハイマー病関連の遺伝子試料を無許可で持ち出し，これを用いた研究を理研で実行しようとしたとして，米国で経済スパイ法を適用された事件．
通常の不正行為に加え，理研が国の支援を受けている研究機関ということもあり，米国企業等の営業秘密を外国政府等を利するために盗んだ嫌疑がかけられた．2003年3月，米国政府は日本政府に彼の身柄引き渡しを求めたが，2004年3月の東京高裁の決定にもとづき，政府が引き渡しに応じないため，米国での裁判は開かれていない．

型の情報および技術の流出事例が相次いで顕在化しているが[*21]，これらは実は氷山の一角に過ぎないともいわれている[*22].

不正な技術流出をめぐっては2008年，東芝の提携企業のサンディスク社の日本人元技術者が，NAND型フラッシュメモリの製造に係る営業秘密を無断で複製し，韓国の半導体メーカーのSKハイニックスに開示したという事件がある．東芝がデータを盗まれたとして2014年提訴し，韓国側は和解金として約330億円を支払った．また，日本人従業員１名が刑事訴訟により逮捕された.

新日鐵住金とポスコの技術情報漏洩訴訟（事例研究Ⅱ-5-4参照）が高額の和解金を伴う形で決着したこととあわせて，これらの事例はスパイ行為の抑止力となりそうだ.

ただ，これまで大半の日本企業は情報流出が疑われる事例を前に「証拠が手に入らない」として，泣き寝入りを余儀なくされてきたのも事実だ．これらの問題に対処するため，不正競争防止法では2006年から2015年にかけて，累次の改正が行われ，営業秘密保護の強化が図られた．現在では，営業秘密侵害に係る罰則は，10年以下の懲役又は1000万円以下の罰金に，両罰規定[*23]については，3億円以下の罰金に引き上げられ，外国企業への漏洩については，さらに厳罰化し，最大で10億

*21 通信教育大手ベネッセコーポレーションは，顧客情報に関するデータベースを保守管理会社に委託していた．同社はさらに複数の管理会社に委託しており，2014年に，その一つから派遣されていた元システムエンジニアが，業務上貸与されていたパソコンに私物のスマートフォンを接続して顧客情報を複製したとされている．ベネッセの発表によると，約3504万件の顧客情報を持ち出し名簿業者に売却していた.

*22 1990年代以降，大手企業が相次いで実施したリストラで，大量の日本人技術者が韓国や中国の競合企業に転職したことも不正な技術流出の要因になったとみられている．経産省の調査では，流出先として中国，韓国を挙げた例が多く，回答企業の５割が中途退職者を通じた流出を指摘した.

*23 業務主たる法人の代表者や従業者が違反行為をした場合に，直接の実行行為者のほかに業務主たる法人または人をも罰する旨の規定.

キシリトールガム比較広告事件（品質等誤認表示：不正競争防止法違反） 事例ファイル29

株式会社ロッテと江崎グリコ株式会社（以下「グリコ」）は，いずれもガムを含む菓子などの食料品を販売している．グリコは2003年，キシリトールにリン酸オリゴ糖カルシウムを加えた特定保健用食品ガム（商品名「ポスカム」）の販売を始めた．先行するロッテの「キシリトール＋2」〔キシリトールにフクロノリ抽出物（フノラン）とリン酸一水素カルシウムとを加えたもの〕に対抗するため，「一般的なキシリトールガムに比べ約５倍の再石灰化効果を実現」という趣旨の新聞広告（以下「比較広告」）をだした.

ロッテはこの「比較広告」が不正競争防止法で禁ずる「品質等誤認表示」および「虚偽事実の陳述流布」にあたるとし，その使用差し止め，約10億円の損害賠償などを求めて東京地方裁判所に提訴した．グリコは「比較広告」の内容は日本糖質学会の学術誌に掲載されたC助教授（当時）の論文中の実験（以下「C実験」）などにもとづくもので「虚偽」ではないと主張した．地裁は，C実験の方法や条件に不合理な点はないとしてロッテの請求を棄却したが，ロッテはその判決を不服とし知的財産高等裁判所に控訴した.

控訴審ではロッテが新たに比較実験を行って，C実験の結果と大きく異なる結果を提出した．高裁は改めてC実験の再現実験を求めたが，グリコは，再現実験はこの問題に十分な知識と経験をもつ専門家が行うことが必須だ，として，数名の候補者を推した．高裁は，グリコの推す候補者は本裁判でグリコ側が提出した鑑定書・意見書などを作成した者であって，再現実験の適任者とはいえないとしたが，グリコは固執し，ロッテの提案する別の候補者を認めなかった.

高裁は，グリコはC実験の合理性立証を放棄したものであり，C実験の合理性はないと結論した．そして「比較表示」は客観的事実に沿わない虚偽事実と判断し「比較広告」の使用差し止めを認めたが，故意，過失はなかったとして，謝罪広告，損害賠償までは認めなかった.

（知財高裁　2006年10月18日判決より）

円の罰金を科すことになっている．

知的財産権と工学倫理

優越的地位の濫用のいましめ

独占禁止法*24は，談合やカルテルなどを取り締まり，公正な競争が阻害されることを防ぐ法律で，公正取引委員会が所管している．

一方，特許法などは，ある条件下で独占，排他権を認める法律であり，独占禁止法の適用外とされている．しかし，正当な範囲を越えると権利の濫用となる．たとえば特許権をライセンスする場合，ライセンサーがライセンシーの販売価格を決めること，特例を除き原材料の購入先を制限することなどは，権利者の優越的地位の濫用となる*25．契約を結ぶときには，お互いの立場や権利を尊重する精神を忘れないでほしい．

特許権は排他権という面が強く，他人から実施許諾を求められても，特別の場合を除き拒否できる．拒否された者には，実施権許諾の「裁定」を申請する制度*26があるが，その前に，権利者は利用者の立場にもたって，妥当な実施料のもとに許諾することも考えてほしいものだ．

近年は，業種にもよるが，すべての研究開発を自社内で行わず，他社の研究成果の導入をより積極的に考える“オープンイノベーション”が唱えられるようになってきている．なお，場合によっては優越的地位の

*24 正式名は「私的独占の禁止及び公正取引の確保に関する法律」．

*25 2004年，電機メーカーA社が台湾のテレビメーカーを特許侵害で訴えた．その直後，このテレビを輸入販売していた日本の大手販売会社B社はA社との取引停止を発表．A社はB社に説明不足だったと謝罪の結果，両社は和解した．B社の取引停止は優越的地位の濫用にあたる恐れはないだろうか．

*26 特許法93条など．今後は環境・公害対策や医薬・遺伝子関係など，公益のために裁定実施が増えるかもしれない．

新潟鐵工所　ソフト資産もちだし事件　事例ファイル30

1983年2月，株式会社新潟鐵工所（N社：2007年解散）を退社した元技術幹部社員が，在職当時に開発したCAD（Computer Aided Design）ソフト資産をもちだした事件．

N社では，開発したCADソフトを他社にも供給販売する方針で開発を進め，販売を始めたが，ノウハウの漏洩を恐れ，社内使用限定に経営方針が変更された．これに反発したCAD開発担当の幹部技術社員4名は退社し，自分たちでCADソフト販売の会社を立ち上げようとした．その際にCADソフトの開発資産は自分たちに権利があると考えたため，それらを社外にもちだした．

この資産もちだし行為に対して，東京地裁，東京高裁ともに，「業務上自己の占有する他人の物を横領」という刑法253条の業務上横領罪により懲役1～2.5年，執行猶予2～3年の有罪判決を下した．

システム開発を担当していた部長代理と課長は，自分たちの開発したソースコード，オブジェクト・モジュール，関連資料一式をもちだしていた．これらの著作権はある条件下で雇用者に所属するのだが，技術者たちは開発資産が自分たちのものだと思い込んでいたのだ．

※

「情報」という企業資産は，「紙媒体」「電子媒体」「化体物」「脳」という形で保存される．しかし，「脳」に保存された資産だけは，企業が管理することは難しい．

もし，退社した技術者たちが，N社から有形資産を何ももちださず，過去に蓄積した技能をベースに，新会社で革新的なCADソフトを開発した場合は，問題にならなかったのではなかろうか．

濫用になりかねない，デファクトスタンダード*27の主導権争い問題がある．

景品表示法違反と疑似科学

商品などの表示が不当なため，著しく優良または有利だとの誤認（優良誤認または有利誤認）を招く場合がある．その結果，公正な競争を阻害すると公正取引委員会がみなした場合，同委員会は景品表示法*28により排除命令または警告をだしていた．2009年9月に消費者庁が発足し，同法の移管を受けてからは同庁が是正，再発防止などの措置命令をだすようになった．

2015年には，食品衛生法*29，JAS法*30および健康増進法の食品の表示に関する規定が統合され，従来の「特定保健用食品（トクホ）」，「栄養機能食品」に加えて，事業者の責任において届け出るだけで，科学的根拠にもとづいた機能性を表示できる「機能性表示食品」制度が設けられた．その結果，多くの加工食品・サプリメント・生鮮食品などの製品が

*27　事実上の標準．公的に定められたJISやISOといった規格ではなく，市場の実勢によって標準とみなされるようになったもの（たとえば，パソコン用OSとしてのWindows，メモリーカードにおけるmicro SDカードやmini SDカードの規格など）．それを外れては，市場に参入することが困難になる場合がある．→ web資料「工学倫理用語集」

*28　正式名は「不当景品類及び不当表示防止法」

*29　飲食によって起こる衛生上の危害の発生を防止し，公衆衛生の向上・増進を目的とする法律．食品および添加物・器具・容器包装・表示・広告・検査・営業などについて規定している．

表3　景品表示法にもとづき排除命令または警告がだされた最近の例

処置命令日 製品（表示媒体）	違反事実の概要
2012年10月30日 住宅用太陽光発電システム（チラシ，ウェブサイト）	「太陽光発電でこんなに違う!!合わせてなんと!月々27,222円の得!」などと記載することにより，あたかも，対象商品を設置すると毎月27,222円の利益を得ることができるかのように表示． ■事実：商品を設置することにより安定的に毎月得ることができる利益は27,222円を大きく下回るものであった．（有利誤認）
2013年12月10日 粉末飲料（チラシ，パンフレット，新聞広告，ウェブサイト）	「ポリフェノール含有日本一のお茶※1」，「※1 国民生活センターポリフェノール含有食品358銘柄商品テスト結果レポートより」等と記載することにより，あたかも，国民生活センターによる試験の結果，対象商品がポリフェノール含有量日本一のお茶だと認められたかのように示す表示． ■事実：独立行政法人国民生活センターが対象商品のポリフェノール含有量について試験を行った事実はなかった．（優良誤認）
2014年6月27日 下着（カタログ，新聞広告，ウェブサイト）	「200 cc吸収」，「女性特有のいきなり大量に出てしまう失禁や，旅行中や，安眠を妨げる夜間の失禁にも」等と記載することにより，あたかも，対象商品を着用することにより，日常生活において失禁した場合でも，吸収量として表示された量までの尿の量であれば，対象商品の外側に尿が漏れ出すことがないかのように示す表示． ■事実：対象商品を日常生活において人が着用して失禁した場合，表示された吸収量を相当程度下回る量で，対象商品の外側に尿が漏れ出すと認められるものであった．（優良誤認）
2015年3月5日 屋外用シェード（チラシ，カタログ，ウェブサイト）	「通気性がよい」，「シェードの下では気温が，平均約10 ℃下がります」等と記載することにより，あたかも対象商品を使用することで，対象商品の内側の空間部分の気温が約10度低下する効果が得られるかのように示す表示． ■事実：対象商品を使用した内側の空間部分の気温が約10度低下するとは認められないものであった．（優良誤認）

消費者庁表示対策課「景品表示法における違反事例集」（2016年2月）より．

店頭に並ぶことになった.

アルカリイオン，マイナスイオン，還元，活性，フリーラジカルなどの科学(的)用語が飲用水，電気製品，健康ビジネスなどの宣伝文句に使われている．しかし，その実際の効果は必ずしも科学的に証明されていない場合も見られる．ニセ科学または疑似科学*31 とよばれるものに十分注意する必要がある．科学的結果には再現性があり，さらに誰にでも検証が可能でなければならない．景品表示法にもとづき，排除命令または警告がだされた最近の例を**表3**に示す.

*30 正式名は「農林物資の規格化及び品質表示の適正化に関する法律」．農林物資の品質の改善，取引の単純公正化，生産・消費の合理化を図り，農林物資の品質に関する適正な表示を定めた法律.

*31 池内了著『疑似科学入門』(岩波新書，2008)；安井至，松田卓也，菊池誠ほか「ニセ科学を見抜くための基礎講座」『化学』Vol.62（化学同人，2007)

知的財産権のゆきすぎた強化は問題

日本でも，知的財産権の重要視にもとづき，さまざまな強化策が講じ

リサイクルと特許権　事例ファイル31

特許権者が我が国の国内において特許製品を販売した場合には，特許権は，その目的を達成したものとみなされ，特許権者はその製品のそれ以後の使用，販売等に重ねて特許権を行使することは許されない．これを「特許権の消尽」という.

しかしながら，特許権の消尽により特許権がおよばなくなるのは，特許権者が我が国において譲渡した特許製品そのものにかぎられ，特許製品において加工や部材の交換がなされ，特許製品が“新たに製造されたもの”と認められるときは，特許権を改めて行使することが許されると解されている.

特許権の消尽と，その制限がよく問題となるのは，リサイクル製品だろう．ここでは，特許権の消尽が普通は認められるリサイクル製品において，認められなかった最高裁判決事例を示す.

※

Xは，名称を「液体収納容器，該容器の製造方法，該容器のパッケージ，該容器と記録ヘッドとを一体化したインクジェットヘッドカートリッジおよび液体吐出記録装置」とする特許の特許権者だ．Xは本件特許権の実施品(X製品)を製造販売している.

Yは，インクタンク(Y製品)を輸入し販売している．Y製品は，X製品のインクが消費されたものにインクを再充填して，製品化されたもの.

この事件は，XがYに対し，本件特許権にもとづいて，Y製品の輸入，販売等の差止めを求めた訴訟であり，判決の概略は以下のとおり.

Xは，X製品のインクタンクにインクを再充てんして再使用した場合には，印刷品位の低下やプリンター本体の故障等を生じさせるおそれもあることから，これを1回で使い切り，新しいものと交換するものとし，製品にはインク補充のための開口部などが設けられていない.

Y製品の製品化工程においては，インクタンク本体に穴を開け，そこからインクを注入した後にこれをふさいでいるという．このような加工は，インクタンク本体をインクの補充が可能となるように改造しているといえる．さらにインクタンクの内部を洗浄することにより，固着していたインクが洗い流され，使用開始前のX製品と同程度の量のインクが充てんされるという機能回復がなされている．この事実は，Y製品のリサイクル工程は，単に消費されたインクを再充てんしたというにとどまらず，使用済みの本件インクタンク本体を再使用し，本件発明の実質的な価値を再び実現したものと評価せざるを得ない.

つまり，Y製品については，加工前のX製品とは別の，X特許技術を使った製品が，Yによって，新たに製造されたものと認めるのが相当．したがって，Y製品は，この場合，リサイクル製品といえども，Xの本件特許権の消尽の対象とは認められないため，特許権者のXは，Yに対して，本件特許権にもとづいてその輸入，販売等の差止めおよび廃棄を求めることができる.

(「リサイクルと特許権」パテント 2008 Vol.61 No.1 より)

られているが，強化も適度を超えないことが肝要だ．

汎用性が高く代替性の低い技術の特許権者が，ライセンスを受けようとする者に対してライセンスを拒絶したり，高額なロイヤリティの支払いを求めたりする場合，結果として特許発明を使用できず，技術の進歩や産業の発展が阻害される場合がある．

試験・研究には特許権の効力はおよばないというのが，かつての認識だった*32．しかし，「およばない」と一概にはみなされなくなる場合が増えている．これもゆきすぎれば，研究活動を阻害しかねない．

著作権は，私的使用のための複製などにはおよばないことが大前提だ．しかし近年，複写・複製技術が著しく発達しており，そのあとを追って私的使用とみなす範囲を狭くし，あるいは，新しい種々の著作隣接権*33を創設する法改正がたびたび行われている．

著作権の有効期限は著作者の死後50年だったが，欧米では70年が主流だとの理由で，日本でも2018年の法改正で70年に延長された．

英米法系に見られる著作権(コピーライト)の考え方は，著作権者・出版業界を守るために，他業者による廉価版の書籍の出版を規制することがその起源だったといわれている．著作権者・出版業界と読者・利用者の利益とは相容れないことはいうまでもない．

*32 特許法69条1項．「試験又は研究」は，もともと特許に係る物の生産，使用，譲渡等を目的とするものではなく，技術をさらに進歩させることを目的とするものであり，特許権をこのような範囲にまでおよぼすことは，かえって技術の進歩を阻害することになるという理由にもとづく．

*33 著作物の公衆への伝達に重要な役割を果たしている者(実演家，レコード製作者，放送事業者および有線放送事業者)に与えられる権利．たとえば音楽は，演奏の仕方や歌手の歌い方しだいで聴き手の感じ方が変わるため，演奏は著作物の創作(作曲・作詞)に準じる行為とみなされる．実演家の録音，録画権や放送権，レコード製作者の複製権，貸与権，放送事業者の複製権，再放送権などがあげられる．最初の録音や放送の翌年から数えて50年の権利の存続が認められている．

著作権法違反事例　事例ファイル32

- 2008年，首都圏の学校法人で1万本を越える違法コピーが見つかり，アドビ，アップルなど5社に約2億1000万円を支払うことで和解した．
- 2009年，大阪府教育委員会所管の（財）大阪府文化財センターでマイクロソフト，アドビなど3社から購入した画像処理ソフトを327回にわたり違法コピーした問題で，約2370万円を支払う和解契約が成立した．
- 2012年，市販の映画DVDなどからデータをPCにコピーし，サーバに蔵置，インターネットカフェ内で，来店客に勝手に上映させて見せていた58歳の経営者が，著作権(複製権・上映権)を侵害したとして，書類送検された．この経営者に対して，罰金100万円，懲役1年6月，執行猶予3年の有罪判決がいい渡された．
- 2014年，ネットショップ経営者が，マイクロソフトが著作権を有する試用版プログラム「Office 2013 Professional Plus」の“ライセンス認証システムによる認証を回避するためのプログラム”を提供した．このプロラムは，「技術的制限手段を無効化するプログラム」に当たるとして，この経営者に，懲役1年6月（執行猶予3年）罰金50万円の有罪判決がいい渡された．
- 2016年，人気漫画「ONE PIECE」などの発売前作品が海賊版サイトで公開されていた事件で，判決公判が京都地裁で開かれ，裁判官は，被告が配送業を営んでおり，発売前の漫画を入手できる立場にあったことから，中国籍を含む他の4人と共謀し，作品をデジタル化して公開し，著作権を侵害したと認定し，懲役10月，執行猶予3年がいい渡された．

特許を受ける権利の二重譲渡（前職場での発明を新職場で出願）

機械工具・部品の設計・製造・販売などを行う川島機械株式会社（K社）の技術課で開発業務を担当していた足立は，プラスチック製品を製造する機械に取り付け，歩留まりを向上させることができる部品を発明した．そして2003年8月，K社の規則により職務発明の届け出をし，特許を受ける権利の譲渡書を提出した．

K社は近いうちに工場移転を予定していたことなどのため，すぐにはこの部品の製品化・発売はしないこととし，出願もしなかった．2004年1月，足立は新工場に通勤できないことなどを理由にK社を退職した．その際，在職中に知り得た秘密を第三者に漏洩しない旨の誓約書をK社に提出した．

2004年4月，足立は，工場機械など各種機械の設計・製造・販売などを行う株式会社津田製作所（T社）に就職した．足立は，T社社長の「何かよいアイデアはないか」との問いに対し，K社で試作品をつくったが，製品化していない上記部品をここで製品化したいと提案した．社長はこの部品は自社の既存製品群とは関連が少なかったが，これを認めた（2004年5月）．足立はK社に在職中の記憶を頼りにこの部品の改良図面を完成した．T社はこの図面にもとづく特許を受ける権利を足立から譲り受け，2004年6月に特許出願をした．

1年半後の2005年12月に発行された特許公開公報でT社の出願を知ったK社は，この発明は足立がK社の従業員としてなした職務発明であり，その特許を受ける権利はK社にあると主張して，T社を相手どって提訴した．

裁判で足立は，発明者は自分なので，その発明を事業化したい．K社に出した譲渡書はK社が出願しないので，考慮しないでよいのではないか．また自分の発明は「在職中に知り得た秘密」には該当しない，と主張した．

また，T社は，足立から譲渡書の提出を受けているK社が企業化しないのだから，T社で特許を取得し企業化することは背信行為ではない，と主張した．

しかし，裁判の結果，原告のK社の主張が認められ，T社は敗訴した．

足立やT社の主張はなぜ裁判所で認められなかったのであろうか？

これは特許制度のうち，どういう考えにもとづいた判決か？

三井物産ウェブサイト（2005.12.31時点）；「朝日新聞」；「毎日新聞」などをもとに作成．

ブラジャー事件（特許権移転登録請求事件）

1998年1月，服飾デザイナーXは，Y社を経営するAより，乳がんなどで乳房を切除した女性が補整用に用いるブラジャーの製作を依頼された．Xは左右の乳房を別個に保護，補整する左右分離型のブラジャーを考案．試行錯誤をくり返して試作品を縫製し，同年3月中旬Aに送付した．

Aはこの試作品を弁理士にもち込み，弁理士はそれをもとに図面および特許明細書を作成した．同年4月，Aは自身と社員だったBを発明者，Y社を特許出願人として特許出願を行い，2000年3月，Y社を特許権者として特許権が成立した．

Xは1999年9月に“この出願発明の真の発明者は自分だ”として，Y社などに対し，出願発明の特許を受ける権利の確認を求める（特許権成立後は特許権の移転登録請求に変更）訴訟を東京地裁に起こした．2001年1月に下された判決では，Xが真の発明者だと認定したが，特許権の移転登録は認められなかった．特許権は特許出願人にあたえられるため，たとえ発明者であったとしても，自己の名義で特許出願をしなければ，特許権を得ることはできない．そしてこの裁判は確定した．

以上の事例は多くの問題点を含んでいる

1. 発明者でもなく，その発明の特許を受ける権利を承継もしていない者が出願し，特許を受けようとすることを「冒認出願」という．仮にそのような者に誤って特許が付与されても，その特許は無効とされる．しかし，特許法には，発明者らに冒認者に対する特許権の返還請求権を認める規定はなかった．

   2011年，特許法が一部改正され，冒認・共同出願違反の出願に係る救済措置が整備され，真の権利者が冒認などにかかわる特許権を取り戻すことができるようになった（施行は2012年4月）．
2. 発明が共同でなされたときは，共同者全員が発明者となり，特許を受ける権利は共有となる．そのうちの一部の者のみが出願して特許を受けることはできない．

   特許権が共有のとき，共有者全員の同意を得なければ，その持分の譲渡および専用実施権の設定または通常実施権の許諾を行うことはできない．ただし契約による別段の定めがないかぎり，他の共有者の同意なしに，その特許発明をそれぞれが実施することは可能だ．
3. 部下の研究者に対して一般的管理をした者，たとえば，具体的着想を示さず単に通常のテーマを与えた者，または発明の過程において，単に一般的な助言・指導を与えた者，逆に研究者の指示に従い，単にデータをまとめた者，または実験を行っただけの者，あるいは資金を提供したり，設備利用の便宜を与えることにより，発明の完成を援助した者などは，共同発明者とはいえないというのが一般的な学説だ．

   ただし，日本では研究者組織の上役や，特許出願の際の指導や実務などをした特許部門担当者を共同発明者として特許に記載する傾向があったことも事実だ．

特許における発明者とは，一体，発明の中で何をした人か考えてみよう．

発明が共同で行われた際の共同発明者の定義と権利について，まとめてみよう．

事例研究 II-5-3　キヤノン職務発明訴訟（職務発明の対価をめぐる訴訟）

2010年10月，レーザープリンターなどの基本技術の特許をめぐり，開発者のキヤノン元社員，M氏が，十分な発明対価を受け取っていないとして，キヤノン社に10億円の支払いを求めた．一方会社は「社内規定にもとづき，M氏を社内表彰し，約87万円をすでに支払っており，対価は支払い済み」と主張した．両者上告の結果，最高裁まで争われたが，双方の上告は却下された．この結果，M氏に対する約6900万円の支払いをキヤノンに命じた二審判決が確定した．

訴訟の対象となったのは，プリンターのレーザービームが拡散反射し，意図しない場所に線が印字されてしまう「ゴースト」を除去し，画質低下を防ぐ技術だった．

一審判決では，この発明でキヤノンが得た利益を11億円余としたうえで，「発明はキヤノンに蓄積されていた先行技術によるところが大きい」として，発明への貢献度をキヤノン97%，M氏3%と算定したが，二審ではM氏の貢献度を6%とより高く見積り，特許の「相当の対価」を算定した．

この裁判によって，使用者は職務発明の「相当の対価」の額を，一方的に勤務規則等によって制限することはできず，従業者は，対価が相当の額に満たないと判断したときは，不足分を請求することができる」ことが認められた．

この発明への会社の貢献度を判断するに際し，裁判所が取り上げた主な内容を以下に挙げる．

1. キヤノンは1960年代に普通紙複写機の独自技術を開発し，米国ゼロックス社の特許による複写機事業の独占を打破した．その後，1970年代中ごろから自社特許の開放的ライセンスポリシーを採用し，多額のライセンス収入を確保することに成功した．
2. 同社のこの分野の事業の成功は，同社のさまざまな努力の結果といえる．同社はプリンター開発当初の1973年からM氏の本件特許の期間満了日だった2001年までの間に，約2兆3600億円の研究・開発費用を使い，職務発明を行い，多数の特許を取得し続けた．
3. 同社が保有していたプリンター関係の特許は，M氏の特許有効期間内にかぎっても，約28,000件に上る．
4. 同社は，M氏の発明以前に，ゴースト像を除去するための技術やゴースト像の形成原理を解明した社内報告などの先行技術をすでに蓄積しており，これらがM氏の発明の参考になったことは認められるべきだ．
5. 同社は自社特許部門を通じて，M氏特許の出願審査時の補正，出願公告に対する異議や競争相手よる本件無効審判請求にそれぞれ対処しており，その結果，この特許が成立・維持されている．
6. 本件の米国およびドイツ特許についても，M氏は関与しておらず，キヤノンの方針と費用負担の結果の特許成立だといえる．

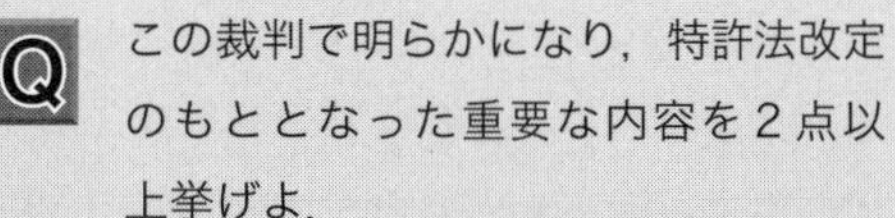

Q この裁判で明らかになり，特許法改定のもととなった重要な内容を2点以上挙げよ．

Q 特許の「相当の対価」に対する会社の社内報奨制度や勤務規則の位置づけについて述べよ．

「日本経済新聞」(2010/10/21)および 判決文をもとに作成．

新日鐵住金からポスコへの技術情報漏洩事件（営業秘密漏洩事件）

2012年4月，新日鐵住金(2019年4月から「日本製鉄」に社名変更)は，提携関係にある韓国最大の製鉄会社のポスコ（POSCO）並びに技術流出に関与したとされる新日鐵住金の元従業員に対して，新日鐵住金が保有する製造技術を不正に取得・使用したとして，不正競争防止法にもとづき986億円の損害賠償と方向性電磁鋼板の製造および販売の差止めを求め民事訴訟を提起した．米国でもポスコおよびポスコの米国現地法人に対し，米国特許侵害を理由に損害賠償と差止請求訴訟を提起した．

ポスコに不正に取得・使用されたとする技術は，方向性電磁鋼板の製造技術．この特殊鋼板は変圧器，発電機やモーターの鉄心などに，世界中で広く使用されている．

この鋼板のように製造技術が特殊な場合，特許を取って技術内容を公開するよりも，ノウハウとして隠すほうが実質的に技術を守れることから，新日鐵住金は社員でも簡単に近づけないといった厳重な情報管理をしていた．しかし，ポスコの急速な技術の追い上げについて「技術情報漏洩と不正な技術入手の可能性」の疑念も抱いていた．

ところが，2007年に起きた韓国の産業スパイ事件で，ポスコが方向性電磁鋼板の技術を中国の宝山鉄鋼に不正に売却したとして，ポスコの元従業員が告訴された．その裁判の過程で，その元従業員が「流出させたのはポスコの技術ではなく，新日鐵住金から入手したもの」と証言したことから，ポスコによる新日鐵住金の営業秘密不正取得の疑念が確認された．

旧新日鐵は，製造技術を持ち出したとされる元部長級社員の自宅から，ポスコとの通信履歴などの証拠を確保し，同社を退社後，ポスコと技術供与契約を結んだとされる元技術者や，韓国の浦項大学に客員教授として招かれポスコとの共同研究を行った元従業員ら4人を，当該技術を不正に漏洩したとして特定することができた．この「動かぬ証拠」が法廷でも大きな武器となった．

新日鐵住金は，この損害賠償請求訴訟を，2015年9月末にポスコから300億円の支払いを受けて和解した．同社は，和解について「所期の目的を一定程度満たすに足る条件を確保できた」としている．問題の電磁鋼板の製造販売に関するライセンス料を今後はポスコが支払うことなども，合意事項に含まれているようだ．

また，新日鐵住金は2017年4月，情報を漏洩した元社員に損害賠償を求めた別件訴訟の和解も成立したことを明らかにした．同社によると，元社員1人を含む約10人が複数のグループに分かれ，約20年間にわたりポスコに情報を漏らしていたという．彼らは同社に謝罪した上で解決金を支払った．解決金の額など詳細は公表していないが，1人あたりで1億円を超えたケースもあったという．

この技術情報漏洩事件が発生した背景として，考えられることを挙げよ．

この事件で新日鐵住金が訴訟を有利に進められたのはなぜか？

高田 寛「技術情報流出における企業責任」『企業法学研究』2013 第2巻第1号；「産経新聞」；「朝日新聞」などを参考に作成．

第III部

各論 その2

これからの技術と工学倫理

これからの技術を安全に使いこなすために

「はじめに」で述べたように，第Ⅲ部では，初めて，特定技術分野として「バイオ」と「情報」を取り上げる．これら二つは，発展著しい，比較的新しい技術分野だ．それゆえに，法や社会のルールができていない場合が多い．第Ⅱ部で述べたように，「危険なものを安全に使いこなす知恵」は，古代からの数知れない失敗と，それを克服するための技術者たちの戦いによって得られてきた．歴史が比較的浅い，バイオと情報の技術には，まだまだその知恵の蓄積が足りない．

工学倫理は，こういう分野でこそ重要になる．法や社会のルールが定まっていない場合，技術者個人は自主的にどのように行動すべきか，技術者群にはどのような行動や役割が期待されるか，考えてみよう．

バイオ技術については，遺伝子組換え，クローン，万能細胞を取り上げる．情報技術分野については，おもに情報管理やインターネットにかかわる諸問題を取り上げる．これらの分野で，将来，さまざまな倫理問題に直面することが想像される．

遺伝子組換え，クローン，万能細胞などは，人類に大きな福音をもたらす可能性がある，夢のある技術だ．たとえば，収量の多い穀物，美味しい肉質の牛の複製，難病の再生医療などの実現が予想される．その一方で，悪用されれば，たいへん危険な技術に一変することも肝に銘じておくべきだろう．

クローン牛は，すでに数百頭の規模で生まれており，その肉や乳は，アメリカやカナダでは市場に出回っている．韓国やアメリカでは，クローンペット・ビジネスが始まっている．死んだペットの細胞から，高額な費用でクローンをつくるビジネスだ．このビジネスの創始者は，ヒトES細胞の論文ねつ造事件を起こしたあのファン・元ソウル大学教授だという(p.22「事例ファイル07」参照)．ペット以外にも，優れた能力をもつ警察犬や探知犬がクローン化されている．

ES細胞の作製には受精卵が必要で，ヒトの受精卵を壊して利用する．そのことが生命倫理の問題になる．受精卵はそのまま子宮に戻せば子どもが誕生するのだから，これは一種の殺人ではないかという批判があるのだ．とくに，カトリック信者の間でそう考える人が多いようだ．現在は，不妊治療で使われなかった(つまり不要になった)受精卵が利用されているが，それなら倫理問題はないのか，疑念は完全には消えない．

インターネットは，現代社会になくてはならないたいへん有用な技術だ．その利便性によって，利用者数は，世界中で今や30億人に上るといわれている．日本でも，2017年末に，利用者数が1億人を，普及率は80%を超えた．

インターネットには，誰でもアクセスして情報発信できる．しかも，公表された内容に関しては，しばしば誰も責任をとらないという，はなはだ無責任な技術だ．麻薬や銃の販売を行うサイトが開設されていたり，ツイッターを使って他人をよび出し，犯罪におよんだりすることが，よくニュースになる．ネット上で特定の人が中傷され，それがあっという間に拡散するいわゆるネットリンチでは，中傷された人が仕事や生命を失うといった悲惨な事態に至ることもある．フェイクニュースによる世論の誘導や，仮想通貨の不正流出事件なども話題になった．

麻薬や銃を売買したり，他人に危害を加えたりするのは，倫理以前の問題で論外だが，問題は，このようなサイトを運営している会社もしくは個人の責任をどう考えるかだ．サイト運営には，当然情報技術者がかかわっているはずだから，技術者倫理がどう問われるか，重い課題が存在する．もう一つ重大な問題は，ネットリンチにおいて，普通の人が簡単に被害者になったり加害者になったりすることだ．中傷記事を発信する人には罪の意識がなく，むしろ正義感を発揮しているつもりの場合もあるという．倫理的によく考えなければならない問題だ．

バイオ技術や情報技術は，たいへん有用で便利な技術であると同時に，非常に危険な技術にもなりえる．

たとえば，万能細胞技術を利用して，知らないうちに自分の体細胞から生殖細胞がつくられ，知らないうちに自分の子どもがつくられるようなこともありえる．ゲノム編集技術を悪用すれば，格段に背が高く筋肉が多いスポーツ選手をつくりだすことも可能になるかもしれない．妄想のように聞こえるかもしれないが，現実に倫理的問題として議論されている．

自動運転車が事故を起こしたり，人工知能（AI）が犯罪を犯したりしたら誰が責任をとるのか？　ロボットが人を傷つけたら誰が責任をとるのか？　将来起こりそうな深刻な問題はかぎりなくある．

今後，これらの技術分野では，新しい法規づくりやルールづくりが進められてゆくだろう．当該分野の技術者たちには，積極的にかかわっていくことが求められる．

以下の2章では，これら二つの技術分野について，基礎的な知識を身につけるとともに，さまざまな事例に学ぶ．これら2章は，「バイオ」や「情報」以外を専攻する読者を念頭に著した．バイオ技術や情報技術を専攻する読者にはもの足りないと思う．2分野に限らず，すべての読者に，それぞれの専門分野に応じた，より専門的な「工学倫理」の学習を勧める．

1章 バイオテクノロジーと工学倫理

Ⅲ部で取り上げる「これからの技術」の一つ，バイオテクノロジーについてさまざまな倫理問題を考えたい．発酵工学といわれてきたバイオテクノロジーは，1953年イギリス・ケンブリッジ大学で働いていたJ. D. ワトソンとF. H. C. クリックにより「DNA*1 二重らせん構造」が発見され，近代科学への道に進むこととなった．さらに1970年代に入ってDNA分子の塩基配列を切断する制限酵素が発見されて「遺伝子工学」に発展し，遺伝子を組み換えることまで可能になった．人類は生命をも操作する「禁断の実」を手に入れた．

＊1　deoxyribonucleic acid. 遺伝子の本体

「禁断の実」は，うまく使えば人類に計りしれない恵みをもたらすが，使い方によっては人類を滅亡に導く恐れさえある．そのような技術をどのように受け入れるか，一緒に考えていきたい．

遺伝子組換え技術

人類は，現代科学が生まれるはるか以前から，交配技術を駆使して動

コラム16 組換えDNA実験

遺伝子組換えについては，有用性に対する期待とともに，その危険性に対する懸念も高まった．文部科学省は，1979年「組換えDNA実験指針」を定め，危険度のレベルに応じた施設や安全対策の具体的内容を指導してきた．「指針」はその後，たびたび改定されたが，2004年，カルタヘナ法（「コラム17」参照）の制定にともなって廃止され，法による規制に移行した．「危険なものを安全に使いこなす」ことを任務とする技術者には，当然これを厳格に守ることが期待される．

ところが，研究現場で実験を担当する研究者や技術者が，危険性を勝手に軽視し，「指針」を逸脱してしまう事例が散見された（「事例ファイル33」参照）．専門職として，ルールを逸脱した行為は（たとえ刑事責任は問われなくても）公衆や監督官庁の不信を招き，より厳しい規制と公開とを求められ，自分だけでなく，研究者・技術者全般の首まで絞めることになりかねない．「自由な研究環境は研究者・技術者の倫理意識によって支えられている」ということを忘れないようにしたい．

植物の改良を行ってきた．また自然界の微生物を巧みに利用して，実にさまざまな発酵技術を育ててきた．生物に突然変異を起こさせる技術も使われた．古典的なバイオテクノロジーも，人類に計り知れない恵みをもたらしてきた．20世紀前半には抗生物質も発見された．

1970年代に，遺伝子組換え(GM：Genetic Modification)という革命的な技術が登場した．最初は菌，植物，下等動物などを対象にし，やがて高等動物をも対象にして，さまざまな研究が行われるようになった．研究，商品化，流通などは，厳重な規制と管理のもとに行われる[*2]．その目的は組換え遺伝子の不用意な拡散を防ぐことにある．

*2 → コラム16 (p.194)，17

1996年，アメリカで除草剤に耐性を持ったGM大豆の栽培が始まり，病気や害虫に強いトウモロコシやワタ，カノーラ(西洋ナタネ)に広がった．栄養価の高い作物や，アレルギー物質を含まない作物なども開発され，2015年現在，南北アメリカ諸国，インド，中国など，計28ヵ国が栽培しており，作付面積は世界の耕地面積の12%にまで達しているという．しかし日本は，ほとんどのEU諸国とともに，慎重な姿勢を保っている．GM作物の問題の一つは，遺伝子組換えで当該植物に存在していない外来遺伝子を組み込むことにある．GM作物を摂取することに

コラム17 カルタヘナ議定書とカルタヘナ法

1995年，生物多様性条約第2回締約国会議において，バイオテクノロジーにより改変された生物（LMO：Living Modified Organism）が，生物の多様性の保全や，持続的な利用に，悪影響をおよぼす可能性があることが確認され，2000年に議定書が採択された．議定書の名前は，当初，採択が予定されていた，1999年のカルタヘナ（コロンビア）での締約国会議にちなんでいる．日本は2003年11月に実質的批准，2004年2月に正式発効した．議定書は，締約国に対し以下のことを義務づけている．

(1) LMOの利用が，生物多様性に対する危険（人の健康に対する危険）を防止または減少させる方法で行われることを確保する．
(2) 栽培用種子など，環境への導入を目的とするLMOを輸出する場合は，輸入国に通告する．通告を受けた輸入国は，危険性の評価を行ったうえで輸入の可否を決定する．
(3) 輸入した食用・飼料用・加工用のLMO作物の国内利用について最終的な決定をする場合には，バイオセーフティに関する情報交換機構（BCH：Biosafety Clearing-House）に通報する．
(4) LMOを輸出する場合には，LMOであることを明記した文書を添付する．

日本は同議定書に対応するため，批准に合わせて「遺伝子組換え生物等の使用等の規制による生物の多様性の確保に関する法律」(カルタヘナ法）を制定した．アメリカ，カナダ，アルゼンチンなどGM作物の主要栽培，輸出国は未だ批准していない．

よる弊害は報告されておらず，食用油やデンプン，飼料用などに大量に輸入されているが，国内での商業栽培の事例は報告されていない．GM動物の商業化事例はなかったが，2012年アメリカのFDAは「成長スピードを早めたGM鮭」を許可した．

最近はゲノム編集[*3]を利用した作物の改良研究が盛んになってきた．これだと，元来作物がもっている遺伝子を，切断したり付け加えたりするだけなので，消費者の抵抗感が少ないのではないかと期待されているが，GMと同様な対応が必要となるだろう．

ゲノム編集とは，ゲノム切断酵素によりゲノムDNAの標的配列を切断し，その機能を失わせると同時に，有効な塩基配列を挿入することもできる技術だが，2013年にCRISPR/Cas9（クリスパー・キャス9）[*3,4]システムが実用化され，その効率が飛躍的に高まった．アメリカでは「黒ずまないマッシュルーム」が「遺伝子組換え作物には該当しない」として商品化（2016年）され，中国では「筋肉が2倍の豚の精液」が販売されている．日本でも大型真鯛への品種改良や油を大量に含む藻などの研究が進んでいる．ただ，この技術がヒトを対象にする場合には，「デザイナー・ベビー（designer baby）[*5]」にまで検討課題になるという倫理問題が危惧されており，基本的には許可されていない．

また，患者個人の遺伝子解析が可能になったことにより，その個人に適した治療や薬の服用量を処方する「テーラーメイド医療[*6]」も検討され

*3 →コラム18（p.197）

*4 CRISPR：Clustered Regularly Interspaced Short Palindromic Repeats．クラスター化した規則的な短い回文配列の繰り返し．1987年，当時大阪大学微生物病研究所にいた石野良純氏（現在九州大学農学研究院生命機能科学部門教授）が大腸菌酵素のゲノム解析結果の論文発表の中に記述した．2007年，この規則的配列は「免疫の記憶と再感染抵抗性」に関与することが明らかにされている．CAS9は制限酵素の一つ．

*5 受精卵の段階で，遺伝子操作などにより親の望む形質を与えられた子供．

*6 tailor-made medicine

神戸大学遺伝子組換え生物の不適切使用　事例ファイル33

2008年4月，神戸大学大学院医学研究科分子薬理・薬理ゲノム学研究室で，遺伝子組換え大腸菌や酵母を，加熱殺菌処理せずに実験室の流しに捨てたり，廊下でそれらの実験を行ったりしていたことが，内部告発によって判明した．

神戸大学では，ほぼ1ヵ月間遺伝子組換え実験を全面停止にするとともに，排水関連の調査を行い，遺伝子組換え生物の外部への拡散はなかったことを確認した．さらに，学内調査委員会を編成して調査を行った．その結果，それらの不適切使用は6年ほど前から行われていたことが明らかになった．

同年6月，文部科学省は，神戸大学に対し，カルタヘナ法に違反したとして厳重注意し，再発防止策の徹底を指示した．また，大臣確認が必要な遺伝子組換え実験を，確認を受けずに実施していた「不適切な事例」に関しても，重ねて厳重注意を受けた．同省は同時に，東北大学，日本大学，近畿大学にも同様の注意と指示を行った． 2009年3月，神戸大学は，上記研究室担当の久野高義教授を停職6ヵ月の懲戒処分にした．

2012年6月6日，神戸大学はまたしても，医学研究科においてH1N1インフルエンザウイルスの遺伝子組換え実験に関する不適切な取り扱い（大臣確認を受けず）が行われていたことが確認されたと文部科学省に報告し，6月8日に「厳重注意」を受けた．

2011年12月の電子メール告発により発覚したが，不適切実験は2009年4月から8月にかけて行われていたという．先の違反事件後の対応が不十分であったといわざるをえない．

ている.

クローン技術

良質な発生初期胚を使った受精卵クローンは1986年にイギリスで報告があり，日本でも多くの試験・研究機関で実施されたが，成功率やコ

コラム18　ゲノム編集

ゲノムは，gene（遺伝子）とchromosome（染色体）を合わせてつくられた言葉で，生物種にとっての遺伝情報全体を意味する．近年，遺伝子組換え技術により，動植物の品種改良が盛んに行われてきた．2003年にヒトのゲノム約32億塩基対の配列が解読された．ゲノム解析は，生物の起源，進化などの研究にも使われている．

2017年，国は「がんゲノム医療（がん患者の腫瘍部および正常部のゲノム情報を用いて，治療の最適化・予後予測・発症予防を行う医療行為）推進計画」を発表し，全国に拠点病院を指定した．がんゲノム情報を用いて，医薬品の適応拡大，がんの診断・治療のほか，革新的新薬の研究開発などにつなげ，より有効・安全な個別化医療の提供体制の構築を狙っている．

現在のゲノム編集技術は第三世代*1とよばれており，CRISPR/Cas9 (p.196参照)を利用している．CRISPR/Cas9は，2012年アメリカ・カリフォルニア大学バークレイ校のジェニファー・ダウドナ(Jennifer Doudna)教授と，スウェーデン・ウメオ大学のエマニュエル・シャルパンティエ（Emmanuelle Charpentier）研究員らの共同研究チームによって発表された．狙う遺伝子を検索して，CRISPRがそれを捉え，Cas9がDNAの目的箇所を切断して遺伝子改変を起こし，ゲノム編集に応用できる．CRISPR/Cas9はゲノム編集が比較的安易に，的確に実施できるため，爆発的に利用され，研究者は2020年ノーベル化学賞を受賞した．基本特許は，2020年現在も係争中だが，CRISPR/Cas9を使用する産業化を前提とした研究は植物，細菌のみならず，牛，豚，羊などの動物でも行われている．

この技術の応用例として，医療分野では人工臓器，診断薬，治療薬などの研究開発が進んでいる．アメリカ・ハーバード大学医学部では「遺伝子改変豚による人の臓器提供」の研究開発が進んでいる．豚は臓器の大きさや生理機能が人間に近いため臓器移植の候補になっているが，豚固有のレトロウイルス遺伝子が移植時の拒絶反応を引き起こす危険性が高い．そこで，ゲノム編集技術によりそれを不活性化すれば移植が容易になると期待されている．

CRISPR/Cas9は，使いやすく，比較的安価なため，一般的に使用され，「各種生物をいたずらに弄ぶ」危険性も指摘されている．人に対する使用は，「デザイナー・ベビー」問題が危惧され，厳しく制限されている．ゲノム編集は自然と人間との関係も変化させる．いい換えれば，「生命の道具化」であり，応用にあたっては謙虚な姿勢で倫理的観点から対処する必要がある．

*1　第一世代は1990年代後半に開発されたZFN（Zinc Finger Nuclease），第二世代は2010年開発の植物病原菌*Xanthomonas*由来のTALEN（Transcription Activator-Like Effector Nuclease）．

ストの面に問題があり，商業的にはあまり拡がっていない．ただ，アメリカやカナダでは一般農家においても受精卵クローン動物が飼育されており，その肉や乳が一般市場に出荷されている．法的規制はなく，表示の義務もないようだ．

成熟した羊や牛の体細胞*7を使った体細胞クローンは1996年のイギリスで誕生した羊「ドリー」が最初で，新たな可能性が期待された．肉質の良い牛や乳量の多い牛を大量生産できるとか，医薬品(タンパク質)を合成して乳の中に分泌する牛や移植用臓器をもつ動物の大量育成，希少動物の再生などだが，商業的実績は韓国やアメリカでの「ペットクローン」以外は記録されていない．

*7 体細胞(somatic cells)：体を構成する細胞．

クローン技術が人に利用される事は倫理的に問題があるとして，各国で議論され，日本では科学技術会議において，「ライフサイエンスに関する研究開発基本計画(1997年8月)」がつくられ，「ヒトに関するクローン技術等の規制に関する法律」が2000年に公布された．この法律では，クローン人間の作製に罰則を科して，これを禁じている．ただクローン技術のヒトへの活用を視野に，2004年に「ヒト胚の取扱いに関する基本的考え方」が公表され，いくつもの制限と前提つきではあるが，特定胚を使った研究の道を残している．2005年国連で「クローン人間禁止宣言 (United Nations Declaration on Human Cloning)」が採択されたが，日本は反対している．

2018年，中国科学院の研究チームは，困難といわれていた霊長類での体細胞クローンをカニクイザルを使って成功したと発表した．胎児の体細胞核を，核を除いた卵子に注入し，成長促進手段を加えたという．

万能細胞

胚性幹細胞(ES細胞：embryonic stem cells)*8は1991年にマウスで作製され，フィーダー細胞*9を利用して増殖や分化ができることもわかり，再生医療に利用できると期待された．しかし，ヒトのES細胞を活用する場合，「ヒト胚は人の生命の萌芽」のため倫理的問題が壁となり，かつ他人のES細胞から作製された臓器では拒否反応が起こる可能性が高いため，実用化研究が遅れていた．アメリカでは2010年から骨髄損傷患者（翌年高コストを理由に中止)，2011年から目の黄斑変性症患者への臨床試験が始まっている．日本では2018年3月，肝疾患（尿素サイクル異常症)乳児への臨床申請が行われた．

*8 幹細胞(stem cells)は増殖，分化する細胞．皮膚などになる「外胚葉」，消化器などになる「内胚葉」，血管などになる「中胚葉」に分類され，三胚葉すべてに分化する場合には「多能性」という．胚性幹細胞はそれにあたる．

*9 feeder cell：増殖や分化を起こさせようとする細胞の増殖環境を整え，分化をコントロールするために補助的に用いられる細胞．ES細胞の培養では一般にマウスの線維芽細胞が用いられる．

2006年，京都大学再生医科学研究所山中伸弥教授*10が体細胞から多能性幹細胞（iPS細胞*11）をつくったと世界に発表した．iPS細胞はヒトの体細胞から作製するため倫理的な問題は少ないが，患者個人の体細胞から臓器を作製しようとすると時間と巨額の費用が必要で，腫瘍化する危険性もあるため，臨床試験にはなかなか進めなかった．

*10 →コラム19

*11　induced pluripotent stem cells．→コラム19参照

2013年より理化学研究所を中心とした共同研究グループが，滲出型加齢黄斑変性患者へのiPS細胞臨床試験を実施し，2017年に成果を論文発表した．2018年以降も臨床研究や治験が続いている．

- 5月，虚血性心筋症．iPS細胞由来心筋シートを移植(阪大)
- 8月，パーキンソン病．脳にiPS細胞由来神経細胞を移植(京大)
- 9月，再生不良性貧血．iPS細胞由来血小板を移植(京大)

最近は，拒絶反応が起きにくい他人の体細胞から作製したiPS細胞臓器の移植や，iPS創薬，免疫細胞療法などの研究も進んでいる*12．

*12　iPS創薬として，進行性骨化性線維異形成症(京大)とペンドレッド症候群(慶應大学)に免疫抑制剤「ラパマイシン」．免疫細胞療法で急性リンパ性白血病に活用(名大)など．

コラム19　iPS細胞と山中伸弥教授

iPS細胞は2006年に誕生した新しい多能性幹細胞で，再生医療の実現に重要な役割を果たすと期待されている．これを発見した山中伸弥氏は，1987年神戸大学医学部を卒業．国立大阪病院臨床研修医（整形外科）として勤務した．手術が苦手で，現在の医学では治療できない患者を救う研究員をめざし，大阪市立大学大学院医学研究科修了後，1993年アメリカのグラッドストーン研究所博士研究員としてES細胞を研究した．帰国後大阪市立大学助手などをしていたが，アメリカとの研究環境落差に苦しんでいた．1999年公募に応募し，奈良先端科学技術大学院大学遺伝子教育研究センターの助教授となり研究室をもった（教授はいなかった）．そのときに「皮膚細胞からES細胞に近い万能細胞ができないか」とのビジョンを掲げ，それに賛同した3名の大学院生たちがハードワークにより，短期間でiPS細胞をつくり上げた．2003年に同教授，2004年には京都大学再生医科学研究所教授となり，一緒に研究していた仲間とともにiPS細胞の深化を成し遂げ，2010年に京都賞を受賞．2012年には50歳でノーベル生理学・医学賞受賞の栄誉に輝いた（同年文化勲章も受賞）．

山中教授の信念は「人間万事塞翁が馬」．神戸大学時代にはラグビー部でも活躍し，同年代の故平尾誠二氏との交流を描いた『友情 平尾誠二と山中伸弥「最後の一年」』(講談社)で，「技術革新と倫理観」をテーマとして取り上げてもいる．

「科学的にあり得ない」と思ったらそこまでで，「常識を疑う力」が必要だが，技術革新が進むと「暴走したら危ないぞ」との思いをコントロールするのが倫理観，バランス感覚ではないか．行き過ぎると元も子もなくなる．

このように書き，最後には「僕，人間の倫理観は一朝一夕にできあがるものじゃなくて，子供のころから成長のなかで，いろんなものを見ながら，感じながら，育っていくものだと思うんです」と記述している．

2013年11月に「薬事法の一部を改正する法律」が公布され，「医薬品，医療機器等の品質，有効性及び安全性の確保等に関する法律」（薬機法）が2014年11月に施行された．薬機法では，再生医療等製品については，安全性を確保しつつ，迅速な実用化が図られるよう，その法律で規定された．「再生医療等の安全性の確保等に関する法律」（再生医療等安全性確保法）も施行され，再生医療の早期実現化（有効性が推定され，安全性が認められれば，条件および期限をつけて製造販売承認）が掲げられた．

体内には，造血幹細胞・神経幹細胞・皮膚幹細胞などの「体性幹細胞」があり，ある程度限定されているが，いくつかの種類の細胞に分化する能力をもっている．「体性幹細胞」の研究は古く，各種キットも商業化されており，患者が費用の全額を負担する自由診療[*13]として，多くの医院で実施されている．日本はそれが許されている数少ない国の一つだ．副作用とか，期待した効果が表れないとかのトラブルはあるが，他に医療方法がない患者は「幹細胞医療」に頼ってしまうようだ．日本の医療レベルは高いとの評判で海外からも患者が来ているが，これは事例研究で取り上げた「臍帯血」でも同様で，治療効果や安全性が保証されておらず，倫理的には問題を含んでいる．

*13 健康保険が適用されない診療．安全性と有効性が確認されていない場合が多い．

※

人類は，ヒトの生命までを操作する，まさに「禁断の実」を手に入れた．ヒトゲノムは公開されており，遺伝子のもとになる核酸自動合成機も市販されている．周辺技術のめざましい発達もあり，遺伝子操作は，ある程度の専門知識と装置があれば，簡単に行えるまでになってきた．

今では，個人を特定するのにDNA分析が一般的になっている．DNA鑑定結果によって，「死刑」から「無罪」に裁定された「足利事件」は有名だが，これも，DNA増幅技術の飛躍的な発展による．

バイオテクノロジーも，「危険なものを安全に使いこなす知恵」の定義から外れない．研究者，技術者には，格別に高い倫理性が要求される．本書で議論するすべてのことが，バイオテクノロジーにもあてはまる．四つのコラムと事例ファイル，事例研究で，新しい技術であるがために生じる倫理問題について考えてほしい．

臍帯血事件

2017年6月，11の医療機関が他人の臍帯血を国に無届けで投与していたとして，厚生労働省から医療の一時停止命令を受けた．その後，8月に厚労省は，それらの医療機関や臍帯血販売会社などを「再生医療等安全性確保法」で告発した．

臍帯血とは，出産で得られる「へその緒」や胎盤の血液で，赤血球や白血球，血小板などの血液細胞をつくりだす造血幹細胞を多く含んでいる．臍帯血バンクが冷凍保管し，「白血病」や「悪性リンパ腫」などの血液病治療に用いられている．

臍帯血バンクには，公的バンクと民間バンクとがある．公的バンクは費用が掛からないが，臍帯血は第三者に利用され，民間バンクは有償ではあるが，赤子本人や家族にだけ利用される．臍帯血移植は骨髄移植と同様な病気に適用され，骨髄移植より遅れて採用されたが，白血球の型であるHLA（ヒト白血球型抗原）が6抗原のうち2抗原まで不一致であっても移植でき，ドナーの負担に雲泥の差もあるため，急速に普及している．

臍帯血には中枢神経系疾患（低酸素性虚血性脳症，脳性麻痺，難聴，外傷性脳損傷，脊髄損傷等），自己免疫疾患，ASD（自閉症スペクトラム障害）などに対する再生医療・細胞治療での利用可能性が注目され，「造血幹細胞移植推進法」(2012年9月)や「再生医療等安全性確保法」(2013年11月)の成立を契機に，臨床研究が始まっている．

「臍帯血事件」は2009年に経営破綻した民間バンク「つくばブレーンズ」から臍帯血が流出し，それを入手した11の医療機関が，大腸癌や美容に効果があるとして高額な自由診療に使用していた．「再生医療等安全性確保法」では，他人の臍帯血で再生医療を行う場合は，国に計画書を提出したうえで安全性などの審査を受けるよう定めているが，11の医療機関は届け出をしていなかった．

2017年8月30日，日本医師会は「臍帯血の違法投与に対する声明」を発表した(一部転記)．

- 再生医療は，難病治療への活用をはじめとして大きな期待のかかる医療だ．その一方で，再生医療にはまだ未解明な部分も多く，その実施に当たっては安全性と有効性の慎重な判断，治療を受ける患者に対する十分な説明と同意が，医師に強く求められることは論をまたない．
- 高い倫理観と医療安全の追求は，常に医師の根幹になければならない．日本医師会では平成10年に「会員の倫理・資質向上委員会」を設置し，医師の倫理向上のための種々のとりくみを行っている．平成12年に採択した「医の倫理綱領」では，「医師は医療を受ける人びとの人格を尊重し，やさしい心で接するとともに，医療内容についてよく説明し，信頼を得るように努める」こと，また「医師は医療の公共性を重んじ，医療を通じて社会の発展に尽くすとともに，法規範の遵守および法秩序の形成に努める」ことなどを，医師のもつべき倫理観として謳っている．
- 医学・医療の進歩と発展は，再生医療やゲノム編集などの新たな可能性を開き，国民にとって大きな福音となる可能性を秘めているが，同時に，医師には医療倫理や生命倫理に対するより深い理解と責任ある行動が強く求められている．

医師が自由診療の名のもとに法を犯している例が散見される．危険なものを安全に扱うべき技術者としてどう考えるか．

2章 情報技術と工学倫理

情報通信技術の利便性と問題点

昨今の情報通信技術の進歩は目覚ましい．数十年前までは，情報源といえば書籍，新聞や雑誌，ラジオ，少し遅れてテレビなどが主たるものだった．また通信手段としては，対面対話や書簡を用いる長い時代を経て，電信・電話が社会で重要な役割を果たしてきた．現在では，大型コンピュータをはじめ，パソコン，スマートフォン，タブレットなど種々のデバイスが容易に利用でき，ネットワーク通信の高速化・インフラ整備，データ処理能力・記憶容量の大幅な向上などによって，情報通信技術の利用環境が劇的に変化している．

産業界では事業活動に必要不可欠だが，個人生活においても，パソコンやスマートフォンを用いてソーシャル・ネットワーク・サービス（SNS）[*1] を利用する人が，今や全世界で20億人以上に達している．SNSでは，任意の場所からリアルタイムで，知人や特定のグループに情報を発信したり，直近のニュースや自分が興味のある情報を即座に入手することも可能だ．お互いの顔を見ながらビデオ通話をし，YouTubeで好きな音楽や動画を楽しみ，GPS活用アプリで位置情報や目的地への移動情報が容易に入手できる．SNSに参加することは，若い世代はもとより，多くの人々の生活の一部であり，スマートフォンは必需品になっている．

*1 インターネットを介して社会的ネットワークを構築可能にするサービス．Facebook, Twitter, LINE, Instagram, YouTubeなど．

一方で，情報通信技術（ICT：Information and Communication Technology）は，そのリスクが十分に評価されないまま，社会に導入されて爆発的に拡散したことにより，さまざまな問題が顕在化している．本章では，情報にかかわる倫理問題について考える．

なぜ，情報についての倫理が必要なのか？

あふれる情報への対応

現代は，新聞，書籍，テレビ等に加えて，インターネットを通じて膨大な情報がはん濫している．ところがこれらのなかには，フェイクニュースをはじめ，誤報・扇動報道・名誉棄損・裏づけのないゴシップ等が存在し，その真偽は計り難い．ことにweb情報には要注意だ．「何が正しく，真実なのか」の判断をするためには，十分な知識とともに自らの価値観と倫理観をもつことが大切になる．

また，膨大な情報(ビッグデータ)の生成・収集・蓄積などが容易になり，その活用がビジネス・科学・技術の発展に寄与すると期待されている．一方で発信者の個人情報が無断で使われたり，集められた情報が悪用されたりするケースなど，倫理問題も多く発生している．

ICTのリスクへの対応

仕事や日常生活が大きく依存しているICTには，さまざまなリスクが潜んでおり，近年，その脆弱性を突くことなどによる不正アクセス，情報漏えいをはじめとするサイバー犯罪*2が多発している．これらの犯罪に対して，法規制，組織的な管理システムの整備や技術的対応が進められているが，同時に，ICT利用者も情報技術者もそのリスクを認識し，倫理的な判断にもとづく対応が求められている．

*2 不正アクセス，不正プログラムの製造・販売・配布，データ妨害，インターネット犯罪，著作権犯罪など．

ICTの特性と倫理問題

ICTには次のような特性がある．

(1) 多対多通信：双方向の通信が，リアルタイムに世界規模で可能．

(2) 匿名性：匿名での通信ができるため，ネット上で偽名を使用して，自分とは別の人間を作り出して無責任な行為ができる．

(3) 複製保存性：情報の所有者に気づかれずに，情報の複製や内容の変更およびそれらの保存が容易に可能．

(4) 情報の不可逆的な拡散性：世界規模で情報が瞬時に拡散し，取り消すことが困難．

(5) 情報固有の不可視性：複雑なプログラムや悪意によって故意に作成されたプログラムなどのシステムは，情報技術の専門家でも容易にはわからない．

ICTにかかわる技術者はもとより，利用者もこれらの特性を十分理解した上で，悪用したり，不正に使用したりしないことが肝要だ．

ICTに関係する条約と法規

ICTを利用した深刻なサイバー犯罪に対応するために，世界的な取り組みが進められている．

サイバー犯罪条約

2001年，ヨーロッパ評議会はサイバー犯罪条約を採択した．オブザーバー参加した日本は，2004年4月にサイバー犯罪条約を批准したが*3，関連国内法の整備に時間を要し，2012年11月に発効した．

条約に定められたサイバー犯罪の内容については，**表1**に記述する国内法がほぼ対応している．

*3 外務省HP：http://www.mofa.go.jp/mofaj/gaiko/treaty/treaty159_4.html

サイバー事件と犯罪

警察庁の統計*4によると，2017年の日本におけるサイバー犯罪の検挙数は9014件（前年比8％増），相談件数は13万件（同1％減）と数年来高いレベルで推移している*5．

それらのなかには，一見しただけでは容易にわからない悪質なホームページや，本物そっくりの偽サイトに誘導されて起こる金銭トラブルや

*4 警察庁HP：http://www.npa.go.jp/publications/statistics/cybersecurity/data/H29_cyber_jousei.pdf

*5 検挙件数の内訳は，不正アクセス禁止法違反：648件（同29％増），コンピュータ・電磁的記録対象犯罪：280件（同11％減），不正指令電磁的記録に関する犯罪：75件（同29％増），ネットワーク利用犯罪：8011件（同8％増）．

表1 日本におけるサイバー犯罪の分類と対応する法律

	犯　罪	対象となる法律
①不正アクセス行為の禁止等に関する法律違反	（別項に後述）	不正アクセス行為の禁止等に関する法律
②コンピュータ・電磁的記録対象犯罪	オンライン端末を不正に操作したり，コンピュータや電磁的記録を利用した犯罪．たとえば，ホームページの無断書き換え，金融機関などの他人の口座から無断で自分の口座に預金を移動するなど．	刑法　第161条の2項（電磁的記録不正作出罪），第259条（毀棄罪），コンピュータ犯罪防止法など
③不正指令電磁的記録に関する犯罪	他人のコンピュータを破壊するためのウイルスを作成・保管したり，ネット上でばらまく行為など．	刑法　第168条の2項（コンピュータウイルスの作成・保管），第168条の3項（コンピュータウイルスの取得・保管）
④ネットワーク利用犯罪	インターネットなどを利用して行う犯罪で，詐欺，他人の誹謗中傷，わいせつ図画などの提供，映画・音楽などの不正ダウンロードによる著作権法違反など．	刑法では222条（脅迫罪），同230条（名誉棄損罪），同246条（詐欺罪），同175条（わいせつ物頒布罪）など．児童ポルノ禁止法，著作権法，商法，薬事法，覚醒剤取締法，無限連鎖講防止法，迷惑メール防止法，出会い系サイト規制法，個人情報保護法なども該当．
⑤その他の法律違反		電子署名及び認証業務に関する法律，プロバイダ責任制限法など

詐欺事件，さらには殺人事件のような凶悪犯罪に巻き込まれる事例も発生している．また，政治やビジネスの世界ではサイバー攻撃による極秘情報の流出・情報操作などが深刻な問題になっている．これらの状況を踏まえて，ICTのリスクとその対応について考えてみよう．

不正アクセス

アクセス権をもたない者が，IDやパスワードを盗んだり（フィッシング），セキュリティホール*6を悪用したりして，インターネット・LAN等を通じてコンピュータに不正に侵入することをいう．不正アクセスされると，データが盗まれたり，破壊・改ざんされたり，コンピュータの動作が妨げられたりする．2000年2月に施行された不正アクセス禁止法により，犯罪行為として厳重に処罰されるようになった．さらに2012年5月にフィッシングに関する禁止行為が新たに規定され，罰則が強化された．

対策としては，ファイアウォール（防火壁）機能をもつセキュリティソフトの活用がある．

*6　コンピュータのソフトウェアの設計やプログラミングのミスなどに起因するセキュリティシステム上の弱点．

コンピュータウイルス

「ロバート・T・モリスのワーム」（事例研究Ⅲ-2-1参照）以降，セキュリティホールを狙ったウイルスは後を絶たない．ウイルスはトロイの木馬やワームなどと同様にマルウェア（malware：悪意のあるソフトウェア）の範疇に含まれ，コンピュータに侵入して他のプログラムの動作を妨げたり，外部からの命令によりさまざまな悪意ある動作をする．毎日のように新しいウイルスがつくられ，世界で毎年数万種は発見されているという*7．

近年，ボット・ウイルスという悪質なウイルスが問題になっている．パソコン使用者に気づかれないようにパソコンに侵入し，所有者になりすまして，遠隔操作により一斉に大量の迷惑メールを発信したり，特定サイトを攻撃したりする．ウイルスに汚染すると，これまでは単なる被害者だったが，この場合は加害者にもなる．また，ランサムウェア*8が他人のパソコンに侵入し，勝手にデータや情報のファイルを開けないようにして，「元に戻したければ，金を振り込め」と脅迫する身代金要求型犯罪による被害が国内外で大きな脅威となっている．

サイバー犯罪から身を守るために，次のような対策が求められる．

*7　ただし，日本におけるウイルスの感染に関する届出は，年々減少しており，2017年は1918件だった（前年比21.5%減）〔独立行政法人情報処理推進機構（HP：https://www.ipa.go.jp/）より〕．

*8　ランサムウェア（Ransomware）とは，「Ransom（身代金）」と「Software（ソフトウェア）」を組み合わせて作られた名称であり，コンピュータウィルスの一種．

①絶えず最新のウイルス対策ソフトをインストールする．
②使用しているOSやソフトウェアは最新のセキュリティパッチ[*9]を適用する．
③不審な添付ファイルは開かない．
④不審なウェブサイトには，アクセスしない．
⑤侵入されてデータが破壊される事態に備え，必ずパソコン本体から外せる外部記憶装置にバックアップデータをとる．

*9 ソフトウェアに保安上の弱点が発覚したときに配布される修正プログラム．

情報の流出・漏えい

2017年の日本における個人情報漏えい件数は386件（前年比18%減），漏えい人数は約520万人（同63%減）で，2014年の1591件，約5000万人をピークに減少傾向にある[*10]．

*10 NPO法人 日本ネットワークセキュリティ協会「2017年情報セキュリティインシデント報告書」http://www.jnsa.org/result/incident/

原因別では誤作動，紛失，置忘れ，管理ミスなどのヒューマンエラーが約70%と最も多いが，不正アクセス，不正持出し，盗難，内部犯罪などが30%を超える．最も責めを負うべきは不正を働く者だが，情報を扱う誰もが情報の流出・漏えい防止に十分留意することが求められる．またICT技術者は，流出防止対策の構築に努めなければならない．

なお，改正個人情報保護法が，2017年5月30日から施行された．以前は，扱う個人情報が5000人分以下の事業者は適用対象外であったが，改正後は1人であっても適用され，個人情報を不正に提供したり，盗用した場合の罰則規定が導入された．

また，標的型メール攻撃による個人情報・企業情報流出被害が拡大している[*11]．この攻撃メールには，ウイルスを仕込んだ不正プログラムが添付されており，不用意に受信者が添付ファイルを開くとパソコンがウイルスに感染し，パソコン内や組織内の情報システムから情報を取り出す仕組みだ．

*11 流出被害件数は2013年の492件から5年間で大幅に増加し，2017年は6027件（前年比49%増）にもなった（警察庁HPより）．

このような事故を防ぐには，組織の情報資産の持出し禁止，安易な放置や廃棄の禁止などの情報管理ルールを設け，日ごろから十分な態勢を整えておく必要がある．また日常的に使用するパソコン，スマートフォン・携帯電話，CD・DVDなど各種電子メディアには，パスワードや暗号化など十分なセキュリティ対策をしておくことが有効だ．さらに，企業，大学，個人を問わず，その使用が一般化している「クラウド」で情報管理する場合にも厳密なセキュリティ対策が必要だ．

海外では，2017年3月，交流サイトのFacebookのユーザー約

8700万人分の個人情報が，英国の選挙コンサルタントによって不正に取得され悪用されたとの発表があり，SNSのリスクが顕在化した．これを受けて，欧州連合（EU）では，個人情報保護に関する新しい規制，「EU一般データ保護規則（General Data Protection Regulation：GDPR)」を2018年5月25日から施行し，EU域外への個人情報の移転・流出に規制強化を図った*12．違反者には巨額な制裁金を科すとしており，域外の事業者も（もちろん日本も）対象になるため，グローバルビジネスに大きな影響が出そうだ．

*12 JETROの参考情報：https://www.jetro.go.jp/world/europe/eu/gdpr/

情報セキュリティマネジメント

情報セキュリティとは，災害・過失・故意などの原因による情報システムの故障・破壊，あるいは情報資産の破壊・漏洩・改ざんなどのリスクから組織を守るために，人的・技術的な安全対策および保護対策を講ずることだ．そのための方策を情報セキュリティマネジメントシステム（ISMS：Information Security Management System）といい，国際規格のISO 27001の導入が進んでいる．ISMSの基本コンセプトは，セキュリティ3要素の機密性*13，完全性*14，可用性*15をバランスよく維持し，改善することにある．この基本方針のもと，リスクアセスメントを体系的に行い，適切なリスク対応を選択し，実行に移し，定期的な監査を実施する．これら一連の活動をPDCAサイクル*16の手法によって実施し，情報セキュリティの継続的維持・改善を図ることが重要だ．

*13 無許可のユーザーにはデータが開示されないという特性．

*14 データが無許可に変更または破壊されないという特性．

*15 ユーザーが許された範囲においてシステムおよびデータの利用が可能であるという特性．

*16 PDCA：計画の作成（Plan），活動の実施（Do），自己チェック（Check），見直し・改善（Act）のサイクルを定期的に監査し，目的の活動を継続的に維持・改善をしていく手法．

ICTの進歩とこれからの社会へ

AI（Artificial Intelligence：人工知能）やIoT（Internet of Things：モノのインターネット化）などの言葉を，毎日のように見かけるようになった．これらの技術開発は，日常の生活，企業活動に画期的な変化を生み出す可能性が高く，期待も大きいが，その実用化にはさまざまなリスクが想定される．今後，十分なリスク評価による安全・安心への対応と，社会的合意を得るために情報技術者の責任は大きい*17．

*17 →コラム20（p.208），21（p.209）

情報処理学会のwebサイトには，「なぜ倫理綱領が必要か」と題して，次のような記述がある．「情報処理技術が社会的に大きい影響力をもつアプリケーションを数多く産み出しつつあるという現実があり，これを受けて情報処理技術者は自己の行動に対する責任をもたなければならないという考え方が生じてきたためである」*18．

*18 情報処理学会HP https://www.ipsj.or.jp

また，人工知能学会の倫理指針には「人工知能への倫理遵守の要請」があるが*19，AI が今後どのように自己学習していくのか興味深い．

*19 人工知能学会 HP：
https://www.ai-gakkai.or.jp/

ICT にかかわるリスクに対して，法の整備とともに，さまざまな技術的対応や組織的なとりくみがなされているが，それらにも限界があり，不正による事件が後を絶たない．

ICT 利用者や専門技術者は，被害者にも加害者にもならないように，高い倫理観にもとづく行動が求められる．また ICT にかかわる専門技術者には，ICT のさらなる利便性を追求するとともに，ICT の悪用による不正・犯罪を防止するための技術開発をする責務がある．

コラム 20 IoT のセキュリティと AI のブラックボックス化問題

世の中に存在するさまざまな製品（モノ）をインターネットに接続して通信機能をもたせ，自動認識／制御，遠隔計測／操作などを行う，いわゆる IoT（Internet of Things）化が進んでいる．IoT 化により，身の周りの家電製品の遠隔操作，自動運転車の利用，生産設備の効率化等，利便性がますます向上していくと考えられる．

一方，IoT 化により，あらゆるモノがサイバー攻撃の標的になる危険性が高まっている．2017 年には，ウクライナで，ランサムウェアによるインフラ設備への大規模な攻撃が発生し，発電所が停止したり銀行業務に支障がでたりした．自動運転車では，ジープが無線 LAN 経由で乗っ取られることが判明し，リコールとなった．IoT の普及により，このようなリスクがますます増加することが懸念される．IoT による利便性と，サイバー攻撃からの防御の両立が求められる．

人工知能（AI）技術は，2006 年に開発されたディープラーニング（深層学習）*1 と，2010 年以降のビックデータ利用環境の整備により，急速に発展している．自動運転車，フィンテック*2 を用いた株式取引は既に実用化され，製造業・医療分野などのさまざまな分野での今後の利用が期待されている．

AI 技術が進展・普及する中で，「ブラックボックス化」と呼ばれる問題がクローズアップされている．とくに，ディープラーニングを使った AI がどのような仕組みで判断を下したのかが，開発者を含め専門家が見てもわからないという問題だ．

将棋や囲碁の AI ソフトは，プロ棋士でも思いつかない「奇手」を繰り出して勝利を収めることが多いが，それがどのような論理で導かれたかがわからないのだ．このブラックボックス化は，将棋や囲碁の場合には問題にならないが，AI が人命にかかわる車の自動運転や病気の診断に使われる場合は，深刻な問題になり得る．利用者の受容性を高めるために，AI にも利用者に対するアカウンタビリティ（説明責任）を果たすことが求められるだろう．

（「日経サイエンス」2018 年 2 月号を参考に作成）

*1 コンピュータ上で神経回路を模してつくられた多層構造を用いた機械学習の一種．多くのデータをもとに複雑な判断を可能にする．

*2 金融（Finance）と技術（Technology）を組み合わせた造語．金融サービスと情報技術を結びつけたさまざまな動きを指す．

コラム21　自動運転車の倫理問題

2016年には，自動ブレーキを装備した新車の割合が66.2%に達した．政府はこれを2020年までに90%にする目標を掲げている．車間キープ，車線キープ，オート駐車など，新しい運転支援機能を備えた車も増えている．試験運転の段階ながら，搭乗者が何もしなくてよい完全自動運転車が，既に一部の公道を走っている．一般に普及する日も，そう遠くないといわれている．自動運転車の普及によって，交通事故の低減，交通渋滞の解消，身体障碍者や老齢者の移動支援など，さまざまなメリットが期待される．

しかしここには，やっかいな倫理問題が潜んでいる．完全自動運転車では，走行中のさまざまな状況に応じて，どの様に判断してどの様に運転するかを，予め人工知能（AI）に教えておく必要がある．たとえば，

①前に障害物があればそれを避けてハンドルを切るが，その方向に人がいればハンドルを切らずにブレーキをかける．

②先行車を追い越そうとしたら，後続車も追い越そうとしているのが見えた．さきに追い越すか，後続車に譲るか？

これらは比較的単純な問題だが，より複雑で，倫理的な判断を求められるさまざまな場面も考えられる．たとえば，

③突然，歩行者が道路に飛び出してきた．ブレーキを踏んでも間に合わない．避けようとすると側壁に衝突するしかない．ハンドルを切るか，それとも急ブレーキをかけるにとどめるか．

④対向車との衝突が避けられなくなった場合，自分と同乗者のどちらを守る方向にハンドルを切るか．同乗者との関係や，人数によってかわるか．

これらの場合，人が運転しているのであれば，どうするかは運転者のとっさの判断に委ねられる．どちらの行動をとろうとも，それがもたらす結果は，司法の判断に委ねられる．完全自動運転車の場合には，どう判断するかを，予めAIに学習させておく必要があることになる．それとも，AIのディープラーニングに任せるような手法もあるのだろうか．このような難しい判断は避け，見通しの悪い場所ではスピードを落とすことだけを教えておく選択肢もある．自動車の仕様書には，AIがどのように教育されているかを記載することが求められるだろう．そもそも自己犠牲を教え込まれた自動車を買う人はいるだろうか？

自動運転車が事故を起こした場合，AIに事故に対する責任をとる能力がない以上，その手法を採用した自動車メーカーや技術者が，法的責任を問われることになるかも知れない．完全自動運転車が普及すると，運転免許制度，道路交通法，自動車保険なども，大きな変更を迫られる．ひと筋縄ではゆかない複雑な問題がかかわってくる．

すべては，専門技術者群と社会の議論，即ち「技術倫理」に委ねられることになるが，顧客の選択に委ねられる部分も残るかも知れない．アウトバーン網が成熟し，自動運転技術で先行するドイツでは，運転者の安全を優先する設計が行われる方向にあるという．

自動運転の倫理問題については，さまざまな分野の研究者たちによる議論が，百家争鳴の状態にあるが，現時点では，実際に設計に携わっている専門技術者たちの，実践的な議論は余り聞こえてこない．

ロバート・T・モリスのワーム

コーネル大学で，コンピュータサイエンスを専攻しているロバート・T・モリスは，1988年11月2日，マサチューセッツ工科大学（MIT）のコンピュータから，あるワーム型ウイルスを放った．コーネル大学が起源であることを隠すために，MITを利用したといわれている．このワームは，UNIXマシンを対象に，総当たり式でユーザーのパスワードを盗んで侵入し，その後，メール処理ソフト等を攻撃し，そこで得た情報を使って，さらに次のコンピュータを感染させるしくみになっていた．

モリス自身は，コンピュータにダメージをあたえることを狙ったのではなく，ネットワークの大きさを計るのを目的にしていたといわれている．しかし，感染確率を低く設定したつもりが，設定にバグがあり，90%以上の確率で次のコンピュータに伝染した．

その結果，11月2日夕刻から翌日にかけて，侵入されたホストコンピュータでワームが自己増殖し，処理能力が激減した．ホストの管理者たちは，パニック状態に陥った．高負荷状態になったシステムを回復させるのに，1週間を要した．UNIXマシンの10%にあたる約6000台が，モリスのワームに感染したといわれている．

モリスは，ワームのことを友人に漏らしていたので，彼のしわざとわかり，1986年制定の「連邦コンピュータ詐欺および不正使用取締法（US Federal Computer Fraud and Abuse Act）」違反で起訴された．

連邦議会の政府監視機関である政府説明責任局（GAO）は，損害額を1000万ドルから1億ドルと見積もった．

モリスの父親が米国国家安全保障局の職員であったこともあり，新聞や雑誌が大きく取り上げた．論評は二つに分かれた．一方は，同様な行為をする者が続かないように警鐘の意味をこめて懲役刑にすべきだと主張，他方は，インターネットのセキュリティ・リスクを明らかにした功績があると擁護した．1990年，モリスは有罪判決を受け，3年間の保護観察，400時間の労働奉仕，10,050ドルの罰金を科せられた．

それ以後も，同様のワームは後を絶たない．

後日談だが，モリスはハーバード大学で博士号を取得，1999年，MITの教授になった．また，この事件を契機として，1988年，カーネギー・メロン大学にインターネットのセキュリティセンターが設立された．

「ウイルスのつくり方」のような本も出版されているが，言論・出版の自由との兼ね合いをどう考えるか？

D. G. Johnson, “Computer Ethics, 3rd Ed” (Prentice-Hall, 2001)；新井悠『インターネット・ワームの原点「Morris Worm」の脅威』（日経 BP IT Pro セキュリティ，2001.9.10）などを参考に作成．

PC遠隔操作ウイルスを使ったなりすまし犯

2012年7月～9月の間に，学校などへの襲撃・殺人や航空機の爆破予告をインターネット上に書き込んだなどとして，神奈川県，大阪府，福岡県および三重県に在住の4人の男性が威力業務妨害容疑で逮捕された．送信元のIPアドレスから，犯人と推定された結果だ．その後，所轄の4府県警察の合同捜査の結果，逮捕された男性のパソコンが遠隔操作されていたことが判明し，真犯人として元ICT関連会社員が逮捕された．それぞれの警察本部は，誤認逮捕となった4人に謝罪した．

真犯人は不正指令電磁的記録(ウイルス)の供用罪，威力業務妨害罪，ハイジャック防止法違反などで起訴され，2015年に東京地裁で，「自らの知識と技術を駆使し，追跡を隠した用意周到で悪質なサイバー犯罪」として懲役8年の判決が出された．

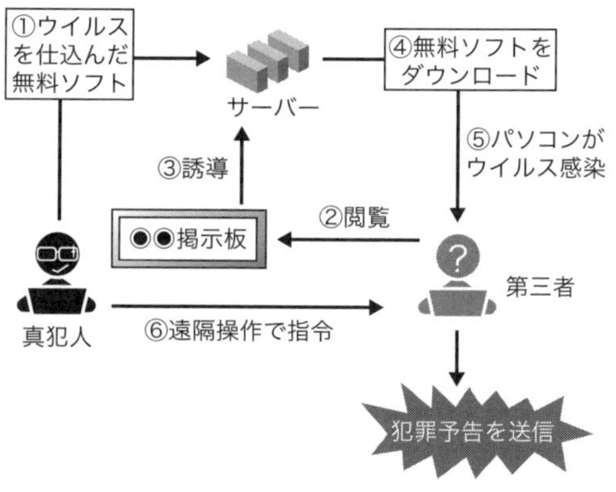

遠隔操作の仕組み
〔「毎日新聞」(2012年11月14日）を参考に作成〕

警察は，ICTについての知識不足もあり，なりすましは想定外だったようだ．誤認逮捕が相次ぎ，サイバー捜査の難しさが浮き彫りになった．

本事件では，メールの発信元を匿名化するソフト「Tor（トーア）」が使用されていたため，警察の捜査が困難になった．市民のプライバシー保護との関連で，直ちにこのようなソフトを規制することには問題もあり，警察庁では今後の研究課題としているようだ．

なお，遠隔操作によって外部から自分のパソコンを操作したり，家電製品を管理したりする技術は，悪用されなければ便利なツールだということを付け加えておく．

Q 自分のパソコンやスマートフォンなどを乗っ取られないためにはどうすべきか？

Q 情報技術者として，「Tor（トーア)」のようなソフトの存在についてどう考えるか？

索 引

ページ番号の＊印は,「事例ファイル」「事例研究」「コラム」.

数字・欧文

ア 行

カ　行

サ　行

タ 行

ナ 行

ハ 行

マ　行

ヤ　行

ラ　行

ワ　行

掲載事例等一覧（web 版補足記事も含む）

■事例ファイル（掲載順）

■コラム（掲載順）

■事例研究（掲載順）

■ web 事例（50 音順）

■ web 資料（50 音順）

●編著者

一般社団法人 近畿化学協会 工学倫理研究会

近畿化学協会は，大阪に本拠をもつ，化学および化学技術の専門家集団．現役を退いた会員を中心に，化学技術アドバイザー会というグループを組織して，コンサルタント活動や教育活動を行っている．その一環として，工学倫理研究会を設け，工学倫理教育にとりくんでいる．

＜連絡先＞
〒550-0004 大阪市西区靱本町1-8-4 大阪科学技術センタービル6F
一般社団法人 近畿化学協会　化学技術アドバイザー会
TEL 06-6441-5531　FAX 06-6443-6685　E-mail ca@kinka.or.jp
URL http://www.kinka.or.jp/

技術者による実践的工学倫理 第4版
先人の知恵と戦いから学ぶ

第1版　第1刷　2006年4月20日
第4版　第1刷　2019年2月10日
　　　　第11刷　2025年2月10日

編著者　一般社団法人近畿化学協会 工学倫理研究会
発行者　曽根良介
発行所　(株)化学同人

検印廃止

〒600-8074 京都市下京区仏光寺通柳馬場西入ル
編集部　TEL 075-352-3711　FAX 075-352-0371
企画販売部　TEL 075-352-3373　FAX 075-351-8301
振替　01010-7-5702
e-mail　webmaster@kagakudojin.co.jp
URL　https://www.kagakudojin.co.jp

印刷・製本　(株)シナノパブリッシングプレス

ISBN978-4-7598-1977-9